Christoph Kappel
Tiere im Rampenlicht

CHRISTOPH KAPPEL

TIERE IM RAMPENLICHT

Aus meinem Leben
als Filmtiertrainer

IRISIANA

Verlagsgruppe Random House FSC-DEU-0100
Das für dieses Buch verwendete
FSC®-zertifizierte Papier *Munken Premium*
liefert Arctic Paper Munkedals AB, Schweden.

© 2011 by Irisiana Verlag,
in der Verlagsgruppe Random House GmbH, 81673 München

Bildnachweis
Alle Fotos im Innenteil aus dem Privatarchiv von Christoph Kappel,
mit Ausnahme von:

S. 1 o.: © Bavaria Filmverleih- und Produktions GmbH;
S. 2 o. li.: © 2011 Telepool GmbH;
S. 2 o. re.: © Fränze Lüttich;
S. 3 o. li.: © Kai-Oliver Derks / teleschau;
S. 3 u.: © Lukas Unseld;
S. 4 o. li., 7 o. re., 7 u.: © Michael Dessel;
S. 5 u.: © Hartmut Seehuber;
S. 6 u.: © Erika Hauri;
S. 8 o. li.: © Gabi Peters;
S. 8 o. re.: © Stephan Görlich

Umschlaggestaltung: HildenDesign, München
Satz: Uhl + Massopust, Aalen
Druck und Bindung: GGP Media GmbH, Pößneck
Printed in Germany
ISBN 978-3-424-15083-4

817 2635 4453 6271

Inhalt

Prolog: Auf die Plätze, fertig, Fredy

Wie ein rasender Blitz kommt ein schwarz-weißes Hundeknäuel die Allee heruntergespurtet, dicht gefolgt von einer Luxuslimousine mit getönten Fensterscheiben, die offensichtlich das Ziel verfolgt, den gehetzten Vierbeiner plattzuwalzen. Im letzten Moment biegt der »fliegende« Hund in die Auffahrt einer pompösen Villa ein, rast mit wehenden Ohren auf das Portal zu, stürmt in die Halle und tritt mit der Hinterpfote die schwere Eingangstür zu, die sich perfekt der Villa Neureich anpasst. Mit einem satten Knall fällt sie in das schwere Schloss. Unbeeindruckt davon rennt der verfolgte beste Freund des Menschen in eines der unzähligen Zimmer und kommt ein paar Beller später, eine elegant gekleidete Lady am teuren Hosenbein ziehend, zurück in Richtung Tür. Er schnappt sich die Leine, die auf dem Designerstuhl neben dem Eingang liegt, und schickt einen auffordernden Blick in Richtung Hausherrin, der sagen soll: »Jetzt komm doch, bitte, lass uns endlich rausgehen!«

Erstaunt und etwas verwirrt bemerkt Fredy, dass die Lady nicht ihren gewohnten Text »Was ist nur heute wieder los mit dir?« spricht. Und nicht nur Fredy hat es bemerkt: »Cut!«, hört man lautstark aus dem Hintergrund. Oje, das ist die genervte Stimme des Regisseurs.

Wie aus dem Nichts erscheinen plötzlich vierzig hektische Menschen, die wie in einem Ameisenhaufen umherwuseln. Offenbar hat jeder eine ganz bestimmte Aufgabe zu erfüllen, Genialität und Chaos liegen auch hier eng beieinander.

Er tut mir schon leid, mein tapferer Fredy, wie er mittlerweile zum achten Mal die Allee runtergefegt, in die Auffahrt eingebogen, geschickt die Haustür zugeschlagen, die Hauptdarstellerin am Hosenbein aus dem Zimmer in den Flur gezerrt, die Leine vom Stuhl geholt hat, um dann auf den Text zu warten, der diesmal einfach nicht kam. Acht Klappen, acht fehlerfrei absolvierte Runden von Fredy – und doch acht kleine Kleinigkeiten und winzige Winzigkeiten, die nicht passten.

Beim ersten Mal hat der Stuntman mit der Limousine die Kurve zur Auffahrt nicht richtig erwischt und die großen Felsbrocken aus Pappe plattgefahren, sodass sie direkt zum Altpapier gebracht werden konnten.

Beim zweiten Mal hat der Special Effect versäumt, die Haustür mit der Fernbedienung zuknallen zu lassen, nachdem der Hund sie passiert hatte.

Das dritte Mal war fast perfekt – leider hat ein Fussel auf der Linse der Kamera vereitelt, dass es ganz perfekt war.

Beim vierten Mal hat dem Regisseur der Satz der Lady nicht so gut gefallen, dass es seinen Ansprüchen genügt hätte.

Beim fünften Mal hat die Kamera, die in diesem Bild auf Schienen geführt wird, den Hund, der seine Strecke auch bei diesem fünften Mal richtig gerannt ist, auf seinem Weg in die Villa verloren.

Beim sechsten Mal hat sich während der Szene die Sonne augenzwinkernd hinter einer Wolke versteckt.

Beim verflixten siebten Mal hat das kleine Mikro zwischen den beachtlichen Brüsten der Schauspielerin versagt. Es konnte einfach nicht mehr …

Und das achte Mal haben wir gerade miterlebt – der Darstellerin hat es die Sprache verschlagen.

Über zwanzig Jahre bin ich mittlerweile als Tiertrainer im Filmgeschäft und kann aus Erfahrung erzählen, dass diese Situation von acht Wiederholungen der gleichen Szene nicht ungewöhnlich ist. Die Gefahr, dass mein Schützling die Anforderungen nach so vielen Klappen nicht mehr erfüllen kann,

ist durchaus gegeben. Doch nicht, dass Sie glauben, dass nach einem versiebten achten Mal unbedingt Schluss für den Regisseur ist! Es geht weiter. Wenn dann nach acht guten Einsätzen der Hund nicht mehr konzentriert ist oder nicht mehr mag und deshalb einen Fehler macht oder wenn er einfach am Ende ist, bleibt für mich, aber auch für das Tier, ein schaler Nachgeschmack zurück – das gilt es zu vermeiden, wenn mein vierbeiniger Star im Geschäft bleiben soll. Und perfekt gedreht werden muss die Szene sowieso. Das wird sie am Ende auch, ob es acht oder fünfzehn Klappen braucht. Geht das in Richtung Ausbeutung und Tierquälerei? Können wir das mit unserer Ethik vereinbaren? Ich antworte auf solche Fragen: Die vierbeinigen Darsteller arbeiten aus Leidenschaft für uns Frauchen und Herrchen. Sie erwarten keine Gage, abgesehen von einem gefüllten Fressnapf, sie wollen eine Aufgabe, für die es sich lohnt, im Alltag Kompromisse einzugehen. Sie wollen am Ende des Tages von einem Erfolgserlebnis gekrönt, ausgelastet, satt und glücklich einschlafen. Wird das Tier nicht überfordert und seinem Talent entsprechend gefordert, ist eine interessante Aufgabenstellung – ob beim Film oder im Alltag – eine Bereicherung in seinem Leben. Dazu werden Sie in den Kapiteln dieses Buches mehr lesen können.

Viele Menschen spüren heute, in der sich immer schneller drehenden Welt, eine tiefe, innige Zuneigung und Verbundenheit den Tieren gegenüber. Pausenlos gibt es Veränderungen in unserem Leben, sie rufen uns auf, am Puls der Zeit zu bleiben. Die Tiere hingegen haben uns etwas zu bieten, was wir sonst kaum noch finden: Sie bilden eine beinahe hundertprozentige Konstante. Auf eines nämlich können wir uns blind verlassen: Tiere waren immer so, wie sie jetzt sind, und werden es auch immer bleiben. Sie leben klare, einfache Strukturen und bleiben sich stets treu. Ihr Verhalten können wir instinktiv nachvollziehen. Damit geben sie uns eine Sicherheit, die wir in der heutigen Zeit sonst nirgends zur Verfügung gestellt bekommen. Die Tiere können für uns perfekte Lehrmeister sein. Sie können uns nicht nur wieder an unsere eigenen Instinkte heranführen, sie zeigen uns auch, wie sich das Leben recht unkompliziert gestalten – und genießen – lässt.

Zu einer solchen Sicht auf die Tierwelt lade ich Sie mit diesem Buch herzlich ein. Dabei möchte ich Ihnen meine Faszination für die Tiere vermitteln, Sie mit lustigen und berührenden, nachdenklichen und unterhaltsamen Geschichten von meinen Filmtieren anstecken – mit meiner großen Liebe für all die Tiere, die unsere Erde so bunt und interessant machen. Ich widme ihnen mein ganzes Leben, und das noch dazu in der faszinierenden, schillernden Filmbranche. Ich trainiere Tiere, wenn ein Drehbuch nach ihnen verlangt. Hunde, Katzen, Vögel, Affen, Pferde, Kühe, Schlangen, Mäuse – ja, auch Mäuse und sogar Fliegen – und viele mehr auf ihre Szenen vorzubereiten und am Set zu coachen, das ist nicht nur mein Job, sondern meine ganze Leidenschaft.

Unbestritten sind Hunde die beliebtesten Darsteller, aber längst nicht die einzigen. Da war beispielsweise der Gibbon Janosch, der im »Marienhof« sein Bestes gab. Nicht nur Dackel Bodo wackelte durch den Gelsenkirchener Barock in der Wohnung von »Hausmeister Krause«, in der Endlos-Serie von SAT1 trat auch Kamel Karim auf. Das »Forsthaus Falkenau« wird natürlich von Hardy Krüger junior, seinen Schauspielerkollegen, aber auch von meinen Wildtieren zum Leben erweckt. Meine Enten, die genauso verzweifelt auf Verona Pooth warteten wie der Schauspieler Jan Josef Liefers, wollten in »666 – Traue keinem, mit dem du schläfst« endlich zu ihrem Einsatz kommen. Hilde, mein Superferkel, und der unvergessliche Gustl Bayrhammer, bekannt aus der Serie »Pumuckl«, harmonierten, nicht zuletzt figürlich, wunderbar in den »Weiß-

blauen Geschichten«. Der weiße Hengst Linus galoppierte in »Sterne leuchten auch am Tag« mit Veronica Ferres um die Wette, ein wunderschönes Bild auf sechs Beinen. Dann waren da die Heuschrecken, die einen haargenau vorbereiteten Flugplan einhielten, als sie durch das Oscar-prämierte »Nirgendwo in Afrika« flogen. Oder der Wolf Orca, der mit dem erfahrenen Dietmar Schönherr, den wir alle aus »Raumpatrouille« kennen, in »Der Judas von Tirol« zu sehen war und dabei so manch einem Mitarbeiter am Set ein Gänsehaut-Feeling verschaffte.

Ich könnte noch so viele mehr aufzählen. Aber lieber erzähle ich Ihnen einige meiner spannendsten Filmtiergeschichten ausführlicher und verrate Ihnen dabei das Geheimnis, das das Fundament jeder gesunden und erfolgreichen Tierausbildung bildet.

Generation Flipper, Lassie, Fury

Ich bin ein Kind der Generation Flipper, Lassie und Fury. Ein Haustier lag quasi schon in meiner Wiege und der zukünftige Beruf war festes Programm. Kein Wunder, wenn jedes Wochenende im Nachmittagsprogramm der ARD »Lassie, komm zurück!« und »Na, Fury, wie wär's mit einem kleinen Ausritt?« gerufen wird. Ich kann mich noch erinnern, dass mein Vater hin und wieder genervt mit den Füßen wippte, da samstags zur Lassie-Sendezeit die Fußballer der Bundesliga um Tore kämpften. Er schien immer sehr erleichtert, wenn die Colliedame endlich ihren Weg nach Hause zu Herrchen Timmy gefunden hatte.

Zum Leidwesen meiner Eltern gingen die Jahre ins Land, ohne dass ich mein Ziel aus den Augen verlor: Ich wollte Filmtiertrainer werden. Das waren die Jahre, als Flipper Einzug in unser Wohnzimmer hielt. Jeden Samstag trällerte es aus dem Fernseher: »Flipper ist unser bester Freund ...«, zum Glück nicht zur selben Sendezeit wie die Fußballliga. Meine Eltern hätten mich damals gern mit Doktorhut im Auditorium Maximum einer angesehenen Universität gesehen. Ob Medizin, Jura, Germanistik, ja sogar Sportwissenschaften, alles wäre ihnen lieber gewesen als meine Pläne, Tiertrainer zu werden. Aber kein noch so ordentlicher Beruf fand Platz in meinem kleinen Sturkopf – nur Tiere, Tiere, Tiere.

Es hat sich gelohnt, so dickköpfig zu sein. Denn mittlerweile arbeite ich in meinem Traumberuf. Um Ihnen einen Einblick zu gewähren, wie es an einem Filmset zugeht und mit welchem Aufwand die Tierszenen entstehen, erzähle ich Ihnen am besten gleich mal, wie ich drei Samtpfoten aufs Eis zauberte.

Drei Katzen auf dem Glatteis

Es war einer der ersten schönen Frühlingstage, als ich einen Anruf des Produktionsleiters für den Kinofilm »Bibi Blocksberg und das Geheimnis der blauen Eulen« erhielt. Er fragte mich, ob ich eine Katze trainieren könnte, die für diesen Kinderfilm die tierische Hauptrolle des Katers Maribor übernimmt.

Mit einem braun-grau getigerten Maine-Coon-Kater namens Ohio unter dem Arm betrat ich eine Woche später das Büro des Produktionsleiters. Ich setzte ihm Ohio auf den Schreibtisch, gleich neben den PC. Nach einer kurzen Begrüßungstour bei allen Besprechungsteilnehmern machte Ohio es sich in der riesigen Obstschale, direkt auf dem Besprechungstisch, zwischen den Kaffeetassen, bequem. Die Platzwahl des wunderschönen Katers rief ausgedehnte »Aaahs« und »Ooohs« bei allen hervor.

Es ist immer das gleiche Spiel: Entweder die Regie liebt das Tier auf Anhieb, oder der Funke springt nicht über. Ist Letzteres der Fall, wird mein Vorschlag sofort zunichte gemacht und in einem zweiten Casting eine Alternative begutachtet. Aber der riesige, zottelige Ohio war alles andere als ein Abschusskandidat. Produzentin, Regisseurin und Produktionsleiter waren beeindruckt vom selbstverständlichen Verhalten des Katers, er hat alle zu hundert Prozent davon überzeugt, dass er genau der Richtige für diese Rolle ist. Und so wurde aus Ohio Maribor.

Zu dieser Figur gibt es eine Menge zu erzählen, denn sie war höchst anspruchsvoll. Genau aus diesem Grund besetzte ich Maribor gleich mit mehreren Katern, ich trat mit drei Tieren an, die ähnlich aussehen. So konnte ich die Aufgaben dem jeweiligen Talent entsprechend zuteilen. Alex zum Beispiel mag

15

es gern wild und ist extrem menschenbezogen, er wurde zum auserkorenen Liebling des Teams. Ihn setzte ich, seinem Kuscheltalent entsprechend, für die passenden Szenen ein. Doch sein Beitrag zum Film ging noch weit darüber hinaus. Die Regisseurin Franziska Buch ist sehr temperamentvoll. In der Pferdesprache würde sie unter »vollblütig« katalogisiert werden. Während der Dreharbeiten kommt es natürlich immer wieder zu Konfliktsituationen, und daraus resultierend entsteht Stress. Kater Alex half der Regisseurin dabei, wieder ruhig und relaxt zu werden. Sie ging in kritischen Momenten, kurz vor einer drohenden oder auch nach einer erfolgten Explosion, zu ihm und beschnupperte seinen wuscheligen Bauch, was er sich gern gefallen ließ. Sie haben richtig gelesen, sie streichelte ihm nicht den Bauch, sondern sie schnupperte daran. Danach war sie wieder ruhig und gelassen, und für das gesamte Team lief die Arbeit besser weiter. Solch einen Alex sollte man an so manchen hektischen Schauplätzen zur Verfügung haben.

Zwei Monate nach dem erfolgreichen Casting saßen Ohio, Alex und ihr Kollege Dandy mit mir zusammen im Auto. Alle drei, ihrem jeweiligen Talent entsprechend, trainiert. Wir waren auf dem Weg nach Österreich, ins Dachsteingebirge. Dass sich die Tiere von mir für einen Dreh unter den für Katzen untypischsten Bedingungen positiv einstimmen lassen, setzt selbstverständlich ein ausgiebiges Pkw-Reisetraining voraus. Eine gut gelaunte Katze kann für das Budget der Filmemacher und die Nerven des Teams für den ganzen Drehtag von ausschlaggebender Bedeutung sein.
Einer der Schlüsseltricks ist ein kleines Katzenklo, das in diesem Fall tatsächlich die Katze froh macht, wenn es ihr im Auto zur Verfügung steht. Der auf der Reise normale Stressaufbau aktiviert nämlich den Stoffwechsel, und die Katze muss sich erleichtern. Kann sie das nicht, wird sie unruhig, fängt an zu

miauen und steigert sich in eine unüberhörbare, durch Mark und Bein gehende Arie, der Wahnsinnsarie aus Donizettis »Lucia di Lammermoor« unter Umständen nicht unähnlich. Die Katze gerät in Nöte, da ihr ihre ausgeprägte Reinlichkeit im Wege steht und sie sich keinesfalls ohne Katzentoilette erleichtern will. Deshalb biete ich meinen Akteuren diesen Service selbstverständlich an, und bei dem, was uns diesmal bevorstand, mit jeder Menge Katzenstreu bestückt.

Die Macher von »Bibi Blocksberg« hatten sich so einiges einfallen lassen, was die Auswahl der Drehorte betrifft. An einem heißen Spätsommertag wurde bei Außentemperaturen von achtundzwanzig Grad in der berühmten Eishöhle am Dachstein gedreht, bei gerade mal zwei Grad. In der Talstation traf sich dazu das ganze Filmteam mit der kompletten Ausrüstung. Ab in die Gondel, hieß es für alle und alles. Ich weiß nicht mehr, wie viele Gondeln wir benötigten, um die ganze Entourage zur Mittelstation zu schaffen. Diese Aktion war an diesem Tag eine Premiere für meine Katzendarsteller, und die Tiere meisterten die Fahrt mit diesem ungewohnten Verkehrsmittel problemlos. Ganz im Gegensatz zu meiner unglaublich mutigen Mitarbeiterin, die aus Höhenangst am Boden der Gondel kauerte und sich eine Jacke über den Kopf gezogen hatte, um ja nichts von dem Schrecken um sich her mitzubekommen. Manchmal muss ich eben auch zum Menschentrainer werden: Ich beschäftigte Anna in den Drehtagen intensiv, immer wieder musste sie dabei wie zufällig die Gondel benutzen – und durch das große Verantwortungsgefühl für die Tiere, darin ist Anna nämlich super, »vergaß« sie ihre Höhenangst zeitweise völig. Von der Station aus mussten wir bis zum Eingang der Eishöhle noch etwa dreißig Minuten steil bergauf gehen, einen sehr schmalen Saumpfad am Abgrund entlang. Der Aufstieg war extrem beschwerlich, da alle notwendigen Ausrüstungsgegenstände auf den männlichen und weiblichen Rücken des

Teams geschleppt werden mussten. Unser Anblick erinnerte an eine Himalaja-Expedition, allerdings ohne Packesel. Um einen normalen Drehtag dort oben zu realisieren, werden Kameras, Schienen, Licht für mehr als eintausend Quadratmeter Eishöhle, Tonausrüstung, Kostüme, all die Utensilien für die Maske, die Ausstattung, das Catering... und last but not least auch die vierbeinigen Hauptdarsteller benötigt. Meine Samtpfoten überstanden diesen Anmarsch in ihren Transportkörben bestens. Ich versuchte, wie ein Indianer auf dem Kriegspfad zu laufen, um die Körbe möglichst ruhig zu halten. Dies trieb mir schon vor Drehbeginn den Schweiß auf die Stirn.

Der Drehort Höhle, eine bizarre Winterlandschaft im ewigen Eis, ließ uns den Sommer draußen vergessen. Die Scheinwerfer verwandelten die schummrige Eishöhle in eine funkelnde Glitzerwelt, eine Illusion, wie sie nur der Film erschaffen kann. Die Tropfsteine wurden zu Kronleuchtern und der eisige Boden zum mit Diamanten überzogenen Parkett. Fantasy satt! Für die Katzen war das natürlich eine höchst ungewohnte Atmosphäre. Ein zusätzlicher Schwierigkeitsgrad waren die Höhenmeter. Welch fremdes, eigenartiges Gefühl muss es sein, den Ohrdruck zu spüren und über lange Zeit nicht mehr loszuwerden. Wir kennen das alle aus dem Flugzeug, aber wir können Kaugummi kauen. Ich habe noch keine Katze gesehen, geschweige denn trainiert, die sich lässig einen Spearmint gönnt, wenn ihr die Ohren wehtun. Zu all diesen Hürden kam in der Höhle noch die Kälte hinzu. Auch wenn der tierische Darsteller mit seinem dicken, zotteligen Fell vor den sibirischen Temperaturen geschützt ist, spürt er den »Klimawandel« von draußen nach drinnen an Ohren, Kopf und Beinen sehr wohl. Für mein Gefühl war der Eintritt in die Eishöhle wie das Eintauchen aus einem heißen Sommertag in eine Kühltruhe. Die Königsdisziplin des Filmtiertrainings kam unaufhaltsam

auf mich zu: das trainierte Pensum bei den Katzen perfekt abzurufen. Im Gegensatz zu Hunden entscheiden Katzen ohne uns zu fragen, ganz allein, ob ihnen die Situation angemessen erscheint, ordentlich arbeiten zu wollen oder nicht. In solch schwierigen Momenten mache ich meine Katzen zu Diven, Prinzen und Prinzessinnen, ich hofiere sie und vermittle ihnen den Eindruck, dass hier und heute ihre Wünsche meine Befehle sind. So tue ich alles, um sie gnädig zu stimmen, ihre Rolle bestmöglich zu spielen. Dass ich den Knopf für ihr Such- und Spielverhalten damit einschalte und den für Angst, Panik oder Ausflippen ausschalte, müssen sie ja nicht erfahren.

Das wilde Treiben des Teams in der Höhle kündigte den ersten Auftritt von Maribor, laut Drehbuch Hexe Rabias sprechender Kater, an. Meine Aufgabe war es nun, die Tiere in eine gute, uns geneigte Stimmung zu versetzen. Ich trug das jeweilige Tier, das kurz vor seinem Auftritt stand, auf meinen Armen umher. In der eiskalten Höhle verpackte ich den Kater in meinem Anorak, sodass nur der Kopf herausschaute, der dann gern mal ein Stück frisch gebratene Hühnchenbrust in Empfang nahm.

Die Aufgabe, die Dandy, das Lauftalent, erwartete, hatte es in sich, aber wir waren bestens vorbereitet. In der Höhle sollte der Kater nämlich bestimmte Wege über das Eis laufen und bei einer Verfolgungsjagd in letzter Sekunde durch eine Höhlenöffnung verschwinden. Gerade noch rechtzeitig, bevor diese sich schließt und »nur« der Schwanz eingeklemmt wird.

Meine Konzentration war bei einhundert Prozent, der Aufnahmeleiter fing an, rückwärts zu zählen, und brüllte bei »eins« angekommen ein unmissverständliches »Ruhe bitte!« in die Runde. Todesstille am Set, da kam es, das Signal für den Meister der Töne, das »Ton ab« des Aufnahmeleiters, »Ton läuft«, schrie es aus dem Hintergrund zurück. Es knisterte förmlich in der Höhle, alle standen in den Startblöcken.

»Kamera ab«, kam von der Regie, »Kamera läuft«, erwiderte der Kameramann. In diesem Augenblick war der Klappen-Assistent die gefragteste Person: »Klappe, die erste«, das Signal für die Regie, das Zauberwort auszusprechen: »Bitte!« Meinen Adrenalinspiegel wage ich für diesen Moment nicht zu schätzen. Jetzt galt es: Dandy musste es richtig machen. Auf diesen Moment hin hatte sich unser monatelanges, intensives Vorbereitungstraining konzentriert. Auf mein Kommando musste der Kater über das spiegelglatte Eis durch die Höhlenöffnung flitzen, obwohl er wusste, dass sich diese fast im selben Moment, in dem er hindurchspurtete, schließen würde. Die Schiebetür des Esszimmers bei mir zu Hause war die perfekte Simulation der Höhlentür gewesen.

Die Hauptdarstellerin Corinna Harfouch, die während dieser Dreharbeiten an den verschiedenen, abenteuerlichen Drehorten Kummer gewohnt war, spielte in Bibi Blocksberg die Hexe Rabia. Der arme Maribor wurde in dieser Szene von Rabia mit einem beherzten Ruck aus seiner misslichen Lage befreit, obwohl die Hände der Schauspielerin fast erfroren waren. Und wir wären nicht beim Film, wenn der eingeklemmte Schwanz nicht ein nachgebautes Fellbüschel gewesen wäre.

Da ein »One Take Wonder«, also ein beim ersten Versuch geglückter Dreh, zu den Raritäten bei Dreharbeiten zählt, musste der Kater mehrfach seinen Weg über das kalte Element wiederholen. In der Eishöhle bewältigte er sieben Mal die Strecke durch die sich schließende Öffnung. Dandy lief seinen Parcours vorbildlich, die Spannung fiel schließlich von mir ab und ich war stolz auf meinen Kater. Jedes Mal, wenn er am Ziel angekommen war, belohnte ich ihn mit einem kleinen Stück Hühnchenbrust, das liebevoll in Olivenöl angebraten war. Ich habe mir und meinen Nerven erlaubt, auch ab und an eine Kleinigkeit davon zu beanspruchen. An dieser Stelle muss ich

unbedingt das Cateringteam erwähnen, das Tag und Nacht für die Crew da ist und sich auch nicht ziert, wenn es in der größten Hektik zwischendrin heißt: »Bitte einmal medium anbraten für Kater Maribor.«

Katzen verbringen ihr Leben gewöhnlich nicht auf dem Eis, und sollten sie je in die unangenehme Situation kommen, diesen viel zu kalten und viel zu glatten Untergrund betreten zu müssen, würden sie es angewidert und mit äußerster Vorsicht und Zurückhaltung tun. Aber nur, wenn es wirklich unbedingt sein müsste. Es ist und bleibt ungewöhnlich für ein Samtpfötchen, eine solch »eiskalte« Szene – und das mehrmals – zu absolvieren. Im Training musste es deshalb darum gehen, das Ganze zu einem Spiel werden zu lassen, das niemals mit einem Schreck, Stress oder irgendeiner negativen Stimmung verbunden wird. Während der gesamten Vorbereitungen musste ich strengstens darauf achten, dass das Tier in bester Stimmung blieb. Sobald sich der Kater am Set an das positiv besetzte Spiel dieses Vorbereitungstrainings und an die damit verbundene Aufgabe erinnert, ist es eine Leichtigkeit, das Trainierte auch in der fremdartigen Umgebung abzurufen. Gewisse Elemente muss er natürlich wiedererkennen: Ich bin da, meine Zeichen und die »vereinbarten« Hinweise sind da, und natürlich der bestens bekannte, mit Heizkissen präparierte Transportkorb, in den er einsteigen kann, sobald der Parcours geschafft ist. Diesen Korb hatte ich beim Üben schon dabei. Da die Eishöhle nicht zur Verfügung stand, habe ich das Eislauftraining in eine Eislaufhalle verlegt, die ich ganz allein für die Samtpfoten und mich gemietet hatte. Wochen vor dem Dreh haben wir uns immer wieder zum Training auf das Eis begeben. Wird es dem Esel zu wohl, geht er aufs Eis – an dieses Sprichwort dachten sicher die Betreiber der Eislaufbahn, als ich mit meinen Katzen auf dem Eis herumrutschte, um den Tieren Vertrauen für dieses neue Gefühl der Fortbewegung zu vermitteln. Die Komfortzone ist für Katzen enorm wichtig. Bevor eine der Katzen also die Kälte des Eises an ihren Ballen negativ verspüren konnte, motivierte ich sie, schnell in den präparierten, kuschelig warmen Transportkorb zu steigen. In der Eishöhle erinnerten sich die Tiere sofort an dieses positiv besetzte Ende der Rutschpartie. Unbegrenztes Wohlfühlen auch in einem ungewohnten, neuen Element.

Und genau das sollte das Trainieren von Filmtieren auch für mich werden. Wenn ich heute zurückdenke, weiß ich, dass nie etwas anderes in Frage kam.

Früh übt sich

Während zu Beginn meiner »Karriere« im zarten Alter von fünf Jahren Schildkröten, Meerschweinchen und Mäuse ihre Aufgaben gegen Belohnungen wie Tomaten, Petersilie und Käse erfüllen sollten, entwickelte ich bald schon umfangreiche Trainingspläne für Hase, Huhn und Generationen von Wellensittichen, Kanarienvögeln und Zebrafinken in meinem kleinen Köpfchen und setzte diese zielstrebig in die Tat um.

Von Kindesbeinen an habe ich das Verhalten der Tiere studiert. Schon im Kinderwagen lag ich nicht einfach nur auf der Windel, sondern ausgiebig auf der Lauer, um genau zu sehen, was die Marienkäfer auf meiner Hand trieben. Zu jeder Zeit waren Tiere in meinem Fokus: Auf Mamas Schoß, im Kindergarten, in der Schule, draußen im Ort und in der Natur – ständig habe ich sie beobachtet und mich gefragt: Warum tun sie dies, weshalb tun sie das? Schon immer war es mir wichtiger, die Tiere und ihr Verhalten mit ihresgleichen zu beobachten, als sie zu streicheln und mich in ihre Beziehungen untereinander einzumischen. Ich habe damals schon versucht, das Leben aus der

Sicht der Tiere zu verstehen, was bestimmt dazu beigetragen hat, meine Eltern zumindest in der Hinsicht zu entlasten, dass ich sie nicht mit Fragen über den sonstigen Ablauf der Welt gelöchert habe.

Nein, mich hat interessiert, wieso die Wachhunde vom Schrottplatz gleich neben dem Tennisplatz so böse waren, oder weshalb Tante Dranacher ihren Zwergdackel Elfi immer und überall herumgetragen hat, obwohl er doch selbst laufen konnte. Warum war der allseits gefürchtete Schäferhund von Frau Sackmann überhaupt nicht mehr furchterregend, wenn er ohne Leine unterwegs war? Wieso kamen die frei lebenden Enten von Herrn Reinl jeden Abend freiwillig in ihren Stall zurück, aus welchem Grund nutzten meine Hamster Nummer eins, zwei und drei tatsächlich unermüdlich das Laufrad im Käfig, und weshalb erlaubt ein Pferd, das über große Kräfte verfügt, uns »kleinen Menschen«, ihm ein Metallteil, das die Reiter Gebiss nennen, zwischen seine Zähne zu schieben? Warum nur haben die Nymphensittiche bei Lächners gebrütet, aber nicht bei meiner Cousine, die es doch so lange versucht hat? Wie kam es, dass mein weißes Kaninchen Schnuffi sechs braune und ein schwarzes Kaninchenbaby geboren hat? … Sie sehen, ich war bereits in der Kindheit vollkommen damit ausgelastet, mich auf meinen beruflichen Weg vorzubereiten.

Kappel junior und die Aufklärung

Die Aufklärungsphase im Biologieunterricht machte mich zum besten Schüler der Klasse. Ich war kein Streber, habe keine »Bravo« gelesen und wurde auch nicht vorzeitig von meinen Eltern anhand der Bienenwelt über das Thema »Wo kommen die Babys her?« informiert. Ich hatte ganz einfach während meiner Studien in der Tierwelt verstanden, wie »es« geht. Ich habe den Enten, Kaninchen, Kühen, Katzen und Hunden

zugeschaut, wie sie sich paaren und was die balzenden Vogel-
männchen oder die werbenden Vierbeiner alles anstellen, um
das Weibchen gnädig zu stimmen. Dass das alles nicht so fern
von unserem menschlichen Verhalten ist, habe ich dann später
erfahren, als ich alt genug war, selbst zu balzen.

Für die Tiere ist es völlig normal, sich auch unter Beobachtung
zu paaren. Sie verstecken sich nicht, sie schämen sich nicht und
werden auch nicht rot. Die Antriebsfeder für die Fortpflanzung
ist die Erhaltung der Spezies. Und so habe ich der Biologielehe-
rerin meine Beobachtungen und Empfindungen freudig vor der
versammelten Klasse geschildert und gestaunt, dass ihre Wan-
gen erst einen zarten Rosaton annahmen, der gegen Ende meiner Ausführungen zu einem tiefen Rot geworden war. Selbstverständlich war ich auch Beobachter im Kreißsaal der Tiere,
von der Kuh bis zur Maus – immer habe ich miterlebt, wie die
Tierkinder zur Welt kommen. Die ganze Klasse bestürmte mich
mit Fragen. Ich konnte sie alle beantworten. Eigentlich hätte ich
einen Preis bei »Jugend forscht« bekommen müssen!

Mir selbst gingen die Fragen auch nie aus: Wieso laufen die
Schafe von Walter allesamt einem Schaf hinterher, und jedes
Schaf weiß, wer wer ist, obwohl sie doch alle gleich aussehen?
Und wieso lassen sie sich von Walters Hunden herumtreiben, vor
denen sie doch offensichtlich keine Angst hatten? Weshalb haben
Opas Bienen nicht gestochen, wenn er seine Pfeife geraucht hat?
Warum konnten sie anhand einer Farbmarkierung in Rot, Blau,
Gelb oder Weiß den Eingang ihres Bienenstocks erkennen? Wa-
ren Opas Bienen besonders schlau? Und meine Mäuse, die ich
heimlich unter der Schulbank hatte, sind im Religionsunterricht
bei Frau Krieg nie weggelaufen – warum nicht? Weil Frau Krieg
Frau Krieg hieß und trotzdem Religionsunterricht gab?

All meine Fragen konnte ich mir durch meine ausdauernden
Beobachtungen in den Jahren meiner Kindheit und Jugend
beantworten. Die gute Frau Krieg war nicht schuld, und Opas

Bienen waren nicht klüger als alle anderen. Natürlich hätte auch ein Lexikon viele meiner Fragen beantwortet, aber sehr viel langweiliger, das Tier als eine Sache beschreibend und für mich nicht eindringlich genug. Die wesentlichen Fragen beantworteten mir die Tiere letztlich selbst. Sie waren es, die mich interessierten – ich konnte nicht anders. Unbewusst habe ich mit meinen frühen Beobachtungen schon den Grundstein gelegt, die Bedürfnisse und das Verhalten von Tieren zu verstehen und zu nutzen.

So war es nur ein natürlicher nächster Schritt, die Tiere zu trainieren. Schon bald konnte ich ihnen vermitteln, was ich von ihnen wollte, und verstehen, welches Anliegen sie an mich hatten. Wir verstanden uns – und verstehen uns bis heute. Ich habe gelernt, zu begreifen, wie ein Tier die Welt sieht, die Sprache, die Körpersprache der Arten, ihre Wege, mit den Anforderungen ihres Alltags umzugehen.

Oh ja, Tiere haben auch einen Alltag, es sind die Aufgaben, die sich Tag für Tag wiederholen. Sie als Mensch lesen morgens die Zeitung und trinken einen Kaffee dazu, dann gehen Sie mit Ihrem besten Freund Gassi: Und nun ist er dran mit »Zeitunglesen«, er ermittelt mit seiner Nase überall die Neuigkeiten und pinkelt selbst News dazu. Danach freut sich Ihr Vierbeiner auf seine hoffentlich völlig überfüllte Futterschüssel. Anschließend muss er Sie unermüdlich beobachten und aufpassen, dass es Ihnen gut geht. Fühlen Sie sich ruhig observiert, denn Sie sind es.

Jedes Schicksal hat seinen Blumenstrauß

Es war ein schrecklicher Tag damals vor vielen Jahren, als mein Leben aus den Fugen geriet. Von diesem Tag an war alles anders. Meine Schwester war nach einem schweren Unfall nie mehr so wie vorher, weder ihr Körper noch ihr Geist. Nach diesem hei-

ßen Tag im August war die Unbeschwertheit der ersten siebzehn Jahre meines Lebens vorbei. Es war still geworden in unserer Familie, keine Worte, kein Lachen, kein Schimpfen mehr
drang an meine Ohren, nur die schwere, traurige, stille Einsamkeit war um mich. Und da waren meine Tiere, bei ihnen
fand ich Zuflucht.

Das Vertrauen, das mir die Tiere in dieser schwersten Zeit meines Lebens schenkten, hat mich geprägt und mich für immer
mit ihnen zusammengeschweißt. Die Tiere wurden zu meinen
engsten Vertrauten, sie wurden zu meiner Ersatzfamilie. Sie
waren immer zu einem »Gespräch« aufgelegt. Es waren natürlich Monologe meinerseits, meine Zuhörer schauten mich aus
treuen Tieraugen an. Sie konnten meine Schmerzen und mein
Hadern nicht kommentieren, doch sie waren da, und ohne
mir je eine Antwort auf meine Fragen zu geben, boten sie mir
mit ihrem vertrauten Verhalten eine Konstante in dieser Zeit.
Ohne dass es mir damals bewusst war, dienten mir meine Tiere
als Menschenersatz.

In dieser Zeit wurde mir etwas Wesentliches klar: Wenn die
Tiere mir eine Familie sein können, dann kann ich das ja genauso für sie sein. Wir Menschen können Tieren, die wir bei
uns aufnehmen, die Familie ersetzen. Erziehen wir sie, sind
wir die Eltern. Spielen unsere Kinder mit ihnen, sind sie deren
Geschwister. Tiere sind immer in Familienverbänden organi-
siert, selbst die, die wir als typische Einzelgänger bezeichnen.
Nun waren sie mein Familienverband und ich Teil des ihren.
Mit diesem Wissen habe ich eine Methode entwickelt, die das
Tier leicht in unserer Familie ankommen lässt. Der kleine oder
große einsame tierische Kerl findet einen Platz in seiner neuen
Menschenfamilie. Das Grundlegende eines solchen Systems
ist ihm von seiner ursprünglichen Tierfamilie bekannt. Daher
lebt er sich gut ein, und es ist möglich, erfolgreich mit ihm zu
arbeiten.

So war aus dieser schweren Zeit zumindest etwas Gutes für mich erwachsen. Wie meine Mutter immer sagte: Jedes Schicksal hat seinen Blumenstrauß. Meine neu gewonnenen Einsichten konnte ich bald für das Training meiner Tiere und speziell für einen ganz besonderen Hund einsetzen.

Auf dem Weg zum Superstar

Graue Wildschweinborsten, ein struppiger Bart im hellbraunen Gesicht mit frechen braunen Augen, ein Steh- und ein Schlappohr in Schwarz und eine immer wedelnde Rute: Siebzehn Jahre lang hat Pelzchen mich tagaus, tagein begleitet. Gute Zeiten und schlechte Zeiten haben wir erlebt, durch dick und dünn sind wir gegangen, in wichtigen Lebensphasen war sie an meiner Seite, und wir sind ganz sicher nicht immer einer Meinung gewesen. Dieser kleine, ganz große Hund hat es mir wirklich nicht immer leicht gemacht. Aber gerade deshalb habe ich diese Hundepersönlichkeit tief in mein Herz geschlossen. Ich habe als Mensch und Tiertrainer meinem Pelzchen sehr viel zu verdanken. Nun aber der Reihe nach:

Dieser Hund braucht eine Aufgabe

Geboren wurde Pelzchen in einem Tierheim, neben sieben Geschwistern und mit dem Herz einer Löwin ausgestattet. Sie war die alleinige Herrscherin im Wurf, die Geschwister hatten lediglich die Aufgabe, als Sparringspartner anwesend zu sein. Die Rechnung folgte unweigerlich nach acht Wochen, als die Herrscherin ohne Untertanen allein im Zwinger des Tierheims saß, während Brüder und Schwestern allesamt bereits von ihren netten Familien ausgesucht waren und es sich auf irgendeiner Couch gemütlich machen konnten.

Es war damals offensichtlich Liebe auf den ersten Blick, als ich vor dem Zwinger stand, in dem ein kleiner Hund mit einem ohrenbetäubenden Jaulen, Winseln und Bellen erfolgreich auf sich aufmerksam machte. An diesem wichtigen Samstag hatte ich die Zeitung durchgesehen, wie an jedem Samstag. Alles hatte ich gelesen, politische Nachrichten, das Feuilleton, den Sportteil, den Wetterbericht, Immobilienanzeigen, Langweiliges und Langwieriges im Regionalteil – und dann war plötzlich dieses Bild aufgetaucht: ein kleines graues Etwas, auf den ersten Blick hässlich wie die Nacht finster, aber auf den zweiten Blick einfach außergewöhnlich und zum Knutschen: mein Pelzchen!

Schon raste ich auf der Suche nach meinem Autoschlüssel durch die Wohnung und gleich darauf zu besagtem Tierheim. Kurz vor Ladenschluss, zwei Polizeikontrollen und eine gefährliche und zudem teure Geschwindigkeitsüberschreitung später drückte ich auf die Klingel der Anlage. Ungeduldig und abgehetzt wartete ich, bis endlich aufgeschlossen wurde und ich vor einer absolut unterforderten Nervensäge stand: eine Hand voll Hund, der seinen kleinen Zwinger zur großen Bühne machte. Ganz großes Kino – schon im Alter von neun Wochen! Ja, endlich, ich hatte meinen Hund gefunden!

In den nächsten Monaten ging es für den Welpen nur darum zu wachsen, zu fressen und viel zu ruhen… im neuen Königreich. Einen jungen Hund in Ruhe heranwachsen zu lassen und dabei lediglich seine Präge- und Sozialisierungsphase zu bedienen, ist ganz nach meinem Geschmack. Völlig unbeschwert sollte er seine Tage verbringen. Zugleich braucht ein Welpe einen Ersatz-Familienverbund, so wie ich ihn selbst mit siebzehn Jahren, in der schwierigsten Zeit meines Lebens, bei den Tieren gefunden hatte. Die Sozialisierung zum »Familienmitglied« ist das Fundament, das später entscheidet, welchen Zugang das Tier dem Menschen zu sich gewährt. Hunde haben ein extrem soziales Verhalten, und da sie uns immer gefallen wollen, schauen sie sich viel von uns Menschen ab. Diese Nachahmung unseres Verhaltens trainieren sich die Tiere dabei oftmals selbst an. Pelzchen war ein wahrer Meister darin, mich zu scannen. Mit jedem Schmunzeln, mit jeder Freude von mir fühlte sie sich bestätigt, sie war glücklich, weil ich es war. Das ist kein Anflug von Vermenschlichung, es ist die klassische Struktur des Hundes. Kein anderes Tier reagiert so extrem sensibel auf all das, was wir Menschen tun.

Allerdings habe ich in Sachen »Ruhezeit als Jungtier« mit Pelzchen, nicht unbedingt freiwillig, eine Ausnahme gemacht. Sie zwang mich in ihrer Jugend regelrecht dazu, ein Exempel zu statuieren und sie zu beschäftigen. Die Kleine war nämlich eine Nervensäge, wie sie im Buche steht, ohne Arbeit unausgelastet und ständig auf der Suche nach neuen Tätigkeiten und Tätlichkeiten, die bei mir nicht unbedingt Freudentränen hervorriefen. Sie schien nichts auszulassen, um mir zu beweisen, dass sie unterfordert war. Tiere, die mit so viel Talent gesegnet sind und viel Energie und Tatkraft zur Verfügung haben, können im Alltag schnell negativ auffallen, wenn man diese Fähigkeit nicht kanalisiert. Ein kleiner Auszug aus einer durchaus längeren Liste von Taten beweist den Einfallsreichtum und die virtuose Art, mit der die kleine Hundedame mit den Dingen des Lebens umzugehen pflegte: Teppichleisten perforieren, Topfpflanzen ausgraben, Schuhe verkosten und apportieren, aber erst dann, wenn sie wirklich zerstört waren, das war an der Tagesordnung. Eine ihrer besonderen Fähigkeiten war die Spezialbehandlung teurer Antiquitäten: Das wertvolle Holz wurde von ihren kleinen scharfen Zähnen sorgfältig bearbeitet, was den Wert des Mobiliars deutlich, nun ja, veränderte. Durch diese Aktivitäten konnte Pelzchen viel lernen, ihr Gehirn konnte mit den Impulsen wachsen und ihr Repertoire wurde immer größer. Sie war nicht gerade ein Rundumsorglospaket, ich war ein wenig gestresst, obwohl ich durchaus wusste, dass der freche Zwerg einfach nur eine Aufgabe suchte. Am Rande eines möglicherweise bevorstehenden Nervenzusammenbruchs stellte ich also ein Alltagstrainingsprogramm zusammen – entgegen meiner eigentlichen Überzeugung, Welpen in Ruhe heranwachsen zu lassen, bevor ich auch sie für den Ernst des Lebens zu üben beginnen lasse. Dieses Programm sorgte dafür, dass dem nun ausgelasteten Wunderhund fast keine Schandtat mehr über die Schnauze kam. Auf diese Art wurde der Weg für den Start einer Filmkarriere geebnet, nach der sich so mancher alle vier Pfoten lecken würde.

Pelzchen ganz groß in Fahrt

Sie erinnern sich an den Anfang des Buches? Fredy musste ein neuntes Mal laufen, die Klappe war ein neuntes Mal gefallen und diesmal klappte alles. Die Verfolgungsjagd zur Villa hatte ein Ende. Die Szene war im Kasten, so wie sie sein sollte. Doch für alles gibt es Steigerungen und Superlative: Bei der Verfilmung von »Crazy Race« mit Ingolf Lück und Katy Karrenbauer hatte Pelzchen einen schweren Stunt zu bewältigen: Ein Pkw mit Wohnwagen und, wie kann es anders sein, niederländischem Kennzeichen, hat noch ein zusätzliches Gefährt angekoppelt, auf dem eine Hundehütte mit einem kleinen Vorgarten aufgebaut ist. Vor dieser Hütte thront das selbstbewusste Pelzchen auf dem Plastikrasen mit den bunten Plastikblumen. Das Gespann ist gerade dabei, eine Kreuzung zu überqueren, als plötzlich ein selbst ernannter Rennfahrer heranrast und gerade noch in allerletzter Sekunde mit seinem Flitzer der Marke »Ich bin aufgemotzt und trotzdem hässlich« eine Kollision mit Pkw und Wohnwagen verhindern kann. Dafür aber – mit diesem Anbau hatte er nicht gerechnet – erwischt der Wahnsinnige den Hänger mit der Hundehütte und der kleinen Hün-

din. Der Anhänger geht entzwei, der Teil ohne Hütte und ohne Hund wird in hohem Tempo mit dem Auto mitgerissen. Selbstverständlich überlebt unser Hündchen diesen Unfall und setzt die Reise auf dem halbierten Anhänger fort. Der »Rennfahrer« ist natürlich ein erfahrener Stuntman, und der Anhänger hat eine Sollbruchstelle, die während der Aufnahmen garantiert Mensch und Tier unbeschadet lässt.

Soweit die Theorie beziehungsweise das Drehbuch. Unglaubliche zehn Mal wurde dieser Unfall wiederholt. Die kleine Hundedame wurde dabei immer mutiger und wahrscheinlich auch wütender auf diesen ungehobelten Verkehrsteilnehmer. Ganz und gar nicht damenhaft hat Pelzchen in Eigenregie entschieden, dass sie den untalentierten Fahrzeuglenker mit Nachdruck lautstark ankläffen und ihn so aus ihrem Hoheitsgebiet entfernen muss. Das ist mein Pelzchen: Bei den weiteren Wiederholungen des Zusammenstoßes hat sie das heranrasende Auto angebellt, als wäre sie ein wütender Kettenhund. Es war wundervoll! Die Regie war begeistert, das Drehbuch wurde an dieser Stelle umgeschrieben und alle lobten den tollen Tiertrainer. Ich aber konnte nur stolz auf meinen kleinen Superhund verweisen, eine echte Vollblutschauspielerin, die wieder einmal genau wusste, wie die Szene am besten rüberkommt.

Besonderes Mitgefühl hatte ich in diesem Fall übrigens mit dem Team der Ausstattung, das dafür verantwortlich war, nach jeder erfolgten Kollision den ramponierten Anhänger wieder zusammenzuflicken und sommerlich geschmackvoll das Arrangement mit Plastikrasen und Plastikblumen erneut so zu dekorieren, als wäre nichts gewesen.

Natürlich hat auch Pelzchen Superstar etwas kleiner angefangen. Die allererste tragende Rolle hatte die Hundedame im Film »Die Traumnummer« mit Ingo Naujoks, den wir aus dem

»Tatort« neben Maria Furtwängler als Kriminalautor kennen. In »Traumnummer« spielte er ebenfalls seine erste Hauptrolle. Sozusagen zwei Neuentdeckungen. Der damals frisch verheiratete Ingo saß für diesen Film im Rollstuhl und war Pelzchens Herrchen. Während der menschliche Darsteller mehrere Wochen lang das Rollstuhlfahren trainierte, lernte, wie schnelle Richtungswechsel funktionieren, wie man einen Hochstart hinlegt, eine Vollbremsung auf dem Asphalt macht oder das Hindernis Treppe bewältigt, hatten auch wir einen Rollstuhl zu Hause. Denn die Aufgabe des Hundes in diesem Film war es, den behinderten Ingo zu beschützen. Mal ist Pelzchen mit hoch erhobenem Kopf im Rollstuhl mitgefahren, mal war sie seine Begleiterin auf vier Pfoten, seine Feinde schlug sie in die Flucht, und selbst bei seinem Liebesleben konnte sie nachhelfen. All das musste natürlich geübt werden. Die Hündin sollte sich ganz sicher fühlen, wenn sie auf Ingo Naujoks Schoß saß, während der etwas beschwerlich und vor allem wackelig Treppen hinter sich brachte. Alle Berührungsängste mit dem Vollbremsungen vollführenden Rollstuhl mussten abgelegt werden, da dieses Gefährt ja gewissermaßen ein Teil des Film-Herrchens war. Ingo ist ein Pfundskerl, mit dem das Drehen die reine Freude war. Die perfekte Chemie zwischen ihm und Pelzchen war auch im Film deutlich zu spüren. Sechs Wochen lang waren die beiden vom Drehbuch festgelegte Freunde, dirigiert vom »Schwarzwaldklinik«- und »Traumschiff«-Regisseur Hans-Jürgen Tögel.

Bevor Pelzchen so dick ins Filmbusiness einstieg, tingelte sie in kleinen Gastrollen durch die Lande, mit Horst Tappert und Fritz Wepper immer wieder in »Derrick«, mit Rolf Schimpf in »Der Alte«. Sie fand Leichen, war ein total verwilderter Köter oder brillierte als kläffender Nachbarshund, der allen auf die Nerven ging. Die erste Episodenrolle erhielt sie in »Dr. Stefan Frank – der Arzt, dem die Frauen vertrauen« mit

Sigmar Solbach in der Hauptrolle. Die Nation weinte nach ihrem unvergesslichen Auftritt: Ein ausgesetzter Hund wird von einem kleinen Jungen gefunden und versorgt. Dankbar rettet daraufhin der mutige Hund dem Jungen nach einem Segelunfall das Leben. Am Strand des Chiemsees lag Pelzchen auf dem T-Shirt des Kindes und rührte sich »vor Verzweiflung« nicht vom Fleck. In dem Moment, wo Sigmar Solbach nach ihr rief, gab ich ihr ein Zeichen, meine Handfläche zeigte an, dass sie trotz Sigmars Ruf verharren sollte. Ihr auffälliges Verhalten ließ den Serienarzt stutzig werden, schließlich brachte er sie auf direktem Weg auf die Intensivstation zu ihrem kleinen Freund. Der arme Junge lag im Koma, der Hund saß auf seinem Bett und schlabberte sein ganzes Gesicht nass. Für Leberwurst tat Pelzchen alles, und daher war reichlich von der feinen, auf der Haut nicht sichtbaren Sorte auf dem Gesicht des Jungen verteilt worden. Die intensiven Liebesbezeugungen des Hundes ließen das Wunderbare geschehen: Der Kleine öffnete wieder die Augen.

Danach folgten viele Episodenrollen wie beispielsweise in »Tierarzt Dr. Engel« mit Wolfgang Fierek, der leider durch seinen Motorradunfall die Serie aufgeben musste. Gedreht wurde im Berchtesgadener Land. Pelzchen wurde mal wieder von einem Auto angefahren und von Wolfgang gerettet, verarztet und liebevoll gesund gepflegt.

Garant für gute Einschaltquoten, Geheimwaffe von ARD und ZDF war Christine Neubauer längst noch nicht, als wir 2004 begannen, für »Die Landärztin« im österreichischen Großrahming zu drehen. In diesem Mehrteiler wurde Pelzchen sogar in die Drehbücher der nächsten Folgen geschrieben, »Strolchi« gefiel einfach zu gut. Hinkend und verwahrlost quälte sich Pelzchen hier über die Landstraße und hielt so Frau Neubauers Auto auf. Das Hinken auf Kommando musste ich dem Hund natürlich beibringen. Anfangs ziemlich ungewohnt, war es für den kleinen Kerl nach einiger Zeit zu einem witzigen Spiel geworden, auf drei Beinen zu hoppeln und dafür jedes Mal eine große Belohnung zu kassieren. Es war ihr Einstieg in diese Serie. Erst als Pelzchen mit siebzehn Jahren ihr Gehör verlor, wurde die kecke Zwergschnauzerdame Pink zu ihrer Nachfolgerin auserkoren. Ein schweres Erbe, das sie bis heute mit Bravour meistert. Immer noch werden alle Jahre wieder neue Folgen dieser erfolgreichen Serie gedreht.

Einer der absoluten Höhepunkte in Pelzchens Karriere war die Rolle in »Das fliegende Klassenzimmer« unter der Regie von Tomy Wigand, der viele Jahre lang zusammen mit Hollywood-Regisseur Roland Emmerich, der unter anderem »Godzilla« drehte, gearbeitet hat. Auch die Darstellerriege lässt sich sehen: Anja Kling, bekannt aus »(T)Raumschiff Surprise« von Bully Herbig, Ulrich Noethen, ein unkapriziöser Zeitgenosse seiner Zunft, und Sebastian Koch, den wir aus dem Oscar-prämierten Kinofilm »Das Leben der Anderen« kennen. In der Rolle des »Nichtraucher« hatte er – neben Pelzchen spielend – in diesem Kinofilm mit seiner Hundeallergie zu kämpfen. Pelzchen hatte auf jeden Fall viel Spaß, Sebastian am Hosenbein zu packen, auch wenn es für diese Rolle extra einstudiert war.

Abschied

Der kleine Superfilmhund Pelzchen wurde mit stolzen siebzehn Jahren im Garten unter Mutters Rosen begraben. So wie die Hündin im Leben war – liebenswert und unbequem – so war auch der Abschied. Beides gleichermaßen großes Kino! Ich habe ihr den würdigen letzten Dienst erwiesen und sie einschläfern lassen, während sie eine große Portion ihrer Leibspeise verschlang.

Abschied vom geliebten Tier, das ist kein leichtes Thema.

Doch die Verantwortung zu übernehmen, dem Tier beizustehen, wenn es leidet, und den Egoismus zugunsten des Tieres zu überwinden, das ist wahre Tierliebe. Schon die erste Entscheidung, ein Tier zu sich zu nehmen, birgt die Verpflichtung und Verantwortung in sich, auch die letzte Entscheidung für den dann nicht mehr so neuen Hausgenossen zu treffen. Zu erkennen, wann für das Tier das Leben nicht mehr lebenswert ist, es loszulassen, setzt voraus, dass wir lernen, unseren heißgeliebten Freund während seines ganzen Lebens tagein, tagaus immer wieder zu beobachten und unser Auge zu schulen. Jeder Tierhalter sollte wissen: Wie fühlt sich mein Tier gerade? Wenn wir uns diese Zeit nehmen, werden wir die letzte Entscheidung auch bewusst zum richtigen Zeitpunkt treffen können. Denn es hilft nichts, wir müssen entscheiden, unser geliebtes Haustier kann es nicht.

Pelzchen war nun nicht mehr da, aber sie hatte mir und den Filmliebhabern einiges hinterlassen. Nicht zuletzt Fredy, den Sie vom Anfang des Buches kennen. Dieser Rüde ist Pelzchens Urenkel. Schon zu Pelzchens Lebzeiten hat er sich für seinen ersten Filmauftritt ihren Starappeal zu Eigen gemacht. Der Apfel fällt bekanntlich nicht weit vom Stamm.

Happy Hippie Ibiza

Schwarz-weiß, acht Wochen, kein bisschen schüchtern und sehr interessiert an Arbeit: Fredy, der lustige Mischling mit dem weißen Fleck ums linke Auge, der später als erfahrener, erwachsener Filmhund als Laufwunder zur Villa Neureich unterwegs sein sollte. Mit diesem immer gut gelaunten Fellbündel auf dem Arm betrat ich vor einigen Jahren das Produktionsbüro zur Regiebesprechung für den Fernsehfilm »Ein Ferienhaus auf Ibiza«. Fredy zeigte sich von seiner charmantesten Seite. Begeisterung für den kleinen arbeitswütigen Welpen machte sich breit, und schon war er auf dem besten Weg, diese Rolle zu ergattern.

Unabhängig von dieser Produktion hatte ich den kleinen Racker von langer Hand geplant. Schon seine Eltern waren der Hit. Was anderes als Talent konnte bei dem Wurf von acht Welpen auch herauskommen? Fredy war der Pausenclown, er war derjenige, der auf den unzähligen Fotos, die man von jungen Hunden im Laufe der ersten Wochen macht, stets in der Bildmitte zu finden ist. Immer schaut er direkt in die Kamera, lustig, frech und wirklich zum Fressen süß! Fredy war und ist ein Bühnentalent, er ist der Mittelpunkt, der Gute-Laune-Faktor, derjenige, der jedem ein Lächeln auf die Lippen zaubert.

Regie, Produktionsleitung und Kamera waren sich einig: Fredy oder keiner! Es war sein allererster Auftrag und ich war stolz auf ihn. Ein dickes Drehbuch in der Hand und ein riesiges Stück Arbeit vor der Brust marschierten Fredy und ich nach Hause. Vor der Abreise nach Ibiza in knapp vier Wochen hatten wir beide viel zu tun, kleine und größere Herausforderungen im Drehbuch erforderten unser beider Einsatz.

Neben all den vom Drehbuchautor für uns gestellten Aufgaben trainierte ich Fredy, in eine kleine Tasche zu steigen, sich hineinzulegen und zu schlafen. Diese Übung war sehr wichtig, um ihn in der Kabine im Flugzeug mitnehmen zu können, da ich den Kleinen auf keinen Fall in den Frachtraum geben wollte. Das Risiko, eine schlechte Erfahrung zu manifestieren, ist gerade bei einem jungen Hund sehr groß. In der Kabine kann ich ihm auftretende Turbulenzen oder andere Schwierigkeiten als positiv verkaufen. Und einmal positiv – immer positiv!

Das gilt bei fast allen neuen Erfahrungen. Meine neue Erfahrung auf diesem Flug nach Ibiza hieß Gewitterziege, sie war eine Flugbegleiterin von Air Berlin und ließ doch tatsächlich kein einziges Mal zu, dass ich Fredy kurz aus seiner Schlaftasche nehmen konnte. So hing ich bei meinem kleinen Flug-debütanten Hals über Kopf ständig mit den Händen in der Tasche am Boden, um ihm den Aufenthalt so positiv wie nur eben möglich zu besetzen. Fräulein Gewitterziege waren die vorgegebenen Regeln heilig und selbst ein umwerfender kleiner Hund schien ihr keinen Anlass zu geben, sich auf irgendeinen Kompromiss einzulassen.

Da war der Chauffeur, der uns abholte, sehr viel großzügiger. Der kleine Fredy durfte es sich auf den feinen Ledersitzen bequem machen, nachdem er mit Wonne an einer Pflanze im Flughafengelände eine kleine Pfütze hinterlassen hatte, möglicherweise am Air-Berlin-Schalter. Auf direktem Weg ging es an der Küste entlang Richtung Santa Eulalia del Rio, der zweitgrößten Stadt der Insel. In die felsige Küste gemeißelt thront hier, über dem künstlich aufgeschütteten Sandstrand, das Grand Hotel Palladium. Fredy und ich waren an unserem Arbeitsplatz angekommen. Vier Wochen Drehzeit auf Ibiza – es gibt sicher Schlimmeres!

Zum Warm-up am Abend traf sich das Team zu einer Grillparty mit spanischen Köstlichkeiten. Jeder lernte jeden kennen und Fredy hatte die Gelegenheit, seine zweibeinigen Kolleginnen und Kollegen zu beschnuppern, und die konnten sich alle sehen lassen: Peter Weck, der als Erzherzog Karl-Ludwig an der Seite von Romy Schneider in den Sissi-Verfilmungen gespielt hatte und später in den Achtzigern mit der vierzehnteiligen Fernsehserie »Ich heirate eine Familie« große Erfolge zusammen mit Thekla Carola Wied feierte. Heidelinde Weis kennen wir alle aus »Die Schwarzwaldklinik«, »Die Frau in Weiß« und nicht zuletzt aus den »Lausbubengeschichten«. Auch Tina Ruland war mit von der Partie, sie war neben Til Schweiger einer der »Manta, Manta«-Stars. Florian Fitz, der beispielsweise in »Das Tal der wilden Rosen« zu sehen war, rundete das Staraufgebot ab.

Schon am nächsten Morgen ging es los, die Location Scouts hatten die besten Strände und großartigsten Landschaften der Insel erkundet und schickten uns am ersten Drehtag an einen Strand namens Cala Comte, einer der schönsten im äußersten Nordwesten der Insel. Hier sollte sich Tina Ruland in einem Hauch von Nichts namens Strandbikini zusammen mit einem kleinen schwarz-weißen Hund aufhalten. Die Vorgabe für Fredy hieß: Der Hund darf auf keinen Fall hecheln! Die Vorgabe für Tina Ruland lautete: Auf keinen Fall darf sich irgendwo an ihrem Luxuskörper eine Schweißperle befinden. Alles kein Problem, wenn es nicht fünfunddreißig Grad Celsius gehabt hätte, und das ohne einen Hauch von Wind. Sobald die Kameras Pause machten, kamen die tapferen Schneiderlein der Kostümabteilung, spannten große Regenschirme auf und zauberten mit Fächern ein wenig Kühlung herbei.

Fredy hatte die Aufgabe, aus Tina Rulands Strandtasche ihr Bikini-Oberteil zu stibitzen und sich mit seiner Eroberung im Maul auf und davon zu machen. Der kleine Kerl mit seinen zwölf Wochen bewältigte diese Apportieraufgabe wie im Schlaf. Hatte ich ihm doch während des Vorbereitungstrainings beigebracht, jedes kleine Stück Bikini, das ich ihm zeigte, sofort zwischen seine spitzen Milchzähnchen zu nehmen und mir wieder vor die Füße zu legen. Ausgestattet mit einem gesegneten Talent und ungeheurem Engagement stürzte sich Fredy immer wieder auf seine Beute. Mit Begeisterung brachte er das kleine Stückchen Stoff stolz wie der viel zitierte Oskar zu mir, und das trotz der unbarmherzigen Sonne. Fredy liebte Tina und Tina liebte Fredy, diese Liebe auf den ersten Blick war eine hervorragende Grundlage für den Welpen, besonderen Gefallen an seiner Arbeit beim Film zu finden.

Tina spielt Karla, eine alleinerziehende Mutter, die, zusammen mit ihrer pubertierenden Tochter, durch eine List ihrer Mutter Greta zu einem unfreiwilligen Urlaub mit ihren Geschwis-

tern Henriette und Max in ein Ferienhaus auf Ibiza eingeladen wird. Herbert, der Vater der zerstrittenen Geschwister, stellt seine drei Kinder vor die Wahl: Entweder sie versöhnen sich oder sie werden enterbt. Konflikte, Verwirrungen, Liebe, Herzklopfen und ein unerwarteter Familienzuwachs auf vier Beinen – Hund Chico – verursachen neunzig Minuten lang ein ziemliches Chaos. Chico ist natürlich Fredy, den Karla verletzt am Strand findet. Die Begegnung mit dem Tierarzt, zu dem sie Chico bringt, beschert ihr einen heißen Verehrer aus dem Bereich der spanischen Veterinärmedizin. Der kleine Racker bleibt bei Karla und erobert nach und nach die Herzen der ganzen Familie, die sich die Finca can Toni es Raco bei San Miguel zum Ferienhaus auserkoren hat. Die Finca liegt weit oben und bietet einen atemberaubenden Ausblick auf das Mittelmeer. Das in Stein geschlagene Schwimmbad vermittelt die Illusion, es würde übergangslos eins mit dem Meer werden. Die Besitzer des terrassenförmig gebauten Anwesens hatten es für vierzehn Tage an die Produktionsfirma vermietet. Tag für Tag ein Feeling der Gutsherrenart. Herrliches Wetter, wunderschöne Landschaft, ein Haus zum Wohlfühlen, wer könnte da schlechte Laune haben? Allerdings war da noch Clarissa, die Haushälterin, die mit Argusaugen und strenger Disziplin über den Besitz wachte.

Beim »Diebstahl« des Bikini-Oberteils verfolgt Karla den kleinen Welpen bis in eine Hotelanlage. Unter einem Balkon lässt Chico den Bikini los und Karla entdeckt so ihren Schwager, der gerade dabei ist, ihre Schwester zu betrügen. Dieses Ereignis verbündet letzten Endes die zerstrittenen Geschwister. Fredy und Tina hatten in dieser Produktion eine dramatische Szene an einer Steilwand, wo der kleine Chico mal wieder Unsinn im Sinn hatte und aus purer Neugier auf einem Felsvorsprung landete, von dem er sich aus eigener Kraft nicht auf sicheren Boden retten konnte. Ein Team an Stuntmen und

Stuntgirls war bereit, Tina zu doubeln – sie turnten abwechselnd mit der Schauspielerin hoch über dem Meer an einem Sicherungsseil. Ich kauerte zusammen mit Fredy an diesem Felsvorsprung und gab dem Kleinen Kommandos, zu bellen und zu winseln, um Karla auf sich aufmerksam zu machen. In letzter Sekunde und unter Einsatz ihres Lebens konnte diese ihren kleinen neu gewonnenen Freund retten. Nun kam der schnittige Inseltierarzt mit seinem noch schnittigeren Motorboot zum Einsatz, um Karla und den Ausreißer Chico auf dem Seeweg zu retten.

Die Fahrt mit dem Motorboot haben wir vor den Toren von Ibiza Stadt gedreht. Unsere Basis war der elitäre Yachthafen. Die »Basis« ist der Ort, an dem das Filmteam Lkw, Pkw, Lichtutensilien, Wohnmobile für die Schauspieler, Sprinter voll mit Kostümen, das Maskenmobil und meistens auch – diesmal allerdings kamen wir ohne aus – den Catering-Wagen abstellt. Ein Restaurant am Yachthafen verköstigte uns bei diesen Dreharbeiten mit einheimischen Gerichten, fangfrischem Fisch und Meeresfrüchten der Marke Schlaraffenland, sodass keiner den Cateringwagen eine Sekunde vermisste, und natürlich habe ich Fredy bestens versorgt, obwohl der von Meeresfrüchten eher Abstand nahm.

Schon zu Hause auf dem Kleinhesseloher See, mitten im Englischen Garten in München, habe ich mit Fredy die Bootszene geübt. Mit einem gemieteten Tretboot trat ich dort wie ein Wilder in die Pedale, um wenigstens ein bisschen Geschwindigkeit und Fahrtwind zu produzieren. Fredy sollte wissen, was ihn erwartete. Zugegebenermaßen habe ich natürlich nicht im Ansatz die Geschwindigkeit dieses rasenden Motorbootes vor Ibiza erreicht. Wichtig war aber bei dieser Lektion, dem kleinen Hund zu vermitteln, dass ein wankender Untergrund nicht gleichbedeutend mit Gefahr ist und dass spritzendes Wasser, die Enge des Bootes und das Schaukeln nicht beunruhigend sind.

So war Fredy bestens vorbereitet, in den Armen der liebevollen Tina den wilden Flug über die Wellen vor Ibiza zu meistern. Es stellte sich schnell heraus, dass das Vorbereitungstraining auf die Herausforderung Motorboot Früchte trug. Zu keinem Zeitpunkt und durch nichts war Fredy zu beeindrucken, begeistert saß er abwechselnd auf Tinas Schoß oder thronte auf der mit weißem Leder überzogenen Sitzbank, den Kopf hoch erhoben, die Nase im Wind. Das hätte auch meiner Nase gut getan, ich saß allerdings, regelrecht zusammengeklappt von einem Meter neunzig auf fünfzig Zentimeter, versteckt vor der Kamera ganz, ganz unten und fühlte mich wie ein blinder Passagier. Ein zweites Boot begleitete uns, neben uns her rasend, mal steuerbord, mal backbord oder sogar vor uns. Hierin fuhren die Kamera und Dodo, die Dame für die Maske, mit. Sobald das Kameraboot vor uns war, bekamen die Schauspieler und Fredy Wasser ab. Dann war sofort Dodos Einsatz gefragt, sie musste Karla, den Tierarzt und Chico immer wieder kameratauglich stylen. Um mich kümmerte sich kein Mensch, von der eher unbequemen Sardinenbüchsenlage war mir nicht richtig wohl, aber Fredy gab meine Anwesenheit Selbstbewusstsein und Halt – also hieß es für mich unsichtbar für die Kamera bleiben und durchhalten.

Fredy wurde übrigens auch von Dodo geschminkt, sie hat ihn für eine Szene mit Filmblut präpariert, und am liebsten hätte sie den kleinen Schatz entführt. An einem fantastischen Strand, Geheimtipps sind Sa Caleta oder Playa Benirras, gefunden von den Spürnasen der Marke Location Scout, sollte Karla den verletzten und verwahrlosten Welpen anfangs finden. Versteckt unter einem umgedrehten Fischerboot hört sie ihn leise winseln und muss ihn regelrecht ausbuddeln.

Filmblut hat die Farbe und die Konsistenz von echtem Blut, ist hautverträglich und leicht abwaschbar. Manchmal bleibt bei einem weißen Hund ein paar Tage ein rosafarbener Schimmer im Fell. Je weicher das Fell, desto gefährdeter ist das Tier, für einige Zeit rosa zu werden. Da ein Drehbuch meist nicht chronologisch gedreht wird, kann es sein, dass der Hund zuerst verletzt wird, also mit Filmblut dramatisch geschminkt ist, und am nächsten Tag für eine andere Szene quietschfidel herumzuspringen hat. Da heißt es aufgepasst, denn ein rosafarbiges Fell ist nicht beliebt bei der Regie. Für Fredy mit seinem Schmutz abweisenden borstigen Fell kein Problem, er musste nicht als rosa Schweinchen herumlaufen, wir haben einfach zusammen gebadet und nach einem ausgiebigen Strandausflug stiegen wir beide sauber und adrett aus den Fluten. In diesen abgelegenen kleinen Buchten, mit wenig Touristen, war die Mittagspause immer das Highlight des Tages. Einheimische Mamas standen in kleinen Holzhütten und kochten wie Göttinnen. Unbeschreiblich gute, einfache Gerichte – ein kulinarisches Erlebnis!

Der Drehplan sah aber auch Strände mit Hotelhochhäusern, aufgeschüttetem Sand voll mit Liegen, Handtüchern und meist englischen Touristen vor. Hinter den Absperrungsbändern, die die Produktion gespannt hatte, wurden die schaulustigen Badegäste davon abgehalten, ins Bild zu laufen, um die Schauspieler um Autogramme zu bitten oder sie einfach nur ganz aus der Nähe zu bewundern. Sobald der Regisseur das Zauberwort »Bitte« rief, standen alle stramm, auch seine Schauspieler samt Hund hegten großen Respekt vor diesem Wort. Für eine Szene mit Tina Ruland und Fredy wurde eigens eine Strandbar aufgebaut, die offenbar so echt wirkte, dass ständig Feriengäste Drinks und Eis bestellen wollten und dadurch immer wieder in die Aufnahmen platzten. Sie konnten nicht glauben, dass es bei uns nichts zu trinken gab. Ein verzweifeltes, lautes »Bitte« der Regie hilft nicht immer.

Nach all dem Trubel habe ich viel Wert darauf gelegt, dass der kleine Welpe am Ende jedes Tages, entspannt zusammen mit mir, ein Bad im Meer nahm und einen Strandspaziergang machte. Für Fredy waren diese Wochen auf Ibiza wohl der perfekte Einstieg in eine erfolgreiche Karriere als Filmhund. Er wuchs sehr schnell in seine Aufgabe hinein, und ich stellte mit Freude fest, dass sich meine Wahl als richtig bestätigte: Die Stabilität seines Wesens und die große Lust am Arbeiten waren ein gutes Fundament für die zukünftigen Aufgaben beim Film. Fredy alias Chico war mit seinen damals mittlerweile vierzehn Wochen der heimliche Star im Ferienhaus auf Happy Hippie Ibiza.

Tiertraining auf den Punkt gebracht

Auf den Punkt sollen sie da sein, all die Fußballspieler in den riesigen Stadien. Ihre einzige Aufgabe besteht darin, so zu spielen, dass der Ball im Tor des Gegners landet, und das so oft wie möglich. Oder: Grandslam-Turnier in Wimbledon, genau jetzt soll der Tennisspieler seine Höchstform abrufen, um den Erdbeeren essenden Zuschauern Vergnügen zu bereiten und sich einen großen Namen zu machen. Die Aufgabe des Hundert-Meter-Sprinters ist es, in weniger als zehn Sekunden als Erster über die Ziellinie zu fliegen. Und im Riesenslalom geht es mit haarscharf kalkuliertem Risiko darum, als Schnellster steilste Pisten hinabzudonnern. Monate, sogar Jahre des Trainings liegen hinter den Athleten. Alles für einen Augenblick. Dass genau zum richtigen Zeitpunkt am richtigen Ort alles funktioniert, dafür sorgen die Trainer der Hochleistungssportler und solcher, die es werden wollen. Tagesabläufe, Trainingspensum, Ernährung, Schlaf, Bekleidung und Freizeitverhalten – nichts, aber auch gar nichts wird dem Zufall überlassen.

Warum ich das hier erzähle? Meine Arbeitsplatzbeschreibung als Filmtiertrainer liest sich etwa so wie die eines Trainers für Olympia. Auch ich muss meine Schützlinge ausbilden, coachen, vorbereiten, begleiten, sie fördern und herausfordern. Ich muss sie in- und auswendig kennen, ihr Vertrauen haben und ihre Leistungsbereitschaft einschätzen können. Ich muss sie zur optimalen Leistung führen und dabei darauf achten, sie nicht zu verheizen. Es ist keineswegs mein Bestreben, Hochleistungssportler aus meinen Tieren zu machen. Aber wir arbeiten lange Zeit zusammen, um im richtigen Moment die geforderte Leistung bestmöglich abzuliefern. Da könnte man sich zuallererst fragen: Wozu überhaupt Tiere trainieren? Nur für unseren Spaß müssen sie etwas lernen, das sie vielleicht gar nicht wollen? Meine Antwort darauf heißt: Tiere wollen beschäftigt werden, sowohl körperlich als auch geistig.

Tiere auf dem Weg zum Arbeitsamt

Wie oft parken wir unsere Tiere zu Hause vor gefüllten Futter-
näpfen und an warmen Schlafplätzen? Und am Ende des Tages
bleibt bei Bello oder Maunzerle zu viel Energie im zu wenig
benutzten Körper. Hat Bello denn eine Aufgabe in seinem Leben zu erfüllen? Die braucht auch er dringend, sonst macht er
der Couch den Garaus, nachdem der Ledersessel bereits im außergewöhnlichen Fransendesign erstrahlt. Wäre es nicht schöner, wenn ein zufriedener, müder Hund abends vor dem ge-
stylten und unversehrten Sessel liegen und schnarchen würde,
nachdem er einen ausgefüllten Tag genossen hat? Letztlich
geht es ihm ja nicht viel anders als uns. Wir sind zwar meist unentwegt aktiv, aber so richtig ausgefüllt dann doch nicht. Das
Einfachste wäre es daher, wenn Tier und Mensch gemeinsam
überschüssige Energie abbauen oder sich zumindest gemeinsam beziehungsweise gegenseitig Erfolgserlebnisse verschaffen
könnten. Das Geheimnis, wie man ein Tier sinnvoll beschäftigen kann, liegt nicht im Zeitaufwand und in langem Training, sondern darin, das Talent des Tieres zu entdecken und so
zu nutzen, dass es auch in unseren Alltag passt. Für mich als
Filmtiertrainer muss es in die Vorgaben der Drehbücher passen, doch die Basis ist die gleiche wie für jeden Haustierfreund.

Untermieter Haustier

Unsere Haustiere leben mit uns, sie sind ein Teil unseres Alltags. Sind wir zu rastlos, übergehen wir sie in ihren wahren Bedürfnissen, wir nehmen uns ja nicht einmal genug Zeit für uns
selbst. Die Aufgabe des Menschen müsste es also sein, sein Tier
genau zu beobachten und herauszufinden, was es ausmacht

und was beiden, Mensch und Tier, gefallen und entsprechen könnte. Das Tier hat dabei kein Streben nach mehr, es nutzt gern die Talente, die ihm zur Verfügung stehen. Wenn die abgefragt werden, sind Bello und auch Maunzerle hochzufrieden. Man kann seinem Kaninchen ein freies Leben in Haus und Hof bieten, dafür muss es die »Stubenreinheit« erlernen – eine Aufgabe, die mit der Beschäftigung des Tieres zu bewältigen ist und auf jeden Fall eine Win-win-Situation für beide herbeiführt. Dem Wellensittich kann man Freiflug gewähren, dafür hat er sich an Regeln im Haus zu halten. Es gibt Gesetze für den Piepmatz, woran er knabbern darf und woran nicht, und man kann es sogar schaffen, dass er nicht überall fallen lässt, was er loswerden muss. Mit Aufmerksamkeit und Geduld lässt sich ihm das beibringen, was für ein angenehmes Zusammenleben nötig ist – und schon ist allen geholfen: dem Vogel, dem Menschen und der Wohnungseinrichtung.

Oder die Katze: Erkennen Sie bei Ihrer Katze, dass sie nie unterm Sofa verschwindet, wenn Sie Besuch bekommen, dann zeigt sie damit ein außergewöhnliches Talent. Denn Katzen sind ihrer wilden Verwandtschaft sehr nahe, sie haben sich ihre Wildheit nie nehmen lassen. Eine Katze, die Fremden interessiert entgegenkommt, könnte daher ein echtes Kuscheltalent sein. Fordern Sie Ihre Katze heraus, motivieren Sie den Stubentiger, den Besuchern auf den Schoß zu springen. Bauen Sie dieses Talent der Katze aus, und schon wird auch sie glücklich sein: Sie wird gestreichelt, bewundert, bestaunt und gelobt.

Weben, koppen, beißen – Maroni auf der Fensterbank

Fehlen Abwechslung und Ansprache im tierischen Alltag oder werden Tiere nicht artgerecht gehalten, entstehen meist stereotype Verhaltensstörungen. Der Hamster, der nächtelang im Hamsterrad seine Kreise dreht, »tickt« nicht mehr richtig – er

braucht Bewegung, dabei aber auch Dinge, die er erkunden kann. Ein bekanntes stereotypes Verhalten beim Pferd ist das Koppen: ein ständiges, ruhelos wirkendes Nicken des Kopfes, untermalt von einem Rülpston. Wenn ein solches Verhalten sich einmal manifestiert hat, kann man das Tier durch Beschäftigung davon ablenken, man kann die Symptome auch durch Medikamente unterdrücken, aber wirklich heilen kann man es nicht wieder. Das Koppen beim Pferd kann sogar anstecken. Auch wenn es keine körperlich ansteckende Krankheit ist, schauen sich die Stallnachbarn dieses Verhalten ab, da sie meist in derselben »langweiligen« Haltung leben. Mit einer Aufgabe, die nicht immer Sinn haben muss, kann man dem Ganzen aber gut entgegentreten.

»Hilfe, Maroni webt!« Das hörte ich eines Tages von einem verzweifelten Freund. Sein Kater zeigte das typische »Weben« an geschlossenen Fenstern. Meist sieht man das bei Katzen in Käfighaltung, wie es in den USA in Züchterkreisen gang und gäbe ist. Man kann es auch bei Raubtieren im Zoo oder Zirkus beobachten, dass sie ununterbrochen von links nach rechts in ihrem Käfig oder Gehege herumtigern. Und nun Maroni. Ruhelos lief sich der kastanienbraune Kater regelrecht die Pfoten platt und leider auch wund. Ihm zuzusehen war einfach traurig: Obwohl er nach draußen konnte, klemmte er sich stets hinter die Fenster und webte. Egal, was auf den Fensterbänken stand, Maroni räumte es ab. Durch jahrelange Käfighaltung, die dieses Tier hinter sich hatte, bevor es zu diesem Freund kam, rutschte die süße Kastanie bei Langeweile sofort in dieses Muster und fand von selbst nicht mehr heraus. Also legte ich mich auf die Lauer und stellte fest, dass Maroni nur tagsüber webte, aber nachts den Tunnelblick abstreifte und den Weg in den Garten fand. Ein Kind der Nacht also. Was tun? Den Umkehrschluss finden: Sonne hin oder her, die Rollläden mussten geschlossen werden, der Kater würde dann den Ausgang in den Garten wählen. Gedacht, gesagt, getan – es hat funktioniert. Ein paar Monate saß mein Freund mit geschlossenen Rollläden geduldig in seinem Haus. Da in unseren Breitengraden oftmals Regen vorherrscht, war er nicht allzu traurig darüber, und Maroni konnte sein stereotypes Verhalten unterbrechen und sich mehr und mehr auf den Weg in den Garten machen, um sich dort auszutoben. Heute, einige Jahre später, ist der Kater ein überzeugter Freigänger und genießt die Zeit draußen ohne Tick. Ab und zu kommt es vor, dass er in sein altes Muster verfällt und das Fenster als Laufsteg missbraucht. Der Rollladen muss sich dann nur kurz bewegen und schon lässt Maroni Fensterbank Fensterbank sein. Stereotypes Verhalten kann man unterbrechen, aber nie heilen!

Besonders auffallend und erschreckend sind die Folgen purer Unterforderung in der Massentierhaltung. Völlig gelangweilt und eingeengt stehen beispielsweise die sehr intelligenten Schweine in der herkömmlichen Haltung eines Zucht- und Mastbetriebes den ganzen Tag herum. Der lustige Kringelschwanz wird amputiert, damit sie ihn sich nicht vor Langeweile gegenseitig anfressen. Schon ein Ball könnte sie dabei vom Kringelschwanz des Nachbarn ablenken. Die Schweine beschäftigen sich so lange damit, bis das Spielzeug in tausend Stücke zerlegt ist. Jede Neuigkeit wird dankbar entgegengenommen und ist eine willkommene Abwechslung im Schweinealltag, wenn er schon nicht artgerecht eingerichtet wird.

Auch Kühe in Anbindehaltung finden immer etwas, an dem sie schlecken oder spielen können – ob sie die Schrauben an ihrem Fressgitter lockern oder aus dem Tränkebecken das Wasser mit ihrer geschickten Zunge überall hin verkleckern. Sie suchen sich eine Alternative zu einer »sinnvollen« Aufgabe, die man ihnen verwehrt. Die angebundenen Tiere können sich noch nicht mal das Hinterteil schlecken, sich nicht säubern und pflegen. Ein Spielzeug würde auch für sie zumindest Abhilfe schaffen, und der Schraubenzieher des Bauern könnte im Werkzeugkasten bleiben.

Wie sehr verändert sich die Welt für ein Tier, wenn da plötzlich jemand ist, der sich ausgiebig mit ihm beschäftigt, seine Talente erkundet und fördert und es mit viel Anerkennung und Lob verwöhnt! Win-win heißt für mich der Ansatz, der auch beim Tiertraining gilt: Es geht darum, den Ansprüchen des Tieres gerecht zu werden und zugleich selbst einen Nutzen davonzutragen. Und nun wird es praktisch: die Grundlagen der Arbeit mit Tieren.

Discohit und Leckerli – positive Bestärkung

Woran können Sie sich erinnern, wenn Sie an Ihre Kindheit denken? Es handelt sich entweder um etwas extrem Negatives oder im besseren Fall etwas sehr Positives. Beide Erfahrungsformen hinterlassen bleibende Erinnerungen, die noch Jahrzehnte später vielleicht von Gerüchen, Bildern oder einem damals gehörten Musikstück in uns wachgerufen werden. Besondere Momente wurden in irgendeiner Weise mit diesem anderen Reiz verknüpft, ein bestimmter Discohit wird dann immer wieder das Gefühl der ersten Verliebtheit anklingen lassen. Genau mit demselben Prinzip verknüpfe ich das in meinem Sinne positive Verhalten eines Tieres mit einer Belohnung oder verbalem Lob und Zuneigung. Bestärke ich so das gewünschte Verhalten, wird es positiv in Erinnerung bleiben und in einer ähnlichen Situation wieder ausgepackt. Unterlege ich diese positive Erfahrung mit einem Wort, Ton oder Handzeichen, hilft das dem Tier, sich an die gute Erfahrung zu erinnern und sie abzurufen. Das simpelste Beispiel: Wann immer »Sitz!« gesagt wird, setzt sich der Hund hin, weil er das mit der positiven Erfahrung eines Lobes in Verbindung zu bringen gelernt hat.

Leider wird nicht immer die positive, sondern oft genug auch die negative Bestärkung als Weg zum Ziel genutzt. Das ist bei Menschen nicht anders als bei Tieren. Die Angst vor Liebesentzug und Isolation, vor Gewalt und Aggression, vor Verrat und Denunzierung bestimmt dann das Verhalten, und das hat Konsequenzen. Die Angst führt zur negativen Motivation, eine Leistung zu erbringen. Kurzfristig gesehen scheint diese keinesfalls empfehlenswerte Methode Erfolg zu bringen. Langfristig gesehen kann man auf erzwungenem Verhalten allerdings nichts aufbauen. Es kann nie das Fundament für längerfristige und weit reichende Entwicklungen sein. Druck erzeugt Gegendruck, und dem kann man irgendwann nicht mehr standhalten. Wir alle kennen die Schlagzeilen: Tiger fällt seinen Dompteur an, Elefant presst seinen Pfleger zu Tode, Hund beißt Herrchen. Auch wenn viele Tiere noch so klein und süß sind, es bleiben Tiere, die tierische Anforderungen an ihre Umgebung stellen und von ihren Instinkten bestimmt leben. Für mich kann es daher nichts anderes geben, als mit dem zu arbeiten, was das Tier bereitstellt, das zu fordern und zu fördern, was ihm entspricht und was es daher auch gern bereit ist zu leisten. Das dafür nötige Vertrauen aufzubauen beginnt im besten Falle sehr früh.

Klappe, die erste, oder: Der Anfang entscheidet alles

Es ist ein wunderbares Gefühl für mich, ein neues Tier kennenzulernen und ihm in die Augen zu sehen. Die Augen sind die Fenster zur Seele. Von Kindesbeinen an faszinierte es mich, in diese Charaktere einzutauchen. Sobald ich mit Tieren zu tun habe, fühle ich mich zu Hause, dann vergesse ich Zeit und Raum.

Mit Tieren zu arbeiten erfordert zuerst einmal, dass man Vertrauen aufbaut. Dabei muss man unbedingt unterscheiden, ob es sich um ein Beutetier oder um einen Jäger handelt, um ein Fluchttier oder ein Tier, das sich verteidigt. Das Vertrauen eines Jägers ist sehr viel leichter zu gewinnen als das eines Fluchttieres, das liegt in der Natur der Sache. Manche kommen aus dem Tierheim, einige haben schon mehr oder weniger Schlimmes erlebt. Aber auch die in einer friedlichen Umgebung und unter menschlicher Fürsorge Geborenen müssen irgendwann recht früh damit fertig werden, dass sie nun von ihrer Mutter und den Geschwistern getrennt werden, und sich in einer neuen Umgebung zurechtfinden. Mit der richtigen Portion Mitgefühl ist es kein Problem, diese Veränderung aufzufangen und für das neue Haustier positiv zu gestalten, ganz gleich, welcher Art und Rasse es angehört. Vom ersten Moment an gilt es, die Weichen zu stellen, die ausschlaggebend für die zukünftige Beziehung sein werden. Dabei mache ich keine halben Sachen, mit jedem Tier baue ich eine intensive Bindung auf, die durch die körperliche Nähe fundiert wird. Ich nehme das Tier buchstäblich an Kindes statt an und lasse es Teil meiner Familie sein. Die Struktur eines Familiensystems kennt das junge Tier von seiner Tierfamilie und kann sich daher ohne große Umstellung darin zurechtfinden. Die Eltern führen die Familie an und geben die Richtung vor. Das Jungtier folgt vertrauensvoll. Und nun bin ich »die Eltern« oder ich übertrage geeigneten Tieren, die bereits bei mir leben, einen Teil dieser Rolle. Die Basis Vertrauen ist dann bald geschaffen, und darauf kann ich die weitere Erziehung aufbauen.

Die Kunst dieser Methode ist es, das Tier trotz Integration in die eigene Familie nicht zu vermenschlichen. Die tierischen Bedürfnisse müssen weiter klar sein. Dem Tier soll eine Ordnung zur Verfügung stehen, in die es sich eingliedern kann. Es in unser familiäres System aufzunehmen, bedeutet nicht, dass es Schokolade als Betthupferl auf dem Kissen vorfindet und einen gestreiften Schlafanzug trägt. Die elterlichen Aufgaben beziehen sich nicht auf das Windeln, sondern darauf, dem Tier eine Struktur zur Verfügung zu stellen, die ihm in ihren Grundzügen bekannt ist und sein Vertrauen fördert.

In der Natur baut sich die intensive Mutter-Kind-Beziehung auf Prägung auf. Die Jungen hören, riechen, sehen die Mutter – und sind fortan auf sie geprägt. Bei Nesthockern ist dabei entscheidend, ob sie mit offenen Augen geboren werden, wie wir Menschen, oder mit geschlossenen Augen, wie Bären, Füchse, Dachse, Marder und andere. Ab dem Moment, in dem das Jungtier seine Mutter visuell wahrgenommen hat, ist es nur noch mit sehr großer Anstrengung möglich, eine Ersatzmutter zu sein oder einzusetzen. Versuche ich ein junges Wildtier, das in Not geraten ist, mit der Flasche aufzuziehen, wird es sehr viel leichter sein, wenn es anfangs noch geschlossene Augen hat.

Da Federvieh mit seinen Küken in den letzten Stunden vor dem Schlüpfen akustisch Kontakt aufnimmt, wenn diese noch im Ei sind, kann man die Jungtiere nach dem Schlüpfen nicht mehr zu einem anderen Huhn geben, da sie die Küken nicht akzeptieren würde. Als meine beste Glucke, die zuverlässig ihre Eier ausbrütet, einmal aus irgendeinem Grund von ihrem Nest gejagt wurde, kurz bevor die Jungen hätten schlüpfen sollen, kehrte sie nicht mehr dorthin zurück. Als ich Stunden später die verlassenen Eier fand, nahm ich sie mit ins Haus und legte sie auf die Fußbodenheizung, denn ich erwartete jeden Moment das Anklopfen der Küken aus dem Inneren. Bald ging es los und eins nach dem anderen kämpfte sich aus der engen Eischale in die Freiheit. Das Erste, was sie sahen, war ich. Es fand eine visuelle Prägung statt. Akustisch aber hatte bereits Frau Mama vor dem Schlüpfen der Jungen dichte Bande geknüpft. Da half mein sonorer Bariton nun nichts mehr, gegen das Gackern, das die Kleinen schon im Ei gehört hatten, konnte ich nicht ansingen. Heute sind die zwei, die ich von diesen neun Hühnern behalten habe, handzahm, aber auf meine Stimme hören sie nicht. Werden Eier dagegen im Brutkasten ausgebrütet, wo sie vielleicht sogar schon ab und an in den letzten Tagen meine Stimme hören, dann kann ich es darauf anlegen, dass sie später auf Ruf zu mir kommen.

Die Prägung zu Säugern kann auch buchstäblich im Schlaf stattfinden. Dann lässt sich ein Lebewesen fallen, es entspannt sich auch entgegen der natürlichen Überlebensstrategien, da der Schlaf als Zeit zum Energietanken fürs Überleben ebenfalls dringend nötig ist. Aber nicht nur sie selbst entspannen. Sicher haben Sie schon schlafende Menschen beobachtet – was auch immer für ein Kerl er im Wachzustand ist, im Schlaf wirkt jeder Mensch friedlich. Die Tiere können so in ihrer intensivsten Entspannung den Geruch und das völlig friedliche Verhalten des schlafenden Menschen wahrnehmen. Sie fühlen sich in kürzester Zeit in seiner Gegenwart geborgen und bauen Vertrauen auf.

Immer muss ich mir bewusst sein: Nach dem »Verlust« der Elterntiere oder der Tiermutter bin ich für das kleine hilflose Fellbündel oder das federleichte Flaumknäuel die einzige Bezugsperson. Ich gebe dem Tierkind Vertrauen, nur so kann es sich schnell umorientieren und den Weg einschlagen, der die besten Überlebenschancen bietet: ein friedliches Zusammenleben in der neuen »Familie«. Immer lasse ich die Tiere, die von klein an bei mir sind, erst in Ruhe heranwachsen und konfrontiere sie langsam mit allen möglichen Umwelteinflüssen. Nutze ich die Prägephase – bei einem jungen Hund sind das die ersten acht Wochen – und die Sozialisierungsphase – bis etwa zur sechzehnten Woche –, schaffe ich eine ausbaufähige Basis. Wenn dann die Ausbildung beginnt, kenne ich das We-

sen des Tieres schon in- und auswendig und kann seine individuellen Talente fördern.

Dem Individuellen auf der Spur

Wie schnell lässt sich ein Tier auf mich ein? Wie aufgeschlossen
ist es gegenüber der Umwelt? Wie lange kann es sich auf etwas
Bestimmtes konzentrieren? Wie sind seine Interessen gelagert?
Wofür und wodurch lässt es sich am besten motivieren? Auch
die Herkunft spielt in manchen Fällen eine Rolle.
Es lohnt sich, nicht immer gleich in das Tun unserer Hausgenossen einzugreifen. Indem wir Tiere gewähren lassen, haben
wir auch die Möglichkeit, ihr natürliches Verhalten zu beobachten. Dann erst erkennen wir ihre wirklichen Bedürfnisse
und Ansprüche. Und die zu erfüllen ist ausschlaggebend für
das tierische Wohlbefinden. Nicht das Interesse Ihres Vierbeiners an der Schachtel Pralinen auf dem Küchentisch ist
hier gemeint. Natürlich hat das Tier daran Interesse, Pralinen riechen ja so lecker und würden doch so gut schmecken.
Es ist trotz allem kein Grundbedürfnis. Die Pralinen steigern
zwar das Gewicht, fördern jedoch nicht die artgerechte Haltung des Tieres. Viel interessanter ist es zu beobachten, mit
welcher Raffinesse Ihr Tier versucht, an die Pralinen zu kommen. Wie einfallsreich, wie geschickt und wie fokussiert ist
es auf dieses Ziel? Im zweiten Schritt – nach dem Beobachten – ist es unsere Aufgabe, die Interessen ein wenig zu lenken.
Nicht der Magnetismus, den die Pralinenschachtel oder ein
Leberwurstbrot auslösen, ist das Spannende. Mir geht es um
die Charaktereigenschaften, die jeder Vierbeiner mitbringt. Ist
er mutig, ja sogar todesmutig, oder ist der vierbeinige Freund
eher schüchtern und sanft, ist er aufgeschlossen, ruppig, domi-
nant oder unterwürfig, devot oder manchmal aggressiv? Viel-

leicht »spricht« der Hund und wir erkennen seine kommunikative Seite, oder er ist introvertiert, stumm und verschlossen. Aus diesen Eigenschaften lässt sich auf die Alltagsbedürfnisse des Vierbeiners schließen. Durch eine passende »Diagnose« erleichtern wir unseren Tieren das Leben und gestalten so ein angenehmes Miteinander. Leider ist das nicht unbedingt Alltag. Beobachten wir unsere Computerviren nicht oft aufmerksamer als unsere Haustiere?

Aus den Wesenszügen resultiert automatisch auch ein Talent, die besondere, individuelle Fähigkeit nämlich, die Hund/Katze/Maus von Geburt an mitbringen. Dieses Talent gilt es zu erkennen und zu fördern, um immer wieder Erfolgserlebnisse für das Tier herbeizuführen und diese regelrecht auf Knopfdruck abzurufen, wenn es der Situation zuträglich ist. Möchten Sie Ihrem Hund etwas Gutes tun oder nach einem negativen Ereignis sein Selbstbewusstsein in Windeseile wieder aufbauen? Drücken Sie auf den Knopf »Erfolgserlebnis«, rufen Sie ein dem Talent entgegenkommendes, zuvor einstudiertes Verhalten ab. Der Hund ist stolz auf das, was er zeigen kann, und freut sich über Ihr Lob.

Voraussetzung für all das sind die zwei genannten Grundregeln: das Tier gut beobachten und dann entsprechend fördern. Allgemein betrachtet haben wir Menschen eine gute Beobachtungsgabe, denn alles, was wir »erfunden« haben, gab es bereits in der Natur oder der Tierwelt. Schauen Sie sich an, wie ein kleiner Käfer seine Flügel aus- und einfaltet: So funktioniert der Mechanismus eines Cabrio-Daches, genau so hat es der große Käfer auf vier Rädern übernommen. Ein Motor ist vom Prinzip her wie das Herz eines Säugetieres, und wie das Fliegen durch die Lüfte funktioniert, haben wir von den Vögeln abgeschaut. Das Fahrgestell, die Landeklappen, die Tragflächen und sicher auch die ergonomische Form sind Kopien, die wir der Natur entlehnt haben. Ausdauernde Beobachtung lohnt sich also, machen Sie es sich gemütlich und schauen Sie einfach mal zu.

Kappel sucht den Superstar

Mein Leben lang schon »spreche« ich mit Tieren. Wir treffen uns und kommunizieren miteinander, wir beobachten uns, gehen aufeinander zu, pirschen uns an, schauen uns an, schauen uns nicht an, ignorieren uns, stolzieren umeinander herum und erkennen uns gegenseitig. Das Tier erkennt meine Absichten und ich erkenne seine. Kommunikation ist das entscheidende Instrument. Was weiß ich über das Verhalten seiner Spezies, und welche Rückschlüsse kann ich daraus auf das individuelle Verhalten ziehen? Welche anatomischen Fähigkeiten bringt das Tier mit? Und welches Talent? Das ist beim Tier wie bei uns Menschen, verständlicherweise: Besonders gern wird das gemacht, was von Erfolg gekrönt ist, es geht leicht von der Hand und kann fast unermüdlich wiederholt werden.

Je weniger Tiere beeinflusst werden, desto leichter kristallisieren sich ihre Talente heraus. Je mehr Regeln und Tipps man vorgibt, desto stärker fremdgesteuert werden sie, ihre Persönlichkeit kann sich nicht vollständig entwickeln. Diese Persönlichkeit aber lässt unsere besten Freunde nicht wie Nachzieh-Spielzeug neben beziehungsweise hinter uns her leben, sondern bringt sie dazu, eigene Ideen zu entwickeln, die wir ihnen vielleicht gar nicht zugetraut hätten. Das kann im Alltag für uns Menschen zugegebenermaßen erst einmal etwas lästig werden. Entwickelt Ihr Hund zum Beispiel das Talent, den Kühlschrank selbstständig zu öffnen, bedient er sich natürlich auch daraus. Das ist nicht immer lustig. Aber: Dieses Talent beinhaltet eine große Beobachtungs- und Kombinationsgabe:
1. Wie geht der Kühlschrank auf?
2. Aha, dort sind die leckersten Sachen vor mir versteckt.

Was tun? In solch einem Fall entscheide ich mich, das Tier für die tolle Idee und die sportliche Ausführung zu belohnen. Ich trainiere die Aufgabe und unterlege ein Kommando, ich motiviere den Hund also, den Kühlschrank immer wieder zu öffnen, bis er diese Aktion und mein Lob mit dem Kommando oder Handzeichen verknüpft hat. Nach jedem Training sichere ich den Kühlschrank so, dass der Hund keine Möglichkeit findet, ihn wieder zu öffnen. Dafür eignet sich ein Vorhängeschloss oder oft ein einfaches Rundholz. Es ist ein Phänomen, dass der Hund antrainierte Aufgaben, wie hier den Kühlschrank zu öffnen, bald nur noch ausführt, wenn er das unterlegte Kommando erhält. Natürlich bestätigt auch hier die Ausnahme die Regel.

Kreatives Verhalten zu fördern, bringt dem Tier ganz allgemein Selbstvertrauen und ermutigt es damit, mehr von seinen ureigenen Talenten zu zeigen. Hinzu kommt, dass ich auf diese Weise natürlich auch erkenne, wer sich für welche Aufgabe, die ein Drehbuch stellt, eignen könnte. Das Mittelmaß zwischen Gehorsam und der Förderung des Selbstbewusstseins des Hundes zu finden, das ist das Sahnehäubchen bei der Hundeausbildung.

Diplomatisches Geschick ist bei der Erziehung also der Schlüssel zum Erfolg. Die Aufgabe des Menschen, der sich nun mal durch höhere Intelligenz und Abstraktionsvermögen auszeichnet, ist es immer, kreative Lösungen zu finden, um das Training des tierischen Lieblings positiv zu gestalten. Der Zweibeiner muss die Übersicht über die gegebene Situation haben und aufmerksam Störfelder erkennen, bevor der Vierbeiner sie wahrnimmt.

Der Widerspenstigen Zähmung

Als besonders eigensinnig gelten Katzen. Was bei Hunden noch ganz gut vorstellbar ist, sieht bei ihnen etwas anders aus. Beide Lieblingshaustiere werden ja nicht umsonst gern als charakterlich entgegengesetzte Wesen betrachtet. Katzen sind ungebundene, freiheitsliebende Persönlichkeiten, die manchmal durchaus ein klein wenig egoman, oder sagen wir eigenwillig, erscheinen.

Eine solche Interpretation entspringt allerdings unserer menschlichen Wahrnehmung und trifft nicht den Kern ihres tatsächlichen Wesens. Im Gegensatz zum Hund, der von seinem wilden Verwandten Wolf weit entfernt ist, ist die Katze ihrer wilden Verwandtschaft sehr viel näher. Während wir unseren besten Freund Hund in der Evolutionsgeschichte gefüttert haben und das bis heute tun, lebte die Katze in einer Co-Existenz neben dem Menschen und sorgte lange für sich selbst, indem sie Mäuse und Ratten fing. Genau betrachtet wurde die Katze nie domestiziert. Zwar kennen wir Katzen in verschiedenen Farbschlägen, mit langem oder kurzem Fell, aber sie in ihrer Körpergröße zu verändern, haben wir nicht geschafft. Es ist einfach nicht möglich, hier solche Größenunterschiede wie zwischen Dobermann und Rehpinscher hervorzubringen. Durch ihre Unabhängigkeit und ihr nur mittelmäßig ausgeprägtes Sozialverhalten mussten Katzen uns Menschen nie so genau beobachten, wie das der Hund auffällig stark tut. Es war nicht notwendig für sie, uns Menschen zu verstehen. Madame Katze lässt sich vielmehr von uns beobachten. Es macht den Anschein, als ob sie es genießen würde, und wir tun es schließlich auch sehr gern, um unsere Katze zu verstehen.

Missfällt der Katze eine Veränderung in der gewohnten Umgebung, sei es nun Ihr neuer Partner, Ihr neues Parfum oder ein neuer Nebenbuhler aus dem Bereich Haustier, kann die Samtpfote emotionslos ihre Koffer packen und in einen anderen, ihr geeigneter erscheinenden Haushalt wechseln, wie Kick-me, eine kleine, schwanzlose Hauskatze, die einen liebevollen Platz bei einer Freundin fand. Diese nahm das selbstbewusste Wesen an Kindes statt an und hütete es wie ihren Augapfel. Die kleine

Kick-me eroberte bald als Freigänger die ganze Siedlung und stellte fest, dass die anderen Familien den ganzen Tag mit Anwesenheit glänzten und sie mit Aufmerksamkeit und Belohnungen überschütteten. Angela, die Pflegemutter, jedoch arbeitete und kam erst am Abend zu Kick-me zurück. Erst als Angela die komplette Siedlung mit selbst gebackenen, unnachahmlichen Butterkeksen bestochen und den Anwohnern kollektiv das Versprechen abgenommen hatte, dass keiner mehr die Katze ins Haus lässt, zog Kick-me wieder bei ihr ein. Dieses Verhalten erinnert sehr stark an Wildtiere. Es wird auch bei zu viel Druck deutlich, dann verfallen Katzen in Panik, krallen, beißen oder gehen weg. In Wirklichkeit ist dieses Verhalten eine Überlebensstrategie. Es hilft dem Nonkonformisten Katze, besser durchs Leben zu schreiten.

Und doch hat die Katze einen Weg gefunden, wie sie auf ihre besondere Art und Weise mit Menschen in Kontakt tritt, anders als mit ihren Artgenossen. Während sie bei uns miaut, schnurrt und den Milchtritt zeigt – also mit den Vorderpfötchen auf einer Decke oder dem Menschen herumtritt, als würde sie pumpen wollen –, tut das die Spezies untereinander nicht. Offenbar ist das der einzige Bereich, auch wenn er noch so klein ist, in dem sich die Katze verrät und sich als domestiziert outet. Kein anderer Einzelgänger aus der Tierwelt hat sich uns Menschen so eng angeschlossen wie die Katze.

Das Einzige, was wir bei unseren Stubentigern ändern können, ist Verhalten, das sie nachahmen. Im Gegensatz zu den fest installierten Überlebensstrategien ist dieses Verhalten nicht in den Genen verankert, sondern von Vorbildern übernommen, ein sogenanntes Prägeverhalten. Ein Beispiel hierfür könnte das ungewöhnliche Trinkverhalten einer Kätzin sein, die das Wasser nicht mit der Zunge aus dem Napf trinkt, sondern dafür ihre Tatze einsetzt: Sie taucht sie ins Wasser, um es dann von der Pfote aufzunehmen. Alle Jungtiere dieser Katzenmutter werden dieses Verhalten kopieren und das Wasser mit dem Pfötchen aus dem Napf fischen, solange sie kein anderes Vorbild haben. Ein solches Prägeverhalten kann geändert werden, wenn man dem Tier klarmachen kann, dass ein anderes, neues Verhalten das Überleben besser absichert. Dazu muss man das bisherige Muster stören, es unterbrechen – und etwas Neues anbieten. Katzen sind Erlebnistrinker, und da die genannte Praktik jeden Tag aufs Neue zu einer Riesensauerei führt, machen Sie es sich leichter, wenn Sie sich etwas einfallen lassen. Manchmal reicht es durchaus, einen glatten Stein, der über die Wasseroberfläche herausragt, in die Wasserschale zu legen. Dann klappt es nicht mehr so gut, die Pfote einzutauchen, die Katze ist gezwungen, sich umzugewöhnen und – so hoffen wir zumindest – jetzt doch mit der Zunge zu trinken. Tut sie es nicht, sind weitere Einfälle unsererseits gefragt. Ein kleiner Zimmerbrunnen ist das Höchste der Gefühle für eine Katze. Das Erlebnis Trinken wird dann geradezu orgiastisch befriedigt.

Immer geht es mir darum, mich in das Tier hineinzuversetzen, das gilt für eine Katze genauso wie für ein Kamel oder einen Leguan. Wenn ich die tierische Denkweise verstehe, wenn ich weiß, wie sie ticken, dann kann ich sie auch mit Geduld und Fingerspitzengefühl dazu führen, die Anforderungen des modernden Alltags oder eines Drehbuchs zu erfüllen. Für die Tiere ist es ein Spiel, wenn sie so zu Schauspielern werden – wie Aramis, ein wahrer Überflieger.

Die fliegende Plapperkatze – Aramis lernt fliegen

Schon im ersten »Bibi Blocksberg«-Kinofilm waren wir natürlich auch dabei. Sidonie von Krosigk als Bibi Blocksberg stand darin vor der Aufgabe, eine chinesische Plapperkatze herbeizuzaubern. Nur so konnte sie in die erlauchte Runde der tollen

Superhexen aufgenommen werden und die Hexenkugel verliehen bekommen. Wie aber hext man eine Katze herbei, und wo soll sie herkommen? Aus dem Himmel natürlich! Himmel ist dabei auch mein Stichwort: Wie um Himmels Willen fällt einem Drehbuchautor so etwas ein? Möglicherweise dachte er zu intensiv an die Zeichentrickserie »Tom und Jerry« und so manche Flugaktion der Katze Tom auf der Jagd nach der Maus. Katzen, die vom Himmel fallen! Natürlich bin ich anfangs wenig begeistert von dieser himmlischen Stelle im Drehbuch. Da steh ich nun, ich armer Tor – und überlege, wie ich die Katze zum Fliegen bringe. Wie könnten Training und Durchführung hierbei aussehen, um es für die Katze machbar zu gestalten und für die Zuschauer glaubwürdig?

Irgendwo herunterfallen können Katzen bekanntermaßen sehr gut. Frage an Sie: Wann erleidet eine in dieser Weise »fliegende« Katze die wenigsten Knochenbrüche und hat die größten Chancen auf ein Überleben? Bei einem Sturz aus dem ersten Stock, dem dritten oder vielleicht dem siebten? Die erste Etage ist die sicherste, da die geringe Flughöhe der Katze keine Schwierigkeiten bereitet. Die dritte bis fünfte Etage allerdings ist sehr gefährlich – zehn Prozent aller Katzen, die aus dieser Höhe stürzen, überleben ihre Brüche und Quetschungen nicht. Fallen sie dagegen sieben oder mehr Stockwerke tief, verletzen sie sich weniger schwer, die Anzahl der Knochenbrüche ist deutlich geringer und nur fünf Prozent sterben bei diesen tiefen Stürzen. Das kommt daher, dass Katzen sich im Flug recht schnell drehen können, um auf den Füßen zu landen. Trotzdem benötigen sie natürlich eine gewisse Zeit für die Drehung, und deshalb ist eine größere Flughöhe – und somit längere Flugzeit – von Vorteil.

Die Drehung beginnt mit dem Vorderkörper, dann dreht die Katze den hinteren Teil, währenddessen zieht sie ihre Beine wechselseitig an und streckt sie wieder von sich. So wird das jeweilige Trägheitsmoment verändert, die Katze fällt nicht wie ein Stein zu Boden, sondern bleibt auch im Flug aktiv und steuernd. Dabei kommt ihr die physikalische Gesetzmäßigkeit zugute: Ab einer Geschwindigkeit von achtzig Kilometern pro Stunde, die das Tier nach etwa dreißig Metern Flug erreicht, wirkt der Luftwiderstand gegen die Erdanziehungskraft. So kann die Katze ab dem sechsten oder siebten Stockwerk nicht mehr schneller werden. Auch die flexible Wirbelsäule ohne Schlüsselbein, die Polster unter ihren Pfoten, zusammen mit der Dehnbarkeit ihrer Gelenke, erlauben der Samtpfote, die Erschütterungen beim Aufprall fast vollständig zu absorbieren. Es gibt durchaus Katzen, die aus dem fünfunddreißigsten Stock fallen und lediglich mit einem abgebrochenen Zahn und einer leichten Lungenverletzung davonkommen. Das sind aber Ausnahmen. Welche Schutzengel mögen da am Werk sein?

Doch zurück zur vom Drehbuch gestellten Aufgabe. Bald weiß ich, was zu tun ist: Ein Trampolin, ein Weitwinkel-Objektiv für die Kamera und eine Leiter werden gebraucht. Und natürlich ein Muttalent, in diesem Fall einer meiner Abessinier. Aramis ist der perfekte Draufgänger, er braucht Action. Von klein auf hatte er großen Spaß daran, auf meine Schulter und von da aus wieder auf den Boden zu springen. Ich erwischte ihn sogar dabei, wie er voller Begeisterung vom Schrank aufs Bett sprang und das mehrmalige Wippen nach dem Aufkommen genoss. Das war eindeutig ein Talent, das sich ausbauen ließ. Also belohnte ich diese Aktion von Aramis immer wieder. Vor den Dreharbeiten intensivierten wir das Training.

Als es dann so weit war, Aramis und ich standen am Set bereit, erklärte ich dem Team vorab, dass ich diese Szene genau zweimal drehen könnte, danach würde es keine Wiederholung mehr geben. Muttalent hin oder her, dieser Katzenstunt konnte dem Tier zwar nicht schaden, aber die Szene hatte es in sich, und so musste ich von vornherein sicherstellen, dass alle mit höchs-

ter Konzentration arbeiteten. Ich stieg also mit der Katze unterm Arm auf die Leiter und ließ sie nach der Klappe und dem »Bitte« vom Regisseur fallen – und so segelte Aramis elegant in das Trampolin. Gefilmt wurde der Flug so, dass der Kinobesucher das Gefühl hat, die Plapperkatze fliegt und fliegt wie aus dem Himmel nach unten. Natürlich darf das Trampolin später im Film nicht gesehen werden. Die Kameraeinstellungen müssen exakt bestimmt werden. Wir drehten die Szene im Studio vor blauem Hintergrund, eine sogenannte Blue Box. Das erleichterte es später, den Vorder- vom Hintergrund zu trennen. Ein neuer Hintergrund wird so eingebaut, dass es aussieht, als würde die Katze tatsächlich vom Himmel herabsegeln.

Im Studio zu drehen brachte einen zusätzlichen Pluspunkt. Unsere heutigen Haustiere sind Innenräume gewohnt und fühlen sich mit einem Dach über dem Kopf sehr wohl und sicher. Daher ist ein Studiodreh grundsätzlich positiv besetzt. Die Vorteile für uns Menschen sind die Unabhängigkeit vom Wetter, eine konstante Temperatur, die Vorbereitungen können meist von langer Hand geplant werden und selten tauchen Überraschungen auf. All diese Bedingungen führen dazu, dass das Team bester Laune ist. Diese positive Stimmung überträgt sich zuverlässig auf das Tier, das dann seine Szene – in diesem Fall seinen Flug – bestens absolviert. Mit Stolz kann ich sagen, dass mein mutiger Aramis nicht ganz unbeteiligt daran war, dass Bibi Blocksberg in jenem Jahr der erfolgreichste deutschsprachige Film wurde.

Katzentalente

Den fliegenden Kater hatte ich genau nach seiner besonderen Eignung für diese Rolle ausgesucht. Haben oder kennen Sie eine Katze? Welches Talent hat dieser Stubentiger, vielleicht hat er sogar mehrere?

- **Lauftalent:** Es gibt Katzen, die sich auf dem Boden sehr sicher führen lassen und sich dabei sehr wohlfühlen. Dieses Talent ist mit viel Fingerspitzengefühl ausbaufähig. Dabei mache ich mir die Lust der Katze zum Jagen zunutze, ein feiner Stab mit Federn am Ende wird zum perfekten Werkzeug, um Geschwindigkeit und Richtung zu bestimmen. Wir üben auf Teppich, Holz- und Steinboden und gehen dann, wenn für einen Film nötig, zu Erde, Gras und sogar Sumpf oder – Sie erinnern sich – Eis über.
- **Fresstalent:** Hier ist von den Samtpfoten die Rede, die eine zügellose Fresslust an den Tag und auch die Nacht legen, egal was im Angebot ist. Auf den ersten Blick scheint dies kein Talent zu sein, bei näherer Betrachtung wird aber klar, dass eine »normale« Katze ausschließlich über den Geruchsinn entscheidet, ob sie frisst und was sie frisst und vor allem: wo sie frisst. Eine wichtige Eigenschaft, um das Tier auch in ungewohnter Umgebung durch Futter zu bestätigen und zu entspannen. Das Fresstalent für den Film frisst unabhängig davon – und daher gern auch so, wie es das Drehbuch verlangt.
- **Kuscheltalent:** Einige Stubentiger sind bereit, auch in ungewöhnlicher Umgebung mit völlig fremden Personen zu kuscheln und zu schmusen, als wären es Herrchen und Frauchen auf dem vertrauten Sofa zu Hause. Sie sind nicht treulos, sondern talentiert.
- **Muttalent:** Ein Tier wie Aramis ist ein echter Draufgänger, der vor nichts zurückschreckt. So eine Katze muss ich nicht herausfordern, sie fordert mich.

Das ABC der Körpersprache

Wir Menschen haben unsere Körpersprache, vor allem das Verständnis dafür, was die Feinheiten bedeuten, verkümmern lassen. Und so missverstehen wir meist auch unsere Haustiere. Kommt Ihre Katze beispielsweise schnurrend zu Ihnen aufs Sofa, ist das nicht als Geste der Zuneigung zu verstehen, sondern als Sicherung eines warmen Schlafplatzes. Bitte seien Sie nicht enttäuscht! Sie können das gemütliche Beisammensein mit Ihrem Stubentiger ja trotzdem genießen.

Miaut Ihre Katze Sie am Morgen nach dem Aufstehen an und streift um Ihre Füße, ist das keine sehnsüchtige Begrüßung nach einer langen Nacht, sondern die Aufforderung, das »lebensnotwendige« Futter in den Futternapf zu packen – und zwar subito, de ce pas, at once, a bote pronto oder zu gut Deutsch sofort, ohne jegliches Zögern! Diesen Ansatz zu verinnerlichen, bringt uns einen großen Schritt in Richtung Katzen- und Tierverständnis weiter.

Knöpfe sind zum Drücken da

Jeden Tag benutzen wir die Körpersprache im Alltag mit unseren Mitmenschen. Wir gehen einen Schritt zurück, wenn es uns zu viel wird, wir lassen eine geringe Körperdistanz zu, wenn wir miteinander vertraut sind, und verschränken die Arme, wenn wir uns in einer ablehnenden oder abwehrenden Position befinden. Ohne es zu bemerken, bedienen wir uns aus dem erstaunlich großen Repertoire, das uns zur Verfügung steht. Die Körpersprache zu nutzen ist ein instinktives Verhalten, das durch fehlendes Training bei uns meist ein klein wenig verstaubt und eingerostet ist. Doch es wartet nur darauf, dass wir es wieder bewusst nutzen, was sich besonders gut im Umgang mit Tieren leben lässt – wir können darin richtiggehend virtuos werden. Die Basis für die Kommunikation zwischen Lebewesen ist vorhanden und gilt weltweit. Das deutsche Eichhörnchen kann sich sehr wohl und sehr verständlich mit einem kanadischen Eichhörnchen unterhalten, wenn es zu einem solch internationalen Treffen kommt. Ähnliche Bande können auch zwischen einer argentinischen und einer Schweizer Kuh geknüpft werden, und das ohne Simultandolmetscher. Wie viel einfacher könnte das Zusammenleben von Mensch und Tier sein, wenn wir nicht mehr Vermutungen anstellen müssten, was das Tier uns sagen will, sondern in einer Sonderedition von Langenscheidt nachschlagen könnten: Körpersprache Mensch-Tier – Tier-Mensch. Auch im Zusammenleben mit unseren Artgenossen in der Gesellschaft entscheidet eine geschulte Wahrnehmung zwischen Erfolg und Misserfolg, zwischen Anerkennung und Ablehnung und zwischen Respekt und Verachtung. Eine bewusste Pflege der Körpersprache kann maßgeblich dabei helfen, auf die Gewinnerseite zu kommen und sich dort zu halten. Christoph Kolumbus, als er endlich das vermeintliche »Indien« betrat und dessen Einwohner »Indianer« nannte, konnte sich schon 1492 über die gleiche Körpersprache verständigen, die uns heute zur Verfügung steht. Herr Indianer und Herr Kolumbus hätten sich – zumindest, wenn es friedlich abgelaufen wäre – gleich gut verstanden und verständigt, wie wir das im Jahr 2011 mit Herrn Öczan oder Frau Hallström tun können.

Wenn wir die Körpersprache wieder lernen wollen, können wir sie von unseren Haustieren abschauen. Wir können durch das Beobachten unserer Tiere die Signale lernen, die sie uns zur Verfügung stellen, um verstanden zu werden. Das allein reicht jedoch nicht aus. Stellen Sie sich vor, Sie lernen Chinesisch, um Ihre chinesische Freundin zu verstehen, sie jedoch lernt kein Deutsch. Die Kommunikation wird jahrelang holprig blei-

ben und viele Missverständnisse produzieren, da Sie sich nicht in Ihrer Muttersprache verständlich machen können. Lernen beide die Sprache des jeweils anderen, ist die Möglichkeit viel größer, eine klare und unmissverständliche Kommunikation zu führen. Für unser Thema bedeutet das, dass weniger Missverständnisse zwischen uns und dem Tier auftauchen, wenn auch wir die Sprache des Tieres sprechen, also den Körper einsetzen, um etwas zu vermitteln, und somit dem Tier die Möglichkeit bieten, eventuelle Missverständnisse seinerseits auszuräumen. Nicht nur Hunde, auch viele andere Arten machen hier sehr zuverlässig ihre Hausaufgaben. Wenn sie Teil unseres Familienverbandes sind, werden sie sehr genau aufpassen, welche Zeichen wir senden, und sich darauf einstellen. Wenn wir das umgekehrt auch machen, klappt die Kommunikation bestens.

Sicher ist es schwer, sich einem Goldfisch anzuvertrauen oder der geliebten Schildkröte Bescheid zu geben, geschweige denn Vögeln etwas zu zwitschern. Aber mit Säugetieren, zu deren Gattung wir uns zählen, gestaltet sich ein verständnisvolles Miteinander nicht so schwierig. Auch wenn wir nicht bellen und miauen, haben wir die Möglichkeit, uns über die Körpersprache und den Klang unserer Stimme verständlich zu machen. Beobachten ist auch hier der erste Schritt. Wie verhält sich das Tier? Welche Teile seiner Körpersprache kommen mir bekannt vor, vielleicht auch weil sie der Reaktion meiner Mitmenschen nicht unähnlich sind? Kann ich das Tier so mit etwas Fantasie und Einfühlungsvermögen verstehen?

Des Kaninchens stummer Schrei

Wir wissen viel mehr aus der Beobachtung, als uns bewusst ist. Aus welchem Grund ist uns klar, wo morgens in der Wohnung die Sonne hereinscheint und an welcher Stelle am Abend? Die

Beobachtungsgabe ist uns angeboren und definitiv eine Überlebensstrategie, die uns die Natur in die Gene geschrieben hat. Sie auch bei den Tieren zu nutzen, kann den Unterschied zwischen einem tristen Nebeneinanderherleben und einem erfüllten, beide Seiten beflügelnden Miteinander ausmachen. Es setzt nur voraus, es nicht gleich besser wissen zu wollen, sondern erst einmal zu beobachten, wie das Tier sich einer Situation stellt. Vieles ist uns ganz intuitiv klar. Dass es Verunsicherung auslöst und Druck erzeugt, wenn wir uns über ein kleines Tier beugen, können wir bei der Beobachtung seiner Reaktion auf unser Verhalten schnell feststellen.

Beginnen wir mit den Eckpfeilern, den Bedürfnissen unserer Tiere. Die Grundbedürfnisse sind bei den verschiedenen Spezies unterschiedlich gelagert. Nahrung und Sicherheit gehören immer dazu. Doch auch Sozialverhalten und Bewegung sind bei fast allen auf den vorderen Plätzen. Ein Kaninchen beispielsweise hat das Sozialverhalten zu seinen Artgenossen ganz oben auf der Liste, gefolgt von der Bewegung. Und nun denken Sie daran, wie die meisten Kaninchen gehalten werden: Kleine Käfige und Einzelhaft sind keine Seltenheit – sie sind jedoch das Letzte, was ein Kaninchen braucht. Wie fühlt sich so ein Tier, können wir uns das vorstellen? Es will nichts so sehr wie Artgenossen um sich – und lebt ganz allein. Es will sich bewegen – und sitzt fest, lebenslänglich, bis auf die kleinen Pausen vielleicht, in denen es in der Wohnung umherhoppeln kann. Sehr häufig sind so gehaltene Tiere abweisend, unkooperativ, ängstlich und scheu und manchmal sogar aggressiv. Kein Wunder, alles in ihnen schreit nach artgerechter Haltung. Doch trotz besseren Wissens ändern wir nichts an der ungeeigneten Haltung, denn Kaninchen können weder schreien noch weinen. Ihr Schrei ist zwar stumm, aber für uns durchaus vernehmbar: dann, wenn wir sie genau beobachten. Der Schrei sagt uns: »Gebt uns mehr Platz und lasst uns nicht allein dahinvegetieren!«

Für den ARD-Fernsehfilm »Patchwork« hat das Kaninchen Nala viele unterschiedliche Aufgaben erlernt. Da es in einer Gruppe von siebzehn Kaninchen artgerecht untergebracht ist, stehen ihm jeden Tag neue Impulse der Artgenossen zur Verfügung, die in Kombination mit dem Vertrauen zu mir die perfekte Voraussetzung für ein Miteinander im Alltag, aber auch beim Film sind.

Meerschweinchen teilen meist das Schicksal von Kaninchen. Vielleicht weil sich die witzigen Nager mit Quieken Aufmerksamkeit verschaffen können, dürfen sie manchmal in der privilegierten Gesellschaftshaltung leben. Am wohlsten fühlen sie sich, genau wie Kaninchen, in Gruppen, sie lernen dort ihr Sozialverhalten. Hat ein Tier die Schule des Sozialverhaltens nicht durchschritten, sendet es falsche Signale aus, die zu Auseinandersetzungen führen können. Nichts, was man nicht später noch lernen kann – mit etwas Nachhilfeunterricht ist jedes Meerschweinchen oder Kaninchen wieder in eine Sozialstruktur integrierbar.

Mein Meerschweinchen Cornetto spielte im Kinofilm »Verschwende deine Jugend« zusammen mit Jessica Schwarz, die wir in der »Romy«-Verfilmung als Romy Schneider bewundern konnten. Cornetto sollte unter anderem ein Stück Pizza durchs Zimmer ziehen. Nichts leichter als das! Die Pizza war mit Rucola dekoriert und Cornetto wusste, dass ich ihn mit Petersilie belohnen würde, wenn er auf Ruf zu mir kam. Meerschweinchen sind grundsätzlich verfressen und um den Rucola auf der Pizza nicht im Stich zu lassen, wenn ich rief, hat Cornetto kurzerhand das Stück mit zu mir gebracht, um auch noch die Petersilie zu ergattern und anschließend genüsslich den Rucola zu verspeisen.

Die eigene Ausstrahlung macht's

Nach dem Beobachten folgt der nächste Schritt: die Kommunikation. Wir bedienen uns unentwegt körperlicher Signale, aber meist nicht bewusst. Manche scheinen zu denken, dass ihr Hund versteht, was sie von ihm wollen, wenn sie mit den Armen herumrudern wie ein Verkehrspolizist oder monoton auf ihn einreden: »Ich habe dir doch schon so oft gesagt, dass du das nicht machen sollst. Warum tust du es immer wieder? Das finde ich gar nicht schön ...« Wenn sie das Tier einmal wirklich beobachten, werden sie merken, dass diese Art der Kommunikation wenig bringt. Klarheit und Eindeutigkeit sind nötig, damit sich ein Tier verlässlich orientieren kann.

Wir sind geneigt, kompetent und selbstsicher auftretenden Personen größeren Glauben zu schenken als einem verunsicherten, sich immer wieder auf die Fußspitzen blickenden verzagten Persönchen. Tieren geht es ebenso. Trete ich verunsichert auf, da ich meine Hausaufgaben nicht gemacht habe oder zum ersten Mal mit dieser Spezies arbeite und womöglich Angst zeige, verunsichere ich sofort auch das Tier. Mit seinen Sensoren erfasst es in Bruchteilen von Sekunden, in welchem Gemütszustand ich bin. Wenn ich hingegen voller Elan, Selbstbewusstsein und von einer fühlbaren Kompetenz durchdrungen bin, wird mir das Tier sehr viel schneller vertrauen und mir Zugang zu sich gewähren. Das klassische Beispiel ist der Hund, sofort spürt er die Führungsschwäche eines Menschen und wird sich nicht von ihm führen lassen. Eine Kuh wird bei einem hektischen Menschen sofort verunsichert sein und auf stur schalten, da ihr Gehirn bei hastigen Bewegungen, sprich schnellen Veränderungen, Alarm schlägt.

Eine Katze kann nicht wissen, wann Sie den verhassten Tierarztbesuch mit ihr planen, und trotzdem versteckt sie sich ohne Vorwarnung und verschwindet ohne weitere Erklärung

ins Nirgendwo. Dieser Moment des Unsichtbarmachens ist für die Samtpfote genau der richtige, Ihnen passt das weder in den Kram noch in den Plan. Doch wie kann es sein, dass sie Ihre Pläne kennt? Ist sie ein Spion oder hat sie tatsächlich das mystische Talent, das den Katzen immer nachgesagt wird? Nein, Ihre Katze merkt Ihr ungewöhnliches Verhalten an diesem speziellen Tag. Als Präventivmaßnahme wählt das kluge Tier, jetzt besser »nicht mehr vorhanden zu sein«. Viele Pferdebesitzer kennen auch das: Der Pferdehänger steht bereit, das Heunetz ist gefüllt, Sattel, Decken, Zaum und alles was dazugehört sind verpackt, nur der Hauptdarsteller reagiert mit einem klaren Nein zum Thema Verladen. Warum? Sie sind nervös und üben deshalb unbewusst mehr Druck aus, als das Pferd sonst von Ihnen gewohnt ist. In dem Moment hat das Tier auch weniger Vertrauen zu Ihnen und das Verladen wird eine für alle Seiten langwierige, nervenaufreibende Sache, und an das nächste Mal möchten wir gar nicht denken.

Es gibt Momente im Alltag, in denen ein Tier seinem Menschen uneingeschränkt vertrauen muss, da der in diesen Bereichen vorausschauender denkt oder ganz einfach mehr Talent beziehungsweise Wissen oder Erfahrung hat, so zum Beispiel im Straßenverkehr. Für meine Hunde ist so ein Moment der Vertrauensübung gekommen, sobald ich sie an die Leine nehme. Diese schränkt ihr Bewegungsbedürfnis und ihren Radius ein und ist damit grundsätzlich nicht wirklich positiv besetzt. Die Tiere wissen aber genau, dass sie mir vertrauen können und ich sie zielsicher durch die Gefahrenzone manövriere, ob das eine befahrene Straße, eine Menschenmenge oder eine unbekannte Situation ist. Gefahr im Verzug bedeutet, dass sie brav, ohne Zug, Gekläffe, Verweigerung oder Verheddern an der Leine mitgehen müssen. Aber nur wenn ich die Tiere sicher führe und ihnen über meine gesamte körpersprachliche Ausstrahlung diese Sicherheit vermittle, werden sie sich vertrauensvoll auf mich einlassen.

Dass es unsere Aufgabe ist, den Tieren Sicherheit, Ordnung und Führung anzubieten, spiegelt sich in allen Bereichen wider. Beim Tierarztbesuch zeigen manche Hunde zum Beispiel panische Angst. Natürlich möchte ich nicht pauschalisierend behaupten, dass bei all diesen Tieren zu wenig Vertrauen zum Besitzer vorhanden ist. Es gibt sicher Faktoren wie traumatische Vorerfahrungen, die Rasse des Tieres und das Verhalten des Tierarztes, die hier hineinspielen. Trotzdem hat es in den meisten Fällen mit dem Vertrauen zum Besitzer und letzten Endes zum Menschen allgemein zu tun. Wirkliches Vertrauen muss man kontinuierlich aufbauen und täglich neu bestärken. Grundsätzlich arbeite ich nie mit Tieren, wenn ich selbst einen schlechten Tag habe und mit dem linken Fuß aufgestanden bin – was aber so gut wie nie vorkommt, denn mein rechter Fuß ist einfach schneller. Wenn sich aber doch aus irgendeinem Grund der linke Fuß vorgedrängt haben sollte, spreche ich nach Möglichkeit nicht mit den Tieren, damit ich meine schlechte Laune nicht durch meine Stimme verrate. Die Tiere sind von Natur aus aufmerksame Beobachter und registrieren mehr, als mir manchmal lieb ist. Sie nehmen alles wahr und selbst mir als erfahrenem Tiertrainer gelingt es so gut wie nie, mich erfolgreich zu verstellen.

Gute Vorbereitung und Umsicht sind daher wichtig. Ausgerüstet mit den nötigen Utensilien und einem Plan für meine Vorgehensweise steige ich ein, um eine Trainingseinheit mit den Tieren erfolgreich zu beginnen. Meine Körpersprache signalisiert Gelassenheit und Zuversicht. Meine Stimme ist leise und weckt dadurch Interesse bei den Tieren. Vielleicht rührt ja daher der Ausdruck Tierflüsterer.

Moment mal!

Da Tiere instinktiv reagieren, ist ihre Reaktionszeit sehr kurz. Zeigen wir dem Tier, wie schnell wir reagieren können, wachsen Anerkennung und Respekt uns gegenüber. Denn die Reaktionszeit auf gestellte Aufgaben kann entscheidend für das Überleben sein – der Schnellere gewinnt. Flucht, Angriff, Fortpflanzungsaktivitäten, territoriale Entscheidungen, all das fordert kurze Reaktionszeiten.

In der Erziehung eines Hundes wird das deutlich: Stellt der Hund etwas an, das ich nicht möchte, muss ich genau in dem Moment darauf reagieren, in dem es passiert. Warte ich, kann der Hund meine Reaktion nicht mehr auf sein Verhalten beziehen, es entsteht ein Missverständnis: Der Hund begreift nicht, was ich von ihm möchte, und aus diesem Grund nimmt er mich nicht ernst. Wenn ich Pech habe, bezieht er meine Reaktion auf ein ganz anderes Verhalten und so sieht dann die klassische Situation aus: Sie stellen fest, dass Bello etwas angestellt hat, rufen ihn zu sich und schimpfen. Er bezieht diese für ihn unangenehme Reaktion aber darauf, dass er auf Ihren Ruf zu Ihnen kam – und schon ist das Missverständnis zwischen Herr und Hund da. Beim nächsten Ruf wird der Hund gar nicht kommen oder nur sehr zögerlich.

Auch beim Loben heißt es schnell sein: Macht der Hund etwas »Tolles«, lobe ich ihn genau in diesem Moment dafür – nur dann wird er dieses Verhalten mit dem Lob verbinden und immer wieder zeigen. Kommt die Anerkennung verzögert, sucht sich der Hund selbst aus, welcher Handlung es gelten könnte, und wird genau das dann in Zukunft vermehrt zeigen. Die Geschwindigkeit der Gegenreaktion ist bei Tieren deshalb so hoch, weil instinktiv und, anders als bei uns, emotionslos entschieden wird. Viele Jahre hat es gedauert, bis mir aufgrund unzähliger eigener Erfahrungen und durchaus auch Verwirrungen klar wurde, dass ich die Tiere erst wirklich verstehen und ihre Bedürfnisse wahrnehmen kann, wenn ich keine menschlichen Emotionen in ihr Verhalten hineininterpretiere. Doch dazu später mehr.

Die Filmtiertrainerzauberbox

Zum Tiertraining gehören auf der Basis der positiven Bestärkung viele Methoden und Techniken, erweiterte Arme der Körpersprache. Das können Befehle sein, Trainingsmethoden oder auch Geräte. Die wichtigsten und wirklich nützlichen Hilfsmittel lernt man im Laufe der Jahre kennen und schätzen. Das geht Profitrainern nicht anders als Haustierhaltern, die sich intensiv mit ihrem Tier befassen, es – und damit auch die eigene Fantasie – fördern und fordern.

Die üblichen Verdächtigen

Immer wieder werde ich gefragt, was ich von Klickertraining halte. Das ist eine Möglichkeit der Verhaltensbeeinflussung, bei der positive Bestärkungen systematisch mit einem sekundären Ton verknüpft werden. Irgendwann reicht das Geräusch des Klickers aus, um dem Tier eine positive Bestätigung zu vermitteln. Erfolg wird man allerdings auch hier nur dann haben, wenn man genau im richtigen Moment das Klicken erfolgen lässt.

Wenn es zum Ziel führt, bin ich für solche Hilfsmittel immer zu gewinnen. Mit dem Klicker in der Hand sind wir Menschen sehr viel stärker auf die Aufgabe konzentriert, die es zu bewältigen gilt. Wir bestätigen das Tier präziser. Der Erfolg hat also in Wirklichkeit nichts mit dem Klicker an sich und dem Geräusch zu tun, sondern mit der Präzision der Bestätigung, die

das Tier erhält. Meist sind nämlich wir Menschen die Ursache, wenn etwas nicht klappt. Mir persönlich ist es wichtig, bei der Arbeit mit Tieren beide Hände frei zu haben, da wir sehr oft im ganz normalen Alltag wie nebenbei trainieren. Um präzise zu bestätigen, schnalze ich daher mit der Zunge und erziele denselben Effekt wie beim Klickern.

Sinnvolle Trainingsmethoden sind weit entfernt davon, das Tier »auszutricksen«. Das Vertrauen des Tieres darf auf keinen Fall enttäuscht werden, dann könnten wir nie mehr erfolgreich zusammenarbeiten und auch nicht mehr wirklich harmonisch zusammenleben. Solange das Tier weiß, was ich mit ihm vorhabe, ist es mit Eifer bei der Sache. Wenn ich dennoch manchmal »Tricks und Kniffe« anwende, dann um dem Tier eine besondere Aufgabe zu erleichtern.

Meist packe ich meine Trickkiste dann aus, wenn unvorhergesehene, nicht trainierte Einfälle der Regie mich aus heiterem Himmel treffen. Spontan und dynamisch ruft der Regisseur: Der Hund muss hinken. Aha, nicht geplantes Hinken. Genauso dynamisch, wie der Regisseur rief, öffne ich die Trickkiste. In diesem Fall kaue ich ein Stück Kaugummi und klebe es zwischen die Ballen des Hundes. Der weiche Fremdkörper an der Fußsohle wird das Tier veranlassen, dieses Bein nicht zu belasten – und die Regie glücklich machen. Sofort nach dem Dreh entferne ich das klebrige Ding wieder. So ein Trick setzt wirkliches, lang aufgebautes Vertrauen voraus, damit das Tier nicht in ein Meideverhalten, Angst oder gar Panik verfällt.

Soll ein Hund ebenso ungeplant mit seiner Pfote über die Nase streifen, klebe ich ihm ein winziges Stück durchsichtigen Klebestreifen auf das Fell direkt über seiner Nase. Sobald der Vierbeiner das bemerkt, wird er versuchen, das fremde Ding mit der Pfote wegzuwischen. Ein instinktives Verhalten, das Sie von sich selbst ebenfalls kennen: Juckt es irgendwo, kratzen Sie sich, notfalls heimlich! Grundsätzlich ist es nicht schwer, einem Hund mit verbalen Kommandos beizubringen, über seine Nase zu wischen, auch ohne die Firma Tesa zu bemühen. Dazu bedarf es aber eines Vorbereitungstrainings. Der Ansatz ist derselbe: Ich lege dem Hund ein Papierkügelchen ins Fell über der Nase und während er versucht, es wegzuwischen, sage ich »schämen« oder »kratzen« oder »Stirn« oder »Nase«, was immer mir an kurzen Kommandos einfällt. Damit unterlege ich das instinktive Verhalten des Hundes mit einem verbalen Kommando. In diesem Moment, und ich meine wirklich genau den Moment, in dem sich der Hund über die Nase wischt, bestätige ich ihn zudem mit Lob und einem außergewöhnlich guten Happen. Dieses Training sollte nicht länger als drei Minuten sein und in einer Umgebung stattfinden, in der sich der Hund auf diese Aufgabe konzentrieren kann. Ein Erfolgserlebnis am Ende eines jeden Trainings führt zur Lust auf das nächste Training und somit am Arbeiten. Jeden Tag kann die Übung einmal morgens und einmal abends durchgeführt werden, und schon sehr bald braucht es keine Papierschnipsel oder Klebestreifen mehr, dann reicht das Kommando.

Der Gänsemarsch der Blattschneideameisen

Mit Hunden ist ein erfolgreiches Tiertraining für die meisten ganz gut vorstellbar. Aber malen Sie sich aus, was es bedeuten würde, Ameisen davon zu überzeugen, in Reih und Glied von A nach B zu laufen. Für die Produktion »Verdammt verliebt« sollte genau das passieren, dafür aber konnte ich nur eines tun: Ich musste ausschließlich das instinktive Verhalten der Tierchen nutzen, nicht mehr und kein bisschen weniger. Die Ameisen sollten im Gänsemarsch, eine hinter der anderen, in einer Spur laufen. Das kennt der Tierfreund von Blattschneideameisen aus dem brasilianischen Urwald. Leider zeigen unsere gemeinen europäischen Ameisen dieses Verhalten nicht. Mit

ihrer Schwarmintelligenz, der Fähigkeit des Gruppengedächt-
nisses, bei der jeder ein Teil des Wissens mit sich trägt, stapfen
sie im Pulk irgendwie hintereinander her, was zwar bei genaue-
rer Betrachtung auch einer Ordnung entspricht, aber nicht der
des Drehbuchs.

Um eine Alternative vorzuschlagen, züchtete ich die kleinste
Art Mittelmeergrillen in Haus und Garten, was zur Folge
hatte, dass ein Grillen-Streichorchester einen Sommer lang
in meinen Ohren zirpte. Die Regie ließ sich davon allerdings
nicht beeindrucken – sie wollte Ameisen! Die Lösung nach
ein paar schlaflosen Nächten waren nun doch die Ameisen aus
dem Urwald. In diesem Fall aus einem zoologischen Garten
in Baden-Württemberg, der sich erfolgreich mit der Zucht der
Blattschneideameise beschäftigt. Vor Freude über den ungewohnten Freigang sind diese Ameisen, die sich sonst nur hinter
Glas bewegen, voller Elan genau in die von mir vorgegebene
Richtung gelaufen. Ich wusste, dass sie immer der Sonne ent-
gegengehen, und hielt zudem eine Schale mit Zuckerlösung bereit. Das Beach-Volleyball-Feld, das für diesen Zweck als Sand-
weg fungierte, musste nur so ausgestattet werden, dass wir den
Weg der kleinen Darsteller in Richtung Sonne zeigen konnten.
Am Zieleinlauf erwartete ich das fleißige Völkchen mit einem
Blätterfrühstück, das appetitlich in ihrer First-Class-Reise-
unterkunft angerichtet war. Die Ameisen waren ahnungslos
ob ihres Auftritts im Scheinwerferlicht. Sie mussten nichts neu
erlernen, lediglich ihr instinktives Verhalten, nämlich im Gänsemarsch immer der Sonne entgegenzulaufen, machte sie – und
nicht zuletzt mich – zu Helden.

Werden Sie zum Tier!

Ein weises indianisches Sprichwort sagt, dass man jemanden erst verstehen kann, wenn man tausend Schritte in seinen Schuhen gegangen ist. Wollen Sie sich in die Schuhe des tierischen Lieblings in Ihrer Familie stellen und mehr über ihn oder irgendein anderes Tier wissen? Dann werden Sie zu diesem Tier! Lassen Sie sich auf seine Ebene ein. Rufen Sie sich das Gefühl der Angst in Ihr Gedächtnis und seien Sie ein Tier mit evolutionären Ängsten. Jetzt passen Ihnen die vier Schuhe einer kleinen grauen Maus, Sie haben die Ebene gewechselt und können nachvollziehen, warum die Maus in engen, dunklen Löchern lebt. Maus ist nichts für Sie? »Ich wollt, ich wär ein Huhn«, haben die Comedian Harmonists einst gesungen. Wären Sie eines, würden Sie sich zum Eierlegen verstecken, um sich und das Gelege nicht zu gefährden. Mehr hätten Sie ohnehin nicht zu tun. Oder: Fluchttier gefällig? Schön, schnell und immer bereit loszurennen. Stellen Sie sich das vor, was Tiere bedroht und bestimmte Reaktionen auslöst. Die Angst vor Isolation zum Beispiel ist eine der angeborenen Ängste von Tieren, aber auch von uns Menschen.

Mit den Fakten und »gefühlten« Zuständen aus der Recherche über Ihr Tier verstehen Sie allmählich sein Verhalten – eine Mischung aus seiner Sichtweise der Welt, seinen Grundbedürfnissen und seinem instinktiven Verhalten. Haben Sie schon einmal bei Ihrem Nachbarn die Katze gehütet? Während dieser an der Strandbar die dritte Margarita trinkt, sitzt seine Katze unter dem Sofa, sobald Sie die Wohnung betreten. Sie kommt auch nicht wieder hervor, solange Sie da sind, da können Sie noch so viele zärtliche Schmatzlaute von sich geben. Aber die Mieze reagiert nicht etwa beleidigt auf das mittlerweile angeheiterte Herrchen oder Frauchen, sie ist total verunsichert und

versteht das Durcheinander in ihrer kleinen, heilen Welt nicht mehr. Das unwissende Kätzchen wartet in seiner sicheren Deckung ab, was geschieht. In dem Moment, in dem Sie sich auf die Ebene des Tieres einlassen, die Unsicherheit im Kern der Sache sehen und dem zurückgebliebenen Urlaubswaisen Signale geben, dass Sie eine würdige Vertretung des abtrünnigen Herrchens sind, wird das Tier Ihre Unterstützung annehmen.

Wer frisst am schnellsten?

Ingrid van Bergen ist ein Schaf, Katy Karrenbauer ein Esel und Olivia Jones ein Kamel – genau das war die Vorgabe für die Promis, die für die RTLII-Produktion »Das Tier in mir« zum Tier werden sollten. Ich als Tierexperte hatte die Aufgabe, den bekannten Zweibeinern vor der Kamera den Weg zur Aufnahme als anerkanntes Mitglied in einer Tiergruppe, einer Herde oder einem Rudel zu ebnen. Diese Mitgliedschaft ist bedeutend preiswerter als der Jahresbeitrag für den Golfclub, sie kostet nichts, außer der Überwindung, sich komplett auf die Tiere einzulassen. Ross Antony und seine prominenten Kolleginnen haben sich dieser Herausforderung gestellt und waren mehrere Tage ausschließlich mit der für sie auserwählten Spezies in deren gewohntem Terrain zusammen. Sie sollten leben und schlafen wie die Tiere, sie sollten essen wie die Tiere – es durfte gefressen werden!
Die Voraussetzung dafür, Kontakt im Revier einer zusammengeschweißten Tiergemeinde aufzunehmen, ist, sich auf die Ebene der Tiere zu begeben, auch wenn diese sich um einen Schweinetrog scharen oder gemeinsam – wie die Erdmännchen – ein Insektenmenü zu sich nehmen. Ich konnte den Promis nur raten, möglichst viel Menschliches abzulegen und dafür Tierisches anzunehmen. Und genau das rate ich auch allen, die Tieren wirklich nahe kommen wollen. Dafür ist die Bereit-

schaft, sich wirklich auf die Art und die Lebensweise der Tiere einzulassen, notwendig. In dem Moment, in dem ich mich in ihre Bedürfnisse hineinversetze, auf gleicher Augenhöhe bin, ihre Sorgen und Überlebensängste beobachte und den Sinn des Verhaltens zu verstehen versuche, kann ich mir vorstellen und fühlen, wie das Tier auf verschiedene Umwelteinflüsse, auf die eigenen Artgenossen und auf uns Menschen reagiert. Vor der Kamera war bei dieser Produktion nur Spaß angesagt, die Mitstreiter aus der Unterhaltungsbranche haben sich selbst, ihre Arbeit und ihr Label verkörpert, um weiter im Gespräch zu bleiben, das Medieninteresse hochzuhalten. Sobald jedoch die Scheinwerfer aus waren und ein intimerer Moment zwischen den Prominenten und den Tieren Platz finden konnte, entwickelte sich eine Verbindung, die mit dem Interesse füreinander begann. Während die Tiere sich für den neuen Menschen interessierten und näher und näher kamen, wuchs das Interesse der Promis am Tier. Ich kam mir vor wie ein Tierlexikon, denn plötzlich wurde ich mit Fragen überhäuft, und aus den oft eher lauten und auffällig lustigen Menschen wurden ruhige, in sich gekehrte Beobachter, die zusammen mit den Tieren im Dreck saßen und das erste Mal in ihrem Leben darüber nachdachten: Welche Art von Sorgen sind die eines Kameles im Umgang mit seinen Artgenossen? Wie könnte sich ein Affe fühlen, wenn er den ganzen lieben langen Tag von Zoobesuchern angestarrt wird? Was wohl ist der Lebensmittelpunkt einer Gruppe Erdmännchen? Und warum heult ein Rudel Wölfe gemeinsam und nicht jeder für sich? Ross Antony jedenfalls hat gelernt, mit den Wölfen zu heulen, im wahrsten Sinn des Wortes. Singen kann er ja ohnehin, und sicher hat Ross den Heulton sogar besser getroffen als seine vierbeinigen Backgroundsänger. Ich glaube, diese Promis, die ein aufregendes und turbulentes Leben führen, die sonst immer im Mittelpunkt des Geschehens stehen, haben in diesen nicht von der Kamera festgehaltenen

Momenten ein klitzekleines Gefühl dafür entwickelt, wie einfach und doch elementar die Ebene der Tiere ist.

Versuchskaninchen Kappel

Vor einigen Jahren habe ich zwei Frischlinge bei mir aufgenommen, da die Bache leider einem Auto zum Opfer fiel. Der zuständige Jäger hat mir die beiden Jungtiere vorbeigebracht. Es war ein wirklich aufreibender Job, die Wildtiere im Stundentakt mit der Flasche zu ernähren, denn zuvor tranken sie bei ihrer Mutter, wo die Milchbar vierundzwanzig Stunden täglich geöffnet war. Und jetzt kam irgendein unbekanntes Wesen und bedrängte sie mit einem Ding, das so gar nichts mit einem Wildschein zu tun hatte. Die armen kleinen Wildschweinbabys wurden zuerst immer dünner und dünner, ich konnte die Rippen schon zählen, die sich deutlich abzeichneten. Langsam und viele Tage später fingen sie an, die von mir angebotene Nahrung anzunehmen und das System Milchflasche anstatt Mutter zu verstehen.

In der Zeit bis dahin wollte ich begreifen, was es bedeutet, nichts zu essen, ich wollte nachempfinden, wie die beiden sich fühlen, und habe mich auf ihre Ebene eingelassen. Ich habe einfach aufgehört zu essen. Die ersten beiden Tage tat es sehr weh, doch dann verging der Schmerz und das Hungergefühl ließ nach, verebbte zuletzt. Ein Gefühl der totalen Unabhängigkeit und Klarheit machte sich in mir breit. Mit der Ausschüttung von Endorphinen in meinem Gehirn überkam mich ein ausdauerndes Gute-Laune-Gefühl im ganzen Körper. Zwölf Tage habe ich zusammen mit den beiden Frischlingen gehungert und außer Wasser nichts zu mir genommen. Für mich war es weder schwer noch unangenehm. Bei einem Tier oder Mensch im Wachstum hat ein Hungerstreik ganz andere körperliche Folgen als bei erwachsenen Lebewesen. Aus diesem Grund mussten sich die Geschwister erst wieder erholen, als sie endlich zu fressen begannen. Dann aber forderten sie mit allem Nachdruck die ihnen zustehende Flaschennahrung. Ich hatte wieder meine Methode des Familiensystems angewandt und die Tiere nahmen mein Angebot, ein Teil meiner Familie zu sein, dankend an. Als Elternersatz beschäftigte und erzog ich die beiden intelligenten Schweine, die schnell auf die Namen Luise und Sophie hörten. Längst sind die beiden Schwestern ausgewildert, und auf meinen Streifzügen in ihrem Revier konnte ich mich davon überzeugen, dass sie sich identisch verhalten wie ihre Artgenossen, die in Freiheit mit ihrer Wildschwein-Mama im Wald aufgewachsen waren.

Schwein gehabt

Ob Wildschwein oder Hausschwein, beides sind sehr soziale Tiere, die den Trainer herausfordern – denn sie sind sehr intelligent. Es gibt viele unterschiedliche Rassen, nicht alle eignen sich zum Training. Das Pietrain-Schwein ist schwarz-rosa gescheckt und stammt ursprünglich aus der belgischen Provinz Brabant. Es ist ein supersportliches, sehr aktives Schwein, dessen Ohren meist stehen, wodurch die kleinen schelmischen Schweinsäuglein sichtbar werden. Leider hat es den Nachteil, dass es sehr stressanfällig ist – anders als die Schweine der Deutschen Landrasse mit ihren Schlappohren, die viel zu gemütlich sind, als dass man sie ernsthaft für die Arbeit motivieren könnte. Die Kombination der beiden Rassen aber ergibt ein qualifiziertes Arbeitsschwein mit lustigen Ohren, die mal stehen und auch mal hängen.

Auch die vom Aussterben bedrohten Landtierrassen Husumer Rotbuntes Schwein oder Bentheimer Schwein eignen sich vorzüglich für eine Ausbildung. Da diese Rassen nicht ausschließlich auf Leistung gezüchtet wurden, sondern auf die früher

erwünschte Vielseitigkeit, scheinen sie im Kopf noch ganz gesund zu sein und überdies körperlich sehr beweglich. Da alle Schweine mit ihrem Rüssel enorme Kräfte entwickeln können, ist es ratsam, sie in einem eingezäunten Gebiet zu halten, vorausgesetzt, man ist kein Liebhaber von Sumpfgebieten rund ums Haus.

Je intelligenter das Tier ist, mit dem man sich beschäftigt, desto wichtiger ist all dieses Hintergrundwissen, denn Fehler in der Erziehung und Haltung werden von solch schlauen Tieren wie den Schweinen sofort bestraft. Sie würden fortan einfach misstrauisch gegenüber der Person sein, die unbedacht handelte. Es bedarf einer schier übermenschlichen Überredungskunst, bis so ein Tier wieder Vertrauen fasst. Jäger können ein mehrstrophiges Lied über die unglaubliche Intelligenz und das Misstrauen von Wildschweinen singen. Ein genauer Plan vor dem ersten Kontakt mit ihnen bewährt sich unbedingt.

Mit einem Ferkel zu arbeiten und es auf ein Drehbuch hin zu trainieren, gehört definitiv zu meinen Lieblingsaufgaben. Immer habe ich diese sozialen Tiere mit der Methode der Familienintegration bei mir aufgenommen. Ein Rund-um-die-Uhr-Zusammenleben mit so einer kleinen Drecksau ist eine wahrhafte Herausforderung für die ganze Umgebung. Aber auch eine Freude. Inmitten des Vorbereitungstrainings für den Kinofilm »666 – Traue keinem, mit dem du schläfst!«, in dem die kleine Hilde, das schwarz gefleckte Glücksschwein, zusammen mit Claudia Schiffer, Boris Becker und Jan Josef Liefers die eine oder andere lustige Szene zu bestreiten hatte, war ich eines Abends auf einem rauschenden Fest mit dem Filmteam in München eingeladen. Hilde konnte ich keinesfalls allein zu Hause lassen, das wäre für so ein Ferkel eine Katastrophe. Aber deswegen auf die Party verzichten? Ich beschloss, zumindest mal vorbeizuschauen und Hilde als Überraschungsgast mitzunehmen. Sie amüsierte sich prächtig. Sie lief mir nach und ließ sich bewundern – Wer ist denn die nette Kleine? Diese hohen Hacken! Dieses süße Schnäuzchen! … Ich setzte mich bald im Schneidersitz auf den Boden, Sekunden später saß sie auf mir – und schlief ein. Auch da noch lagen ihr die Männer zu Füßen, sie war das begehrteste weibliche Wesen im Saal. Beide gingen wir später trotzdem ungeküsst ins Bett.

Vorsicht Kamera!

Man kann bestens planen, durchdacht trainieren, Wissen und Erfahrung aus Jahrzehnten abrufen – am Ende ist es immer auch ein Quäntchen Glück (oder Unglück), wie es läuft. Von Pleiten, Pech und Pannen kann ich daher natürlich auch berichten.

Des Pudels Locken

Der 2011 verstorbene Bernd Eichinger wollte einen schwarzen Königspudel im Afrolook für eine seiner großen Kinoproduktionen. Er bekam Prinz, und so ließ ich also des Pudels Locken wachsen. Es dauert bis zu einem Jahr, bis sich Pudellocken in Rastalocken verwandeln. Zwei Wochen nach den Dreharbeiten befreite ich Prinz von seinem zottigen, verfilzten Fell, was ihm nicht wirklich gut zu Gesicht stand, da er nun quasi nackt war. Aber was sein muss, muss sein. Mutig hatte ich den Scherkopf auf die kürzeste Stufe eingestellt und scherte munter drauflos. Keine vierundzwanzig Stunden später meldete sich die Produktionsfirma erneut und kündigte einen Nachdreh an, für den man den Rastalocken-Pudel benötigte.

»Anschluss« sagen wir beim Film, wenn die Details völlig identisch aussehen müssen wie auf dem Material, das bereits im Kasten ist. Um Anschlussfehler zu vermeiden, ist bei je-

dem Film eigens eine Continuity-Mitarbeiterin am Set, die dafür Sorge trägt, dass jeder Knopf an der Kleidung der Schauspieler dort sitzt, wo er vorher war, dass auf dem gedeckten Tisch haargenau die gleiche Serviette liegt wie bei den früheren Dreharbeiten und dass jedes Härchen am selben Platz ist, wo es war, bei Mensch und – und jetzt wird es für mich peinlich – Hund. Weit und breit konnte ich keinen Königspudel im Rastalocken-Look finden. Der Hund sollte in der Anfangsszene des Films auf ein breites Brückengeländer springen und sich dort niederlassen.

Zum Glück sind bei einer solchen Einstellung die Größenverhältnisse für den Betrachter nicht erkennbar, und das Produktionsbüro und die Continuity-Dame drückten zusammen zwei Augen zu. Wir färbten die beigen, langen Locken eines meiner Mischlings-Filmhunde mit Lebensmittelfarbe schwarz. Flaucher sprang als Königspudel auf das steinerne Geländer und … Nein, den Teufel werde ich tun, zu verraten, um welchen Film es sich handelt. Teuflisch gut ist dieser Streifen allemal.

Rettung in allerletzter Sekunde

Meine Kollegin Conny war samt Filmhund im Wiener Hilton untergebracht. Der letzte Drehtag war vorbei, die Abreise stand bevor. Den gepackten Koffer im Schlepptau, den Hund an der Leine, eine Tasche über der Schulter, wollte Conny in den Fahrstuhl steigen, als ihr die Leine entglitt, die Fahrstuhltüren sich wie für immer schlossen und die Hälfte der Leine auf der anderen Seite des Lebens hing. Drei arabische, verschleierte Frauen und ihr etwas übellauniger Begleiter standen schon im Fahrstuhl und drängten sich ängstlich ob des »unsauberen« Hundes in die hintere Ecke. Der Lift setzte sich in Bewegung und dem armen Hund ging es sprichwörtlich an den Kragen. Offenbar hatte sich außerhalb der Karabiner der Leine in der Fahrstuhltür verkeilt und zog den Hund nun Richtung Decke der Aufzugkabine. Conny hängte sich mit aller Kraft, die ihr zur Verfügung stand, in die Leine, um dem Hund Luft zu verschaffen, und riss schließlich ungeachtet ihrer Hand und ihrer Finger die Leine durch. Das ist wahre Stärke, das Blut rann ihr über die Hand, ein Finger war gebrochen, der Hund gerettet und die Mitfahrer flüchteten regelrecht aus der Kabine, sobald die Tür aufging. Bald schon erschien der Hotelmanager und begutachtete das Durcheinander mit strenger Miene. Conny zieht bei Reisen ins charmante Wien mittlerweile das Imperial vor.

Wer nicht hören will …

Wieder war es meine Kollegin Conny, diesmal mit zwei Schimpansen in einem blauen und einem rosafarbenen Bademantel, die für eine Werbekampagne eines Windelherstellers angetreten war. Ein Menschenpaar und die beiden Affen, jeweils mit Windel und Bademantel bekleidet, sollten fröhlich in die Kamera blicken. Der »Vater« der gewindelten Familie, ein besonders männlicher, besonders lustiger Mann, neckte ständig einen der Schimpansen mit einem »Gutzi, gutzi, gutzi«. Conny warnte ihn mehrmals mit dem Hinweis, dass Schimpansen zwar freundlich aussehen, das aber nicht vierundzwanzig Stunden täglich sind, vor allem dann nicht, wenn man sie nicht in Ruhe lässt. Eine Frau, ein Wort. Doch der Mann beugte sich gleich wieder mit ausgestrecktem Zeigefinger nach unten zu dem ihm am nächsten stehenden Tier, um sein »Gutzi, gutzi« erneut loszuwerden. Es kam, wie es kommen musste. Der Schimpanse war schnell, sehr schnell. Wie ein Blitz sauste seine geballte Faust direkt in das gutaussehende Gesicht des Models. Zum Glück waren die Bilder im Kasten des sich das Lachen verbeißenden Fotografen. Conny hatte noch nie ein

Set so schnell verlassen wie dieses. Die Schimpansen trugen sogar noch die Bademäntel, als sie in ihr Auto stiegen.

Wolf allein zu Hause

Meine Assistentin Anna, gesegnet mit Fürsorglichkeit und Tierliebe und manchmal ein wenig durcheinander, war mit einer meiner Katzen unterwegs. Der Kater war ein alter Hase in Sachen Film und ließ sich von nichts und niemandem erschrecken. Gerät jedoch mein Wolf Orca in sein Visier, wird er richtiggehend ärgerlich, er macht den größten Katzenbuckel, der ihm möglich ist, und faucht den armen Wolf an, als wäre er der Teufel persönlich. Der Wolf war weder interessiert an diesem ungehobelten Burschen, noch hat er ihm jemals Anlass gegeben, ihn derartig unfreundlich zu behandeln. Des Katers Aufgabe für diese Szene war nun genau dieser runde Katzenbuckel. Der Plan lautete: Orca mitnehmen und ihn zur rechten Zeit ins rechte Licht rücken, nämlich in das des Katers.
Die Stunde Null war da, der Spot war an, der Kater schnurrte freundlich und Anna holte den Wolf aus dem Wagen – wenn, nun ja, wenn er nur drin gewesen wäre. Sie wäre am liebsten direkt im Erdboden versunken und nie mehr zum Set zurückgekehrt, denn Orca war zu Hause auf dem Hof geblieben. Ein Fahrservice brachte ihn zu guter Letzt noch in aller Eile ans Set, der Wolf war freundlich wie immer, und der Kater buckelte auf Bestellung.

Schaf im Wolfspelz

Training hin oder her, Natur bleibt Natur. Das bewies mir einmal Balou, der Bordercollierüde, ein Filmhund, wie er im Buche steht, ausgezeichnet ausgebildet, mit vielen Talenten gesegnet, arbeitswillig und klug. In Südtirol auf einer Alm war sein Einsatz gefragt. Plötzlich, wie aus heiterem Himmel, trottete über den nahen Bergkamm ein Schaf und noch eines und noch eines, und schnell war da eine riesige Schafherde. Eine herrliche Herausforderung für Balou, der sich nur noch um die Schafe kümmerte, denn dafür war er schließlich auch geboren. Der Hund dachte keine Sekunde mehr an mich und auch nicht an die peinliche Situation, die entstand. Der zuerst erzürnt dreinblickenden Regisseurin erklärte ich die Situation und brachte sie schließlich zum Schmunzeln. Endlich war das letzte Schaf außer Sichtweite und Balou konnte sich wieder seiner Aufgabe beim Film widmen. Anschließend haben wir beide die Schafe noch einmal besucht, Balou war glücklich – und wenn mein Filmtier glücklich ist, kann ich mich für eine kurze, erquickliche Pause in die Wiese legen.

Warmduscher

Ob Papagei, Maus, Pferd oder Elefant, sie sind nicht stubenrein und machen da auch in weißen Studios oder vor laufenden Kameras keine Ausnahme. Immer wieder kommt es vor, dass ein Schauspieler von einem Vogel oder einer Maus »verunreinigt« wird. Mal ist es ein Drama und manchmal nicht der Rede wert. Auch wenn ich es nicht wirklich beeinflussen konnte, war es doch peinlich für mich, als eine Schauspielerin direkt hinter einem Kamel stehend mit dem Text auf ihren Lippen in die Kamera blickend ein paar Liter vom feinsten Kamelurin über den Kopf bekam. Ein Drama für Kostüm, Maske und auch für die arme Darstellerin, die von oben bis unten im wahrsten Sinne des Wortes angepisst war. Kamelen von Angesicht zu Angesicht gegenüberzustehen kann ein deutlicher Vorteil sein.

Wissen ist Macht,
nichts wissen macht doch was

Trotz allem: Gelungene Tierszenen und die Kommunikation zwischen Mensch und Tier erfordern Wissen über das jeweilige Tier. Dieses Wissen ist für mich die Grundlage meiner Tätigkeit. Neben dem richtigen Gefühl ist das Know-how eines der wichtigsten Werkzeuge, um mit Tieren arbeiten zu können. Einem Seehund außerhalb des kühlen Nass mit Zeichensprache etwas beibringen zu wollen, ist vergeudete Zeit. Man sollte wissen, dass Seehunde zwar unter Wasser sehr scharf sehen, an Land dagegen nur verschwommen. Einem Papagei im trauten Heim beizubringen, die tollsten Sätze zu sprechen, um dann stolz sein Können auf einer Party bei Freunden zu präsentieren, würde in einem Reinfall enden, denn seine Sprachfähigkeit kann nicht zuverlässig in fremder Umgebung abgerufen werden. Eine Ratte geht viel lieber warmer Luft entgegen als kalter und Vögel fliegen im Dunkeln normalerweise überhaupt nicht. Soll das Haustier sinnvoll beschäftigt oder zumindest artgerecht gehalten werden, ist Wissen Voraussetzung, es vereinfacht nicht nur die Kontaktaufnahme, sondern erhöht unsere Chancen, dass sich das Tier für ein gemeinsames Vorhaben gewinnen lässt, da man seine natürlichen Fähigkeiten unterstützen und somit ein Erfolgserlebnis für beide gewissermaßen vorprogrammieren kann. Wie ein Schwamm sauge ich daher seit Jahrzehnten jede noch so kleine Information über Tiere auf, um sie dann zur richtigen Zeit am richtigen Ort richtig anwenden zu können. Ein wissender und dadurch letztlich entspannter Trainer und gut vorbereitete Tiere sind und bleiben nun mal die Garanten für spannende und unterhaltsame Tierszenen.

Ist die Gans ein Säugetier?

Es gibt so vieles zu wissen: Wie sieht der natürliche Lebensraum des Tieres aus, das ich trainieren will? Was frisst es? In welcher Form lebt es mit seinen Artgenossen zusammen? Welche Rollen nehmen die weiblichen Tiere ein und welche die männlichen? Bei welcher Temperatur fühlt sich das Tier am wohlsten? Wo verbringt es die Nacht und wie viel Schlaf benötigt es? Wie verläuft die Aufzucht der Jungtiere, wird der Partner benötigt oder soll er sich besser »vom Acker machen«? Legt das Tier Eier oder ist es ein Säugetier? … Diese letzte Frage erscheint Ihnen lächerlich?

Auf meinem Hof leben drei Gänse: Gustav, der Gänserich, und Pastetchen, seine Partnerin und ständige Begleitung, sind Angehörige der Rasse Bayerische Landgans, eine vom Aussterben bedrohte Landtierrasse. Ahorn, die Canadagänsedame, ist die Dritte im Bunde. Im Vergleich zu den bodenständigen Landgänsen nimmt sie sich äußerst elegant aus. Es ist noch nicht lange her, da fragte mich eine durchaus befähigte, kompetente Person, ob meine Gans schwanger wäre. Nach einer kurzen Erholungsphase, die ich mir in diesem Moment gönnte, antwortete ich mit einem entschiedenen Nein und der zusätzlichen Erklärung, dass ich ganz sicher sei, denn sie würde Eier legen.

Ich erzählte gleich noch viel mehr über Gänse. Zum Beispiel, dass sie die besten Wachhunde sind. Warum eigentlich? Wir haben doch unsere bestens funktionierenden Hunde! Doch im Gegensatz zu Hunden, die für Futter schon mal das Aufpassen vernachlässigen, lassen sich Gänse nicht bestechen. Gustav und Pastetchen bewachen meinen Hof besser als jeder Hund. Zuverlässig und lautstark melden sie jeden Besucher und laufen zischend und mit langen Hälsen hinter ihm her. Von ihnen lässt sich so mancher verscheuchen und läuft, seine Angst

verschämt versteckend, so schnell wie möglich wieder von dannen. Allerdings bleibt mir nichts anderes übrig, als jeden Morgen die deutlichen Hinterlassenschaften des Trios vor der Eingangstür zu entfernen, da sich die Gänse in der Nacht gern direkt vor dieser Tür niederlassen. Kein Vorteil, der nicht auch einen Nachteil mit sich bringt.

Wen wann wie trainieren und wofür?

Ich muss wissen, welche Tiere für welchen Film geeignet sind und woher ich sie bekomme. Die Katze beispielsweise kann neben ihrer Tätigkeit als Einzelgänger durchaus auch in Familienverbänden leben. Auf einem Bauernhof ist es möglich, vierzig und mehr Katzen anzutreffen – und in diesem Fall keine einzige Maus. Nur durch das Familiensystem, nämlich die Mutter, deren Jungtiere und wiederum deren Jungtiere, können so große Verbände reibungslos miteinander leben, sie pflegen sogar einen Zusammenhalt untereinander. Auf meinem Hof leben verschiedene Stämme von Katzen, die sich immer durch die Mutterlinie verbunden fühlen und sich dementsprechend gruppieren. Eine neue Katze würde so viel Ablehnung durch die anderen erfahren, dass sie freiwillig das Weite suchen würde.

Was aber tun, wenn ich für einen Film eine bestimmte Katze brauche und diese zu Hause integriert werden soll? Einmal musste ich einen jungen schwarz-weißen Kater bei mir im Hof regelrecht einschleusen. Ich hatte nur die Möglichkeit, ein fremdes Kitten mit dem Wurf einer ansässigen Katzenmutter heranwachsen zu lassen. Nur so konnte das neue Tier organisch in die vorhandene Familienstruktur hinein- und mit ihr zusammenwachsen.

Auch für Tierrollen muss zuerst gecastet werden. Für Bibi Blocksberg wurde zum Beispiel ein knallgrüner Frosch gebraucht. Ich wusste, dass der Europäische Laubfrosch, der unter Artenschutz steht, aufgrund der Ähnlichkeit gut vom domestizierten Amerikanischen Laubfrosch gedoubelt werden kann. Der klassische grüne Frosch, den wir in der Werbung, im Märchen oder im Kino zu sehen bekommen, ist allerdings der Korallenfrosch. Ihn trifft man in unseren Breitengraden in der freien Natur leider nicht an. Die richtige Temperatur, ein feuchter Lebensraum und lebendes Futter sind Voraussetzung für die Haltung. Aufpassen muss man bei der Größe des Terrariums: Der Korallenfrosch wird ziemlich groß und zudem alt, bis zu zwölf Jahre werden manche Exemplare. Für Bibi Blocksberg war mein Freund Ferdl wochenlang als Wetterfrosch neben ihrem Flugbesen namens Kartoffelbrei im Bild. Natürlich durfte er immer sofort, nachdem die Szene im Kasten war, aus dem Wetterglas zurück in sein geräumiges Terrarium.

Wer kann was – und wann?

Von eins bis zehn zählen können Schlangen nicht, faszinierend aussehen, das ist neben Würgen und Giftigsein ihre Spezialdisziplin. Als wechselwarme Tiere sind Schlangen von ihrer Umgebungstemperatur abhängig. Durch den verschwenderischen Einsatz von künstlichem Licht an einem Filmset kann die Schlange dort sehr aktiv werden, im Gegensatz zu uns Menschen, die wir uns im Scheinwerferlicht den Schweiß von der Stirn tupfen. Je nach Aufgabe im Drehbuch ist es ratsam, dies zu beachten, bevor man das Tier aus dem Transportsack entlässt. Je kurzfristiger ich die Schlange aus der kühlen Temperatur in die Wärme des Sets hole, desto länger kann ich mit ihr dort problemlos umgehen. Wenn eine Schlange den Körperkontakt mit Menschen gewohnt ist und das angenehm findet, kann man sie bereits als sehr gut trainiert einstufen.

Ich versuche natürlich immer, alles Denkbare und Undenkbare mit einzukalkulieren, um böse Überraschungen zu vermeiden. Bei Vögeln wäre das zum Beispiel die Mauser, die Zeit, wenn sich das Federkleid erneuert. Das ist mit einem riesigen Energieaufwand verbunden und sollte unbedingt im Trainingsplan verankert sein, ansonsten würde das Tier schnell überfordert sein und der gewünschte Erfolg bliebe aus. Erschwerend kommt hinzu, dass ein Papagei, der durch die Mauser einem gerupften Huhn ähnelt, nicht fotogen ist.

Und auch Tiere haben so ihre »lustigen Stunden«. Eine Hündin wird in der Regel alle sechs Monate läufig, am Ende dieser Phase ist sie fruchtbar. In diesem Zeitraum, manchmal auch bis zu zwei Monate danach, nämlich dann, wenn die Hündin scheinträchtig ist, kann man nicht mit einer normalen Leistung rechnen. Die Hormone spielen verrückt und deshalb auch die Hündin. Es ist nicht sehr wahrscheinlich, dass in dieser Zeit ein Erfolgserlebnis zwischen Hund und Mensch stattfindet. Das einzige Erfolgserlebnis für die Hündin wäre ein stattlicher Rüde.

Dass zwei Hunde nach dem Geschlechtsakt bis zu dreißig Minuten zusammenhängen und viele dann verschreckt entweder die Feuerwehr, die Tierrettung oder einen Eimer Wasser holen, um die beiden wieder auseinanderzubringen, hat sich bestimmt schon herumgesprochen. Doch erst mal müssen sie natürlich zusammenkommen. Im Film »Tote Hose« mit Barbara Schöne sollte in der letzten Szene mein Dobermann Zorro mit einer apricotfarbenen, äußerst eleganten Pudeldame, die auf den etwas überspannten Namen Rose hörte, im Rausche des Glückes sein. Da weder die Pudeldame in Stimmung war noch die Kombination zwischen beiden ein vielversprechendes Ergebnis hervorbringen würde, brachte ich den beiden Hunden bei, übereinanderzustehen. Anatomisch war das nicht schwer, da Zorro deutlich größer ist als das Lockenmädchen. Nun sah das aber noch nicht nach allzu viel aus. Kollegin Conny war daher so frei und stimulierte die rhythmischen Bewegungen – Sie verstehen schon – versteckt in einem Busch sitzend, indem sie Zorro von hinten anstieß …

Wer ist womit zu bestechen?

Zu wissen, dass ein Meerschweinchen ein Nestflüchter und schon vom ersten Tag an voll einsatzfähig ist, hilft bei der Entscheidung, wann man den kleinen Nager an die ihm zugedachten Aufgaben heranführt. Dass das vorzugsweise mit Petersilie funktioniert, kann man mittlerweile bei den organisierten Meerschweinchen- und Kaninhop-Turnieren beobachten. Dort bewältigen die sprungfreudigen Tierchen ganze Parcours, um anschließend genüsslich in ein Büschel Petersilie zu beißen. Weitere »Bestechungsskandale« wären: Frischer Fisch für Seehunde, eine leckere Körnermischung für den Strauß, Papageien lieben Babybrei, ein Fuchs ist verrückt nach Weintrauben, der König der Lüfte nimmt gern ein Eintagsküken in seinen Adlerschnabel und Schmetterlinge flattern für Orangenscheiben. Tauben muss ich nicht groß locken, sie sind in der Regel ihrem Standort treu und werden immer versuchen, anhand ihres ganz persönlichen Navigationssystems wieder nach Hause zu fliegen. Diesen Standort allerdings muss ich ihnen bieten. Es ist immer der Platz, an dem sie in den letzten ein bis zwei Wochen Futter, Wasser und einen trockenen, zugfreien Schlafplatz hatten. Wenn ich mit Tauben arbeite, sollte der Drehort nicht weiter als eine Stunde vom aktuellen Heimatort entfernt sein – denn dann brauche ich mich um den Rücktransport der Tiere nicht zu kümmern. Für »Gottes mächtige Dienerin« und »Unter kaltem Himmel«, mit Christine Neubauer in der Hauptrolle, wurde im Hofgarten der Münchner Residenz und nahe Freising auf einem Hof gedreht. Ich setzte dort

vier Mal fünf Tauben an die gewünschte Stelle unter ein Tuch. Somit war es für die Tauben dunkel und sie blieben ruhig sitzen. Sobald die Kamera bereit war, zog ich das Tuch über den Tauben weg: Ein kurzer Moment der Orientierung – dann flogen sie auf, genau so wollte es das Drehbuch. Vier Mal wurde das Tuch gezogen und als ich abends nach Hause kam, waren meine zwanzig Tauben schon längst wieder da und schliefen. Für den Film »Papa auf Abwegen« mit Götz George in der Hauptrolle sollte eine Taube bei schlechtem Wetter auf dem Balkon des Firmengebäudes sitzen und die Einsamkeit des Hauptdarstellers widerspiegeln. Hoch über München war in diesem Fall die handzahme Taube Emma mit mir am Start. Auf Pfiff flatterte sie schnell von der Balkonbrüstung auf meine Schulter. Emma war auch schon für den »Polizeiruf 110« im Einsatz und flog dem Regisseur Dominik Graf auf und davon. Auch mit Hühnern ist das Drehen angenehm, allerdings scheint es, als ob sie gewerkschaftlich engagiert seien, denn sie arbeiten nur zu genau festgelegten Zeiten. Ein domestiziertes Huhn geht instinktiv jeden Abend, bevor die Sonne untergeht, in den Hühnerstall zurück. Auch wenn Hühner einen eher untergeordneten Intelligenzquotienten aufweisen, sind sie doch sehr leicht auf eine Person zu prägen. Man nehme eine Hand voll Mehlwürmer, und schon wird man hartnäckig von ihnen verfolgt. Alle Jahre wieder ist eine kleine Armee von Hühnern für den höchst erfolgreichen Mehrteiler »Die göttliche Sophie« mit Michaela May und Jan Fedder im Einsatz. Die geflügelten Darstellerinnen sind vom Brutkasten an auf mich geprägt und kommen, wenn ich pfeife, anmarschiert. Ab der Geschlechtsreife wird es für mich allerdings schwieriger, da scheinen die Gackerteenager plötzlich zu merken, dass es noch andere interessantere männliche Geschöpfe auf dieser Erde gibt, und lassen sich etwas länger bitten.

Tiere im Rampenlicht:
Wie geht es zu am Set?

Ein farbenprächtiger Ara, eine prächtige Cleo Kretschmer und eine wunderschöne Bettina Zimmermann waren Grund genug für die Besucher der Bavaria-Filmtour, neugierig zu verweilen, plapperte doch zudem der lustige Gelbbrust-Ara Amigo ohne Punkt und Komma vor sich hin. Möglicherweise, so hoffte ich, wollte der eine oder andere Bavaria-Gast auch mich bewundern, allerdings muss ich zugeben, dass die Plaudertasche Amigo auf meiner Schulter mir einmal mehr die Schau stahl. Ich musste mich schließlich regelrecht von den Fans des wunderschönen Papageis losreißen, denn die beiden Damen Kretschmer und Zimmermann, einschließlich Regisseur und Filmteam, warteten mittlerweile auf mich und Amigo, der im Fernsehfilm »Meine Mutter, Heinrich und ich« eine Unterhaltung mit Cleo Kretschmer zu führen hatte. Bettina Zimmermann übrigens war beeindruckt von Amigo, der sie sehr an den Papagei ihrer Mutter erinnerte. Wie sie erzählte, ist dieses Mitglied der Familie Zimmermann ein geliebter und liebevoller Haustyrann.

Sollten Sie einmal Lust auf Filmluft haben, besuchen Sie doch die Bavaria Filmstudios im Münchner Nobelvorort Grünwald, ein beliebtes Ausflugsziel für Filminteressierte und solche, die es werden wollen. Ein Tourguide führt die Besucher über das weitläufige Filmgelände. Einmal da stehen, wo berühmte Kinofilme gedreht wurden, das ist hier möglich. Ein Erlebnis der besonderen Art ist es, im siebten Stock des Gefängnisses Stuttgart Stammheim zu sein, der für die RAF-Verfilmung »Der Baader-Meinhof-Komplex« originalgetreu aufgebaut wurde. Fuchur, der weiße, zauberhafte Drache aus der »Unendlichen Geschichte«, wartet auf reitlustige Kinder. Auch diese beiden Filme wurden von Bernd Eichinger produziert. Dorf und Schiff aus »Wickie und die starken Männer« sind in Originalgröße aufgebaut. Und wer weiß, vielleicht sind ja auch meine Tiere und ich mal wieder da.

Filmset – das organisierte Chaos

Acht Mal lief Fredy am Anfang des Buches seine Strecke und machte alles perfekt. Trotzdem war die Szene nicht im Kasten. Die häufige Wiederholung ist eine wahre Herausforderung für Tier und Tiertrainer. Und auch wie lang die Wartezeit bis zum tatsächlichen Einsatz am Set ist, kann niemand vorhersagen. Wenn es dann aber plötzlich so weit ist, muss das Tier ausgeruht, entspannt und in bester Laune an den Start gehen. Das erste Mal, das zweite Mal, das dritte Mal … Wenn wir am Set dann endlich an der Reihe sind, haben wir schon eine Menge an Trainingseinheiten gemeistert. Und eine davon heißt in der Tat: Warten, ohne Lust und Energie zu verlieren.

Motivationsbereitschaft verleiht Flügel

Wie war das also damals in der Villa Neureich? Fredys Aufgaben für diese Szene hießen laut Drehbuch: die Auffahrt hochrasen, durch die Tür rennen, sie zuschlagen, vorher möglichst einen gehetzten Blick zurück auf den Verfolger werfen, die Schauspielerin am Hosenbein ins Bild zerren und die Leine vom Stuhl holen. Um das einzustudieren, habe ich mit dem ohnehin bereits gut ausgebildeten Hund vier Wochen lang täglich zwei Trainingseinheiten absolviert, zwanzig Minuten morgens, zwanzig Minuten nachmittags. Mit diesem Pensum im Gepäck waren wir gut gerüstet für die Dreharbeiten. Fredy flitzte die ersten drei Male fleißig durch seine Aufgaben, zu diesem Zeitpunkt war er noch heiß darauf. Bei Wiederholung vier, fünf und sechs war ich als Motivationskünstler gefragt, da sich ansonsten leicht Flüchtigkeitsfehler einschleichen können. Es klappte alles bestens. Jeder Moment nach der sechsten Wiederholung erforderte meinen Totaleinsatz. Jetzt wurde die Aufgabe für den Hund wirklich monoton, zum Gähnen langweilig. Um den Job für Fredy weiterhin interessant zu gestalten, um ihm zu zeigen, dass er alles richtig gemacht hat, bestätigte ich ihn positiv mit Stimme, Berührung oder einem Leckerli. Dadurch hielt ich seine Laune, die Motivation und sein Selbstbewusstsein auf einer Skala von eins bis zehn im oberen Drittel. Ich suchte in regelmäßigen Abständen den Blickkontakt mit dem Hund, um ihm eventuell auftauchende Fragen mit meiner Körpersprache zu beantworten. So wurde jede Unsicherheit im Keim erstickt. Mein Blick, meine Körpersprache zeigte ihm: »Fredy, du hast es richtig gemacht!«

Das alles setzt viel Selbstbewusstsein beim Tier voraus – hat es das am Set nicht, versucht es kontinuierlich, Blickkontakt mit mir zu halten. Im fertigen Film würde das dann aussehen, als würde der Hund geistesabwesend auf eine Stelle starren. Das ist natürlich nicht erwünscht.

Ich bringe meine Tiere an den Start der Szene und bin auch derjenige, der sie am Ziel in Empfang nimmt. Die Kommunikation am Set läuft meist nonverbal. Das Tier muss zum Zeitpunkt der Filmaufnahmen gut ausgebildet sein, um genau zu wissen, was ich von ihm erwarte, und instinktiv richtig mit den Schauspieler-Kollegen interagieren. Wenn eine Frage auftaucht, reicht dann auch fast immer ein kurzer Blick zu mir. Meist stehe ich neben der Kamera und gebe mit unserer einstudierten Zeichensprache die passende Antwort. Ein Hund muss schon Starqualitäten mitbringen, um die gestellten Aufgaben souverän und vor allem mehrfach erfüllen zu können. Er braucht Talent, ein gesundes Selbstbewusstsein, Arbeitswillen und eine enorme Motivationsbereitschaft, das sind die wichtigsten Voraussetzungen auf dem Weg zum berühmten Filmhund. Aber leider hat selbst Lassie nie einen Oscar gewonnen.

Perfektion der Illusion

Auch wenn die Filmschaffenden am Set Kummer gewohnt sind, können sie nach einer achten Wiederholung ihren Unmut nicht verbergen. Hier muss ich aufpassen wie der sprichwörtliche Schießhund, damit sich diese Laune nicht auf den Hund überträgt. Das weit reichende Gelände dieses Filmsets war ideal, um Fredys Stimmung hochzuhalten, denn nach jedem Einsatz konnte ich ihn mit einem kleinen Spaziergang durch den Park der Villa belohnen. Malerische Brunnen mit blühenden Seerosen, romantische Wege und Teiche mit Fröschen... Aber Moment mal! Sind die Frösche überhaupt echt? Wer weiß das so genau? Selbst als alter Filmhase muss ich an den Sets ganz genau hinschauen, was Realität ist und was von den kreativen Köpfen der Ausstattung hinzugefügt wurde. Manchmal bin ich von einem blühenden Garten fasziniert, beim näheren Betrachten jedoch wird aus der blühenden Pracht eine Plastiklandschaft, die Blumen sind mitsamt Topf eingegraben und stammen je nach tatsächlicher Jahreszeit frisch aus der Gärtnerei oder aus dem Gewächshaus. Illusion ist hier allgegenwärtig.

Wieso eigentlich können wir Fury, Lassie und Flipper, den weißen Hai, den Orca Willy und Schweinchen Babe auf der Leinwand oder in unserem TV-Kino zu Hause sehen? Es scheint, als würde uns Menschen die Bilderwelt der Illusionen magisch anziehen. Schon im 19. Jahrhundert versuchten Fotografen, Bewegungen von Tieren mit einer Reihe von Bildern darzustellen, wie zum Beispiel die Fotoserie des laufenden Pferdes von Eadweard Muybridge aus dem Jahr 1881 zeigt. Diese Fotoserie erbrachte den Beweis, dass sich beim galoppierenden Pferd zeitweise alle vier Beine in der Luft befinden. Ein fliegendes Pferd, das wir so nie wahrgenommen hätten, mit dem Wissen der Erdanziehungskraft im Hinterkopf. Was nicht sein kann, ist nicht möglich?

Genau dieses Prinzip versucht auch der Film zu widerlegen: Hier wird mit immer ausgefeilteren Mitteln das Unmögliche möglich gemacht und die Illusion zur Wahrheit, während die Gesetze der Natur außer Kraft gesetzt werden. Nur der arme Tiertrainer, der hat es mit Natur pur zu tun. Seine Darsteller leben ihre Natur, ob der Regie das gefällt oder nicht. Daher ist es meine Aufgabe, das zusammenzubringen, was beide Seiten wollen.

Das Drehbuch oder: Warum mir vor dem Dreh manchmal schwindlig wird

Bevor es ans Set geht, ist schon eine Menge passiert. Alles beginnt mit dem Drehbuch. Beiläufige Sätze wie »Die Mannschaft entert das Schiff« haben folgenschwere Auswirkungen auf Zeit, Raum, Schauspieler, Ausstattung und nicht zuletzt auf das Budget. Sie machen auch das Vorbereitungstraining zu einer so spannenden, vielseitigen und manchmal ziemlich abenteuerlichen Tätigkeit. Jedes Drehbuch enthält eine neue Herausforderung für den Tiertrainer, denn die teilweise unglaublichen Einfälle der hoch geschätzten Autoren machen buchstäblich das Huhn in der Pfanne verrückt. Auch wenn mir das durchaus manchmal schlaflose Nächte bereitet, so freut es mich doch. Denn ich kann mich immer wieder neuen, spannenden Aufgaben stellen und mich tiefer und tiefer in die Lebens- und Verhaltensweisen der unterschiedlichsten Spezies hineinversetzen. Nach über zwanzig Jahren Berufung und Beruf als Filmtiertrainer kommt bei mir kein bisschen Langeweile auf, noch immer bin ich motiviert wie am Anfang.
Wenn ich einen ersten Blick in ein neues Drehbuch werfe, wird mir manchmal regelrecht schwindlig. Vielleicht heißt es deshalb »Drehbuch«? Oft verlangt es eine Illusion, die nur we-

nig mit der Realität des tierischen Lebens zu tun hat. Das Geheimnis der erfolgreichen Umsetzung einer Drehbuchszene liegt darin, dass die wochenlange, ja sogar monatelange, knochenharte Vorbereitungsarbeit im Endergebnis wie zufällig, wie selbstverständlich und geradezu nebensächlich erscheinen muss. Und manchmal weiß ich anfangs gar nicht, wo ich mit dem »Training« ansetzen soll.

Was könnte das besser illustrieren als ein ganz beiläufiger Satz aus dem Drehbuch »Der große Bagarozy« mit Til Schweiger in der männlichen Hauptrolle und dem großen Bernd Eichinger als Regisseur. Dieser Satz hat nichts mit der eigentlichen Handlung des Filmes zu tun, die daraus entstehende Sequenz soll lediglich eine Stimmung transportieren. Die meisten Schauspieler und andere Beteiligte würden ihn vielleicht überlesen. Aber stellen Sie sich vor, Sie sind für die Tierszenen verantwortlich und lesen Folgendes: »Die Fliege auf seiner Hand putzt sich und fliegt davon.« Ohne zu untertreiben, kann ich behaupten, dass dieses Tier keine tragende Rolle hat. Keine wichtige Szene. Und doch war die Aufgabe für mich mit diesem Satz gestellt!

Also begann in meinem Kopf die Umsetzung. Nicht auszudenken, wie lange es dauern würde, wenn diese Szene dem Zufall überlassen würde: bis am richtigen Ort zur richtigen Zeit eine Fliege auf der richtigen Hand landen würde und dann nach dem Putzen planmäßig wieder »die Fliege machte«. Sechs Richtige im Lotto wären wohl leichter zu erreichen. Was also tun? Eine Fliege trainieren? Oder das instinktive Verhalten für meine Zwecke nutzen?

Um Zeit und Geld zu sparen, werden bei größeren Produktionen diese »Inserts« oder »Details« von einem zweiten Kamera- und Beleuchtungsteam und dem Regieassistenten übernommen. Wir sprechen hier von der Second Unit. Da der Wiedererkennungseffekt bei einer Hand nicht sehr groß ist, konnte in diesem Fall zudem mit einem Handdouble gearbeitet werden. Das hat natürlich nichts mit Schonung der wertvollen Schauspielerhand zu tun, denn diese, samt Schauspieler, stand weiterhin für die First Unit zur Verfügung, die parallel an den gewichtigeren Szenen arbeitete.

Jede einzelne Szene wird auch bei der Second Unit mehrmals gedreht, bis alles zufriedenstellend im Kasten ist. Meine Fliege aber wäre nach dem ersten Mal »vom Winde verweht« gewesen. Genau aus diesem Grund trat ich mit einer ganzen Armada von Fliegen an, die ich im Vorfeld selbst gezüchtet hatte. Den Tag des Schlüpfens konnte ich durch die Bedingungen wie Luftfeuchtigkeit und Temperatur bei der Eierlagerung bestimmen. Da die Lebenserwartung der Gemeinen Stubenfliege *Musca domestica* sehr übersichtlich ist, spielte der genaue Tag der Fliegengeburt eine wichtige Rolle. Meine Hebammentätigkeit musste ganz genau koordiniert sein.

Die nächste Hürde: Das Tier wird beim Drehen auf die Hand gesetzt, darf sie aber nicht sofort wieder verlassen, die Kamera muss die Chance haben, sie ausreichend lange zu beobachten. Also setzte ich die Körpertemperatur der Fliege herab, um sie in eine Art Ruhezustand zu versetzen. Fliegen sind Überlebenskünstler und verbrauchen bei Untertemperatur so wenig Energie wie möglich. Sobald es der Fliege durch die Scheinwerfer am Set und die siebenunddreißig Grad warme Hand wieder kuschelig warm wird, bildet sich auf den Flügeln Kondenswasser. Die Fliege wird sich drehbuchgerecht putzen, um es von ihren Flügeln zu entfernen. Derartig erleichtert fliegt sie nun davon. Et voilà – ist doch ganz einfach, oder?

Fliegen sind für meine Arbeit nicht allzu typisch. Das ist auch gut so, denn obwohl ich es schaffe, dass sie ihre Drehbuchaufgaben erfüllen – eine Beziehung gestaltet sich eher schwierig. Es sind wie gesagt die Hunde, die in den Drehbüchern am meisten gefragt sind, die besten Tierrollen bekommen und bis-

her auch in diesem Buch die Hauptrollen besetzten. Der Hund ist nun mal der beste Freund des Menschen und speziesübergreifende Beziehungen sind hier an der Tagesordnung. Wie schon Loriot sagte: »Ein Leben ohne Mops ist möglich, aber sinnlos.« Auch der gute Heinz Rühmann wollte nicht ohne Hunde sein. Die beiden großen, alten Herren hatten und haben natürlich uneingeschränkt Recht.

Natürlich sind es nicht alles meine eigenen Tiere, die ich zum Set führe – auch wenn mein »Privat-Zoo« beträchtliche Ausmaße hat. Lea zum Beispiel, Mopsdame und unangefochtene Heldin der nächsten Geschichte, war »geborgt«. Sie wurde von mir in einem Casting wegen ihrer vorzüglichen Eignung zur Schauspielerin entdeckt und dann jeden Morgen zum Training abgeholt.

Walt Disney is calling

Die Amerikaner kochen auch nur mit Wasser, aber es kommt darauf an, welche Zutaten sie noch hinzunehmen. Bei dem Kinofilm »Hexe Lilli« stimmen diese offensichtlich, denn von Walt Disney international ins Kino gebracht zu werden ist der Ritterschlag für einen Kinderfilm.

Die Zutaten: Man nehme die Kinderhauptrolle Lilli, gespielt von der frechen Alina Freund, ein Stück Hektor, den zum Fressen süßen Drachen, ein Kunstwerk aus der digitalen Abteilung mit der Stimme keines Geringeren als Michael Mittermeier, dazu achtzig Kilogramm Hieronymus, der böse Zauberer, originell dargestellt von Ingo Naujoks, eine Prise Mops in der Rolle des Serafim, der zusammen mit dem Zauberer Hieronymus Lilli und Hektor das Leben schwer macht, zwei Drittel Regisseur Stefan Ruzowitzky, dessen letzter Film »Die Fälscher« 2008 mit dem Oscar für den besten fremdsprachigen Film ausgezeichnet wurde, und nicht zuletzt Anja Kling,

Yvonne Catterfeld und die große Dame des spanischen Filmes, La Dona Pilar Bardem. Diese Besetzungsliste erweckt das international erfolgreiche Kinderbuch garantiert zum Leben. Gedreht wurde außer in Wien und in den Babelsberg-Studios im Potsdamer Holländerviertel, das holländischer rüberkommt als Amsterdam. Was sollte da noch schiefgehen...

Weder der Autor noch der Drehbuchautor hatten auch nur annähernd darüber nachgedacht, was ich, der mit auf der Zutatenliste stehende Filmtiertrainer, durchmachen würde, wenn ich das Drehbuch lese. Schwitzend saß ich vor einer kaum lösbaren Aufgabe, hier gibt es Tierszenen, die durchaus nicht dazu geeignet sind, eine Mopsdame gnädig zu stimmen.

Der Mops an sich ist ja nun auch kein normaler Hund. Optisch ähnelt er eher einem Außerirdischen. Wenn Sie sich vielleicht an den ersten Teil des Hollywood-Kinoerfolges »Men in Black« erinnern? Will Smith und Tommy Lee Jones hatten so manches Problem mit Frank, dem Außerirdischen in Mopsgestalt. Kein Hals, die Schnauze kurz, dadurch zusammengequetschte Atemwege, extreme Hitzeempfindlichkeit, unsportlicher Körperbau, würden Sie ein Tier nach einer solchen Beschreibung charmant finden? Glauben Sie es mir, dieser Hund ist ein schlichtweg umwerfendes Wesen auf vier kurzen Beinen. Auch seine unglaubliche Spielfreude und ewige Treue machen den Schnarchzwerg unwiderstehlich.

Doch genug geschwärmt, denn das Drehbuch lag auf meinem Schreibtisch und die Zeit bis zum Drehbeginn war nicht knapp, aber bemessen. Die Rolle des Serafim-Mops ist so anspruchsvoll, dass ich mindestens drei Möpse trainieren musste, um dieses enorme Pensum zu bewältigen. Der Hauptmops war sofort klar: Lea! Auch wenn diese Mopsdame ein Naturtalent ist und die Spielfreude von sieben Möpsen in sich trägt, würde ich Monate benötigen, um sie fit für die komplette Rolle des Serafim zu machen. Nun galt es, Doppelgänger für Lea zu fin-

den, denn Mops ist nicht gleich Mops. Es gibt schwarze, beige, es gibt längere Nasen, Pfannkuchennasen, schwarze Nasen auf hellem Hintergrund und helle Nasen auf schwarzem Grund und so weiter. So wurden neben Lea noch ein besonders sportlicher und ein auffallend schöner Mops von mir engagiert und trainiert.

Jedes Drehbuch wird nach Bildnummern aufgeteilt. Ein Ausschnitt meiner Liste, in welchen Bildern der Hund vorkommt und was er für eine Aufgabe hat, sah für »Hexe Lilli« ungefähr so aus:

– Bild 28: Serafim würfelt mit einem Lederbecher fünf Würfel auf den Tisch.
– Bild 33: Serafim beißt Hieronymus in den Fuß, Hieronymus springt schreiend auf einem Bein herum.
– Bild 40: Hektor spuckt Feuer, Serafim versteckt sich in einem Bücherregal und entkommt den Flammen knapp.
– Bild 49: Serafim hebt sein Bein am Autoreifen, um zu pinkeln.
– Bild 92: Serafim trägt ein Ledergeschirr, mit dem er einen kleinen Wagen zieht, auf dem ein sehr großes Marmeladenglas steht.
– Bild 73: Serafim landet mit einer großen Staubwolke auf dem Kinderspielplatz und dreht sich dabei mehrere Male um seine eigene Achse, bevor er über den Rasen kullert.

Das ist nur ein kleiner Auszug all der Aufgaben, die den Mops in einer Produktionszeit von sechs Wochen erwarteten. Lea war zudem aufgefordert, höchstpersönlich zu sprechen. Um die Produktionskosten nicht ins Uferlose zu treiben, gab es kein Budget für eine digitale Bearbeitung der Sprechszenen. Also: Wie bekommt man einen Mops dazu, zu sprechen?

Ich öffnete für diese Szene meine Zauberbox und holte ein leckeres Knäckebrot, leicht & cross, hervor. Daran hatte die gute Lea so lange zu kauen, dass genau der Satz aus ihrem Maul zu kommen schien, den die Regie forderte. Ein Zentimeter vom guten Wasa ergab einen kurzen Satz, zwei Zentimeter einen längeren … Seitdem allerdings verweigert die Mopsdame privat den Verzehr von Knäckebrot.

Die einzelnen Aufgaben des Hundes, die über das Kauen hinausgingen, zerschnitt ich in Scheiben wie eine Salami. Ich trainierte Scheibchen für Scheibchen, und wenn alle Scheibchen klappten, arrangierte ich sie wieder zu einem großen Ganzen. Dann war die Salami wieder komplett und der Hund konnte seine Aufgabe in diesem Bild erfüllen.

Für das erwähnte Würfeln in Bild Nr. 28 hieß das:
- Erste Salamischeibe: Sprung auf den Stuhl.
- Zweite Salamischeibe: Vorderbeine auf den Tisch legen.
- Dritte Salamischeibe: Den stehenden Würfelbecher mit dem Maul aufnehmen.
- Vierte Salamischeibe: Den Kopf drehen, damit die Würfel aus dem Becher auf den Tisch fallen.
- Fünfte Salamischeibe: Den Becher wieder auf den Tisch stellen.
- Sechste Salamischeibe: Gebannt auf die Würfel schauen.

Jetzt liegt der Gedanke nahe, dass ich Lea und die anderen beiden zwischendurch immer mit Salamischeiben belohnte – das tat ich nicht. Um einen Mops dazu zu bewegen, mit einem solchen Becher zu agieren, musste ich auf seine Grundausbildung zurückgreifen. Die ist bei jedem Tier die Basis. Bevor ein Hund weiß, was der Mensch mit »Ruhe!« meint, hat es keinen Sinn, ihm dieses Wort entgegenzubrüllen, wenn er bellt. Völlig logisch – und doch sind solche Fehler im menschlich-tierischen Zusammenleben trauriger Alltag. Was passiert, ist klar und sprichwörtlich, besonders bei den Außendienstlern der Post: Der Postbote naht, der Hund bellt. Der Mensch schreit

»Ruhe«, der Hund ist still, der Mensch lobt ihn. Am nächsten Tag das gleiche Spiel, am übernächsten auch, eine Woche später immer noch, nur dass es allmählich lästig wird. Doch der Hund musste das Ganze so verstehen: Ich Hund belle, Herrchen sagt etwas, ich belle nicht mehr, und dann lobt er mich. Schön, gefällt mir. Also belle ich morgen wieder. Grundausbildung heißt für diesen Fall, den Hund dann zu loben und das Wort »Ruhe« einzuführen, wenn er gerade ruhig ist. Das muss regelrecht geübt werden, und zwar am besten zu einer Zeit, wenn der Postmann Feierabend hat und bestimmt nicht »zweimal klingelt«. Damit Lea »würfeln« konnte, musste sie zuvor schon in der Lage sein, auf Kommando Gegenstände aufzuheben, auf die ich zeige. Das konnte sie perfekt – und ob es dann ein Würfelbecher war, spielte keine Rolle mehr.

Lea hatte ihre Szene bald verinnerlicht. Doch inmitten der Dreharbeiten hatte die Regie ganz großartige neue Ideen. Plötzlich war alles anders und damit natürlich viel schwieriger für das Tier, denn meine Trainingseinheiten mussten ein festes Programm beinhalten. Nun waberte künstlicher Nebel über den Drehort, neu eingebracht von Spezial-Effektlern. Tiere haben feine Nasen und nehmen diesen Geruch als unangenehm wahr. Schon würde Lea anders als geplant reagieren. Jetzt war ich gefragt, dem Tier dieses Nebel-Geruchserlebnis als ein positiv besetztes, spannendes Spiel zu verkaufen. Ich wurde also selbst zum Schauspieler und zeigte mich derart begeistert über diesen Kunstnebel, dass Lea gar nichts anderes übrig blieb, als meinem Beispiel zu folgen und Nebel einfach klasse zu finden. Wie hatte es ohne je Spaß machen können!? Meine Aktion startete, noch bevor der Mops den Nebel als negativ registrieren konnte. Hätte ich den Moment verpasst, in dem das Tier entscheidet, dass es den Nebel als unangenehm ansieht, hätte ich schon verloren, denn die Überlebensstrategie des Hundes hätte sich sofort verinnerlicht und das Kind beziehungsweise der Mops wäre unwiederbringlich in den Brunnen gefallen.

Die größte Herausforderung kam bei diesen Dreharbeiten allerdings von einer völlig unerwarteten Seite und brachte mich bis an den Rand der Verzweiflung. Zwei Wochen vor Drehbeginn trainierte ich mit Lea und ihrem Frauchen auf einem gemütlichen, übersichtlichen Waldweg nahe der Bavaria-Filmstudios. Dieser Weg ähnelt nämlich einem Weg aus dem Drehbuch.

Während ich in aller Ruhe und vollkommen konzentriert mit Lea arbeitete, geschah es: Ich bestätigte gerade eine sehr gute Trainingseinheit mit dem Öffnungsklick der Belohnungsbox, beugte mich zu Lea herunter, als plötzlich aus heiterem Himmel ein lautes, ungeduldiges »Weg daaa!« den ersten Akt des Dramas eröffnete. Mit voller Geschwindigkeit raste ein Rennrad über unseren kleinen Mops. Lea wurde unter den Reifen fast wörtlich zum Rollmops und hatte zwei fette Bremsspuren auf ihrem Pelz. Dies war der kurze zweite Akt. Der ignorante, idiotische Rennradfahrer (anders kann ich ihn nicht nennen, und ich entschuldige mich dafür auch nicht) stürzte in die Böschung. Dies zum dritten Akt.

Der kleine Vierbeiner aber raste geschockt und orientierungslos in den Wald. Und ich hinterher. Das war der Beginn des vierten Aktes. Leas Wege waren unergründlich und führten mich immer tiefer und tiefer ins Dickicht. Ich war so damit beschäftigt, den Hund zu finden, dass ich überhaupt nicht bemerkte, wie ich mir die nackten Füße im Dickicht aufriss. Da es warm genug war, hatte ich an diesem Morgen nichts Besseres zu tun gehabt, als Flip-Flops anzuziehen. Wer schön sein will, muss leiden, sagte mein Kopf zu meinen Füßen – und die verstanden es nicht.

Je tiefer ich in den dichten Wald kam, desto dunkler wurde es.

Plötzlich machte es bumm in und an meinem Kopf – ein dicker Ast holte mich von meinen Flip-Flop-Füßen und legte mich flach auf den Waldboden. Wo war bloß Lea? Ein schlechter Film lief vor meinen Augen ab: der arme Hund tief im Wald, verletzt, orientierungslos, herumirrend, zum falschen Zeitpunkt am falschen Ort eine Straße überquerend, während ein Auto…

Auf allen vieren kroch ich weiter durch den Wald, mein Kopf brummte wie ein Bienenschwarm, aber ich wollte mich klein machen, wollte Auge in Auge mit der kleinen Lea zusammentreffen.

Lange suchte ich auf den Knien kriechend, ich horchte, rief, lauschte – eine Menge Lärm machte ich, bis ich die Strategie änderte: verstecken und Ruhe bewahren! Der arme Hund sollte die Chance haben, sich zu bewegen und aus seinem Versteck zu kommen.

Die Rechnung ging auf – da, ein knackender Zweig, an einem Baumstumpf lag Lea, zusammengekauert und verängstigt. In dem Moment, als ich ein paar Zentimeter auf sie zu robbte, wich sie einen Schritt zurück, und das immer und immer wieder. Nach einer halben Ewigkeit hatte ich die Kleine endlich im Arm und trat den Rückweg an. Aber wo war der Rückweg, und welches war jetzt unsere Richtung? Ich hatte keine Ahnung, wo ich war, bei den Pfadfindern hatte ich nie vorgesprochen. Es war schon spät, die Sonne war untergegangen und vor lauter Bäumen konnte ich weder Mond noch die Sterne am Himmel sehen.

Endlich fand ich einen Waldweg, der uns beide zurück an den Ort des Geschehens brachte, wo das aufgeregte Frauchen Anne besorgt wartete. Zusammen brachten wir Lea in eine Tierklinik, um sie untersuchen und röntgen zu lassen. Wir hatten Glück – keine inneren Verletzungen bei unserer Mops-Darstellerin. Vorläufiges Ende des vierten Aktes.

Der fünfte Akt war es nun, sie wieder auf den Film vorzubereiten. Diese zusätzliche, schier unerfüllbare Herausforderung hätte kein Mensch, und ich schon gar nicht, gebraucht. Lea verknüpfte nämlich den Unfall mit meiner Person, den irren Radfahrer hatte sie gar nicht wahrgenommen. In dem Moment, wo ich sie beim Training auf dem Waldweg für eine gut gemachte Aufgabe belohnen wollte, war es geschehen. Deswegen brachte sie den Schock und den Schmerz mit mir in Verbindung und hatte nun Angst vor mir. Ich musste dringend das Vertrauen der kleinen Mopsdame zurückgewinnen, und das bis zum ersten Drehtag!

Mit sehr viel Fingerspitzengefühl konnte ich ihr die Angst von Tag zu Tag immer ein Stückchen mehr nehmen. Während des Trainings war sie Feuer und Flamme, ganz wie zuvor, und je intensiver sie arbeitete, desto mehr vergaß sie ihr Trauma und fand ihr Vertrauen zu mir wieder. Jeden Morgen jedoch, wenn ich die kleine Mopsdame zum Training abholte, versteckte sie sich hinter ihrem Frauchen. Das schnürte mir jedes Mal das Herz zusammen. Doch je mehr wir beide miteinander arbeiteten, umso schneller fand Lea mich beim morgendlichen Wiedersehen auch wieder akzeptabel. Sie fasste Vertrauen und erinnerte sich vorsichtig daran, dass ich doch derjenige bin, der mit ihr spielt und immer eine Belohnung in der Tasche hat. Doch ein Hund mit Dickschädel vergisst nie, niemals!

Durch ihre engagierte Tätigkeit am Set vergaß sie ihre Angst schließlich komplett, und die Filmaufnahmen wurden ein Riesenerfolg. Die Mopsdame avancierte zum Liebling des ganzen Teams.

Das traurige Nachspiel: Gegen Lea wurde Klage erhoben. Das komplette Gericht, Anwälte, Zeugen und der ganze Verwaltungsapparat mussten in Szene gesetzt werden, da der rasende Radfahrer doch tatsächlich der Meinung war, Schmerzensgeld einklagen zu können – von einem Mops, und dafür, dass er un-

versehrt geblieben war! Lea wurde zur »Sache« und da eine Sache keine Rechte hat, standen ihre gesundheitlichen Umstände gar nicht zur Debatte. Dem rücksichtslosen Radfahrer wurde, dank einer umsichtigen und menschlichen Richterin, kein Schmerzensgeld zugesprochen.

Trotzdem, ein schaler Nachgeschmack bleibt: Warum in aller Welt sind Tiere vor dem Gesetz nur eine »Sache«? Wissen Sie warum? Ich weiß es nicht.

Tiere im Film?
Ist das tiergerecht?

Im vorletzten Jahrhundert wurden auf den Jahrmärkten in Schaubuden neben allerlei Kuriositäten auch optische Täuschungen präsentiert. Besonders beliebt waren Daumenkinos oder dreidimensionale Fotos. Im 20. Jahrhundert wurde der Film zur wichtigsten Visualisierungsinstanz. Aus den frühen Daumenkinos und dreidimensionalen Fotos wurden Filmvorführungen, die die Menschen anzogen wie das Licht die Motten. Kinos wurden erfunden und die Filmindustrie wuchs unaufhaltsam. Schnell wurde erkannt, dass die Tier-Mensch-Beziehung sehr gut zu vermarkten ist und große, gewinnträchtige Zuschauerzahlen garantierte. Mehr und mehr Tiere bevölkern bis heute Film- und Fernsehproduktionen. Auch aus Zeichentrickfilmen, wie den unvergessenen Disney-Produktionen »Bambi«, »Susi und Strolch«, »Das Dschungelbuch«, »Aristocats«, »Bernhard & Bianca« oder »Der König der Löwen«, sind sie nicht mehr wegzudenken.

Wie ist es mit lebendigen Filmtieren? Hier habe ich eine sehr klare Haltung: Sie trainieren die Aufgaben, die ihnen das Drehbuch stellt, mit ihrem Trainer und sind dadurch beschäftigt und ausgelastet. Sie kommen nicht auf »dumme Gedanken«, ihren Frauchen und Herrchen behilflich zu sein und eifrig den Garten umzugraben, Kissen zu entleeren, Tapeten zu entfernen, Stühle anzukauen und sonstige Hilfstätigkeiten anzunehmen. Dass das nur für Hunde gilt, ist weit gefehlt – Meerschweinchen, Papageien, Katzen, aber auch Pferde und Kühe können wie bereits beschrieben in ihrem Alltag Langeweile entwickeln und darauf durchaus kreativ reagieren. Ein sinnvolles Training tut daher beiden Seiten gut. Am Filmset kann das gut beschäftigte und geübte Tier dann zeigen, was es gelernt hat, und dieses Erfolgserlebnis stärkt sein Selbstbewusstsein.

Hört sich das für Sie nach Vermenschlichung an? Ein Tier, das Probleme mit dem Selbstbewusstsein hat? Mangelndes Selbstbewusstsein entwickelt sich durch fehlende Anerkennung, und das nicht nur bei uns Menschen. Vielleicht verstehen Sie das noch bei dem gelangweilten Schoßhund, aber was ist zum Beispiel mit dem Elefanten, den man ja auch in Ruhe durch die Savanne spazieren lassen könnte? Für ihn gilt das Gleiche, soweit wir es mit einem Tier zu tun haben, das nicht mehr in der freien Wildbahn lebt. Meine Filmelefanten beispielsweise werden nicht aus der Savanne mit dem Helikopter eingeflogen, sondern ganz unspektakulär von einem Gnadenhof für Elefanten mit dem Transporter gebracht. Als Rentner wurden sie aus dem Zirkusbetrieb genommen, um auf einem schönen Fleckchen Erde sesshaft zu werden. Und trotzdem freuen sich die Dickhäuter immer mal wieder über einen kleinen Filmeinsatz! Sie genießen den Applaus und die Aufmerksamkeit vergangener Tage.

Müssen wir die Tiere vor uns schützen?

Unser Gewissen und die daraus resultierende Art, die Welt wahrzunehmen, entscheidet darüber, wie wir mit unseren Mitmenschen, unserem eigenen Leben und selbstverständlich auch mit den Tieren dieser Erde umgehen. Jeder Mensch empfindet anders über die Art und Weise, wie Tiere gehalten, beschäftigt und integriert werden sollten. Das Tierschutzgesetz soll die Tiere schützen, vor den vielen unterschiedlichen menschlichen Auffassungen von Tierhaltung und den damit verbundenen Konsequenzen. Das heißt nichts anderes als: Wir schützen die Tiere vor uns selbst.

Das eine Extrem unserer Gesellschaft vermenschlicht das Haustier regelrecht und stellt es auf eine Ebene mit den menschlichen Familienmitgliedern, während das andere Extrem alles tut, um mit den Nutztieren in großen Industriebetrieben den höchstmöglichen Profit zu erzielen. Versklavte Tiere, die nur einen Wert durch Gewinnerwirtschaftung darstellen. Dazwischen gibt es Unmengen Graustufen unterschiedlichster Tierhaltung, die mehr oder weniger im Sinne des Tieres praktiziert wird. Können wir der berechtigten Forderung nach einer artgerechten Tierhaltung überhaupt gerecht werden? Mit unseren Haus- und Nutztieren fällt uns das bekanntermaßen sehr schwer. Aber auch die Wildtiere beeinflussen wir mehr, als uns oft bewusst ist. Wir verknappen ihren Lebensraum, und das nicht allein durch Industrie und Besiedelung.

Die Axt im Walde

Gern tummeln wir Zweibeiner uns in den Bergen, selbst im tiefsten Winter ist die Natur nicht sicher vor uns. Mit polarfesten Winterjacken und Schuhen stapfen wir durch sämtliche Bergketten und Gebirge dieser Erde. Es kommt uns nicht in den Sinn, dass dies der Lebensraum unzähliger Tiere ist, die wir durch unsere laute Anwesenheit und unser unsensibles Eindringen in ihre Reviere nicht nur in Habachtstellung versetzen, sondern oft regelrecht in Panik. Die Herde Rotwild, die wir völlig unnötig aufschrecken, sehen wir meist gar nicht

und wenn, sind wir fasziniert von der Schönheit und ursprünglichen Wildheit, die uns da begegnet. Dass die Tiere durch
die Flucht vor der vermeintlichen Gefahr Mensch in der mit
Schnee überzogenen, rauen Berglandschaft wichtige Energie
verlieren, die sie zum Überleben dringend benötigen, und dass
dadurch die Schwächsten der Herde in Lebensgefahr geraten,
fällt uns dabei nicht auf und auch nicht ein. Nein, wir verbrauchen die letzten Kraftreserven der Tiere, indem wir uns wie die
sprichwörtliche Axt im Walde benehmen.

Und warum tun wir das? Wir haben zu viel Energie, die nirgends mehr in unserem Alltag abgefragt wird. Wir haben zu
wenig Verwendung für unsere Abenteuer- und Actionhor-
mone. Also quält uns die Frage: Wie werden wir bloß unsere
überschüssige Energie los, wir unbeschäftigten Menschen, damit wir uns mal wieder ausgeglichen und entspannt fühlen
können? Da wir weder frieren noch hungern müssen und zu
jeder Tages- und Nachtzeit mit hochwertiger Nahrung versorgt sind, brauchen wir einen sportlichen Ausgleich, sonst
werden wir unzufrieden, nörgelig und nicht zuletzt fett.

Wir befinden uns in einem Teufelskreis, der unser grundsätz-
liches Streben nach mehr – mehr Ansehen, mehr Besitz, mehr
Jugendlichkeit, mehr Erlebnis – unterstützt. Doch werden wir
satt dabei? Wirklich ausgeglichen? Wirklich glücklich? Viele
propagieren mittlerweile einen anderen Weg als den, wie ein
Wahnsinniger einer gelben Filzkugel nachzujagen oder das
Höher-Schneller-Weiter in die letzten versteckten Winkel
der Bergwelten zu tragen. Langsamer, ruhiger, achtsamer – so
könnte es eher etwas werden mit der Ausgeglichenheit. Wenn
wir uns ab und an die Zeit nehmen, die eigene Umgebung bewusst zu beobachten, die Schönheit des eigenen Lebensrau-
mes wahrzunehmen, setzen wir unserem vollgepackten Alltag etwas entgegen. Aus einer solchen Ruhe heraus finden wir
dann auch viel leichter die Aktivitäten, die wirklich zu uns pas-

sen und uns erfüllen. Wie wäre es mit mehr Zuwendung für die Familie und/oder die Tierfamilie? Wir könnten eigene Talente, die der Mitmenschen oder die unserer Tiere entdecken und fördern. Das wiederum wird uns dann vielleicht auch zu einem immer verständnis- und achtungsvolleren Umgang mit der Tierwelt und der Natur führen. Wir erkennen, was uns zuvor verwehrt blieb: Wir sind ein Teil der Natur.

Regisseur und Tiertrainer: Ein Fachidiot trifft auf den anderen

Am Set liegt es an jedem Trainer, wie er mit seinen Tieren umgeht. Ich verstehe mich selbstverständlich auch als Beschützer der Tiere. Ich werde nicht nur engagiert, um die Tiere für die Aufgaben des Drehbuchs vorzubereiten, sondern auch, um verwegene Ideen der Regie im Sinne des Tieres und seiner realen Möglichkeiten umzusetzen. Ich kann nicht voraussetzen, dass die Regie weiß, was für den tierischen Darsteller zumutbar ist. Ich bin es, der wissen muss, was das Tier freiwillig zu geben bereit ist, und muss seine Leistungen dem Talent entsprechend abrufen. Ein Gewichtheber wird trotz intensivem Sprintertraining immer als Letzter seinen schweren Körper über die Ziellinie wuchten. Der Kugelstoßer wird nie als Hochspringer erfolgreich sein. Ein russischer Windhund wird mit Sicherheit das Rennen gegen einen kurzbeinigen Vertreter der Rasse Dackel gewinnen. Und ich als Tiertrainer werde mich nie bei der Regieführung und dem anschließenden Schnitt des Filmes einmischen.

Bühne frei für die Regiebesprechung! Der Regisseur schildert seine Vorstellungen: Das Pferd hat tot zu sein, während es nach einer Explosion in einem Tunnel auf dem Asphalt liegt – Ideen der Regie eines neuen »Polizeirufs«. Die Vorstellung eines anderen Regisseurs: Das Rehkitz liegt bewegungslos auf der Straße, obwohl ein Auto heranfährt. Da es sich bei Pferd und Reh um Fluchttiere handelt, ist das Wort »schwierig« eine absolute Untertreibung. Interessant war auch der Plan einer Regisseurin, die doch tatsächlich vorhatte, eine Katze auf zwei Beinen laufen zu lassen. Manchmal soll auch ein Schwein schwimmen… Ein nimmer endendes Thema, virtuose Einfälle gehen Drehbuchschreibern und Regisseuren nie aus, zum Glück.

Gemeinsam finden Regie und Tiertrainer schließlich immer einen gangbarenWeg. Ich biete alternative Vorschläge an, wenn eine Vorstellung der Regie an den Möglichkeiten des Tieres vorbeigeht, ob anatomisch, aus Verhaltensgründen oder weil es für das Tier zu gefährlich werden kann. Bleiben wir bei den genannten Beispielen: Mit viel Vertrauen und natürlich mit einem intensiven Training kann ich ein Pferd dazu bringen, dass es sich hinlegt und auch regungslos liegen bleibt. Unmöglich ist das allerdings auf Asphalt. Und kein Weg führt dahin, dass es während und nach einer Explosion liegen bleibt, wenn zudem völlig verstörte, aufgeschreckte, schreiende Schauspieler und Komparsen herumlaufen. Ein Rehkitz würde sich nie auf eine Straße legen, solange eine Vielzahl hektischer Filmleute umherwuseln, und auf keinen Fall würde es still liegen bleiben, wenn dann auch noch ein Auto näher kommt. Im Fall Rehkitz gab es folgende Lösung: Das Kitz musste sich nicht mehr hinlegen, wir haben es in einen kleinen eingezäunten Bereich, der durch die Kameraeinstellung allerdings nicht als solcher zu sehen war, auf die Straße gestellt. Zwar hat Bambi auf das heranfahrende Auto reagiert, es ist jedoch nie aus dem Bild gelaufen. Ja, und die Katze, die fortwährend auf zwei Beinen herumläuft, die gibt es nur im Märchen »Der gestiefelte Kater«. Ich konnte die Regisseurin überzeugen, den Katzeneinsatz auf einen Meter aufrechten Katergang zu reduzieren. So habe ich meinem Superkater Silvester für immerhin die-

sen einen Meter das aufrechte Gehen beigebracht. Im Fall des schwimmenden Schweins konnte ich nichts für den Regisseur tun, denn für ein Hausschwein ist es anatomisch nicht möglich zu schwimmen, der Körper ist schwer und kompakt, der Hals fehlt und somit ist der Kopf nicht über Wasser. Ganz im Gegensatz dazu schwimmen die wilden Verwandten recht passabel, da sie einen ausgeprägteren Hals und einen leichteren Körper haben.

Niemals übrigens würde ich einer Katze zumuten, ins Wasser zu springen oder vom Wasser bedroht zu werden. Das Tier hätte von diesem Augenblick an nie wieder Lust, an einem Film-Set tätig zu werden, denn es würde sein unfreiwilliges Bad unweigerlich damit in Verbindung bringen. Auch ein Tier, das laut Drehbuch getreten werden soll, hätte dafür gar kein Verständnis. Ein wichtiger Bestandteil meiner Arbeit in solchen extremen Fällen ist es, in der Vorbereitungsphase eine Schleuderpuppe anfertigen zu lassen, die einem beweglichen Stofftier ähnelt und in Farbe und Größe dem Filmtier gleicht. In der Szene, in der das Tier getreten wird und dazu möglichst noch durch die Luft wirbelt, hat das echte Tier Pause, die Schleuderpuppe ist der Prügelknabe. So schütze ich das Tier vor unzumutbaren Aufgaben, schone meine Nerven und die der Regie. Auch das ist wichtig!

Die Katze im Sack

Eines Tages musste Corinna Harfouch für einen »Bibi Blocksberg«-Film, in der Rolle der bösen Hexe Rabia, mit einer Katze im Rucksack, gesichert durch ein Stahlseil, einen Bergbach, den sogenannten Teufelssteg, durchschwimmen. Daraus wurde ein besonderer Schrecken, der der Katze – ich sage es gleich vorweg – nichts anhaben konnte, denn im Rucksack war nur eine Katzenattrappe, eine Puppe.

Katzen und Wasser passen nun einmal nicht wirklich zusammen. Kaum eine Katze würde freiwillig ihre Samtpfoten ins Wasser setzen. Das ist auch der Grund, weshalb in den Tierparks die Freigehege von Raubtieren oft durch einen Wassergraben gesichert sind. Haben Sie schon einmal eine Katze hektisch paddelnd im Wasser erlebt, wenn sie unglücklicherweise vorsätzlich oder versehentlich in dieses ungeliebte Element geriet? Dann können Sie sich vorstellen, wie sie sich fühlen würde, wenn sie im Rucksack, auf dem Rücken eines Menschen, einen Fluss durchqueren müsste. Corinna hin, Corinna her, selbst eine Superfrau wie sie ändert nichts an der Todesangst, die eine Katze zu erleiden hätte, wenn man ihr dieses Abenteuer antäte.

Würde ich diese Tatsachen missachten und die Katze trotzdem in den Fluss schicken, wäre die Konsequenz daraus, dass das Tier alles, was an diesem Drehtag vorfällt, negativ für sich verbuchen würde. Für den kleinen Tiger wäre der komplette Tag im Eimer! Nicht nur das Wasser an sich, sondern auch die Autofahrt an den Drehort, alle Utensilien dort, die Darstellerin, der Transportkorb und vermutlich auch mich selbst würde die Katze fortan ablehnen oder zumindest äußerst kritisch betrachten. Und wenn Katzen sich einmal etwas in den Kopf gesetzt haben, ist das nicht mehr so schnell zu ändern!

Ein gutes Gedächtnis ist in diesem Fall leider nicht von Vorteil. Es würde bedeuten, dass dieses Tier nie wieder mit hoch erhobenem Kopf ein Set betreten würde und die Film- und Fernsehkarriere somit ein jähes Ende fände. Denn auch für Tiere bedeutet der Einsatz vor der Kamera, telegen zu sein – und das geht nur mit einer freudig selbstbewussten Ausstrahlung. Neben all dem technischen Know-how ist bei der Arbeit mit Tieren wie so oft viel Gefühl gefragt, um die richtigen Entscheidungen »pro Tier« zu treffen. Und diesmal entschied ich klar: Die Katzen bleiben trocken.

Corinna Harfouch bringt übrigens sehr viel Gefühl und Geschick im Umgang mit ihren vierbeinigen Kollegen mit. Wenn sie am Set die Katzen entdeckte, kam sie mit leuchtenden Augen zum Schmusen vorbei.

Die Wasserszene absolvierte sie nun mit der Katzenpuppe. Vor dem Dreh regnete es vierundzwanzig Stunden am Stück wie aus Kübeln. Der bis dahin romantisch plätschernde Bach war schon zum reißenden Gebirgsbach angeschwollen, als sich Corinna im schweren Hexen-Kostüm in die Fluten stürzte. Und plötzlich passierte es: Die Darstellerin wurde von einem Strudel in die Tiefe gezogen. Ich stand mit den anderen starr vor Schreck am Ufer und musste zusehen, wie die Schauspielerin um sich schlagend gegen die Wassermassen um ihr Leben kämpfte. Der Aufnahmeleiter brüllte, dass niemand hinterherspringen sollte – es wäre auch sinnlos gewesen, jeder von uns hätte nur ein weiteres nach Rettung schreiendes Opfer abgegeben. Die Zeit schien stillzustehen! Sekunden wurden zu Stunden. Corinna war schon kopfüber im Wasser verschwunden, nur noch ihre Füße ragten aus dem aufgewirbelten Strudel, wild strampelnd – und mit einem Mal waren auch sie still. Sie war mit einem Seil gesichert, ohne dieses Seil wäre sie wahrscheinlich einfach davongetrieben und hätte sich ans Ufer retten können. Aber so hing sie fest, mit dem Kopf nach unten im Strudel, bewegungslos. Ein furchtbares Bild, das ich nie vergessen werde.

Der Stuntman, der bei dieser Szene assistieren sollte und im Neoprenanzug bereitstand, war sofort hinterhergesprungen und schaffte es, die leblose Corinna Harfouch aus den Fluten zu ziehen. Der tapfere Retter kam mit einem gebrochenen Fußgelenk davon.

Endlich setzte am Set wieder die Routine ein. Immer, wenn Stunts gedreht werden, steht ein Notarztwagen bereit. Sofort wurde die Hauptdarstellerin ins nächste Krankenhaus gefahren. Corinnas Schutzengel war zur richtigen Zeit am richtigen Ort. Schon nach drei Tagen Intensivstation war die tapfere Darstellerin wieder am Set, ein Voll-Profi eben, absolut bewundernswert. Und schon wieder musste sie Wasser ertragen. Dieses Mal stand sie im Moor, in einem strömenden Filmregen, der aus Feuerwehrschläuchen auf sie herabprasselte. Im Gegensatz zu den Mitgliedern im Team, die live erleben mussten, wie die Hauptdarstellerin um ihr Leben kämpfte, hatte Corinna überhaupt keine Erinnerung an das dramatische Geschehen behalten. Vielleicht gehörte das auch zum gut ausgeführten Job des Schutzengels?

Natürlich wusste die Presse bereits einen Tag nach dem Unfall Bescheid, wenn sie auch wieder einmal nur die halbe Wahrheit verbreitete, nämlich dass die Hauptdarstellerin zusammen mit »ihrer« Katze fast ertrunken wäre. Einige Blätter berichteten sogar, dass die Katze mit dem Leben bezahlt hätte. In Wahrheit hat unsere Katzenpuppe die Wasserschlacht von allen Beteiligten am besten überstanden, sie ist einfach nur nass geworden. Nach einem Kurzprogramm »waschen, föhnen, legen« war sie wieder bis in die letzte Haarspitze gestylt und einsatzbereit. Ich war sehr glücklich, dass ich der Regisseurin gewissermaßen die Katze im Sack hatte verkaufen können.

Old Shatterhand und das Kanu

Gefährlich kann das Filmen allemal sein. Für den ZDF-Mehrteiler »Zwei Ärzte sind einer zu viel« stand Hund Fredy nach der Erfahrung als Welpe auf Ibiza am Anfang seiner Karriere zusammen mit dem sympathischen Elmar Wepper und einer Grande Dame des deutschsprachigen Filmes, Christiane Hörbiger, vor der Kamera. Was noch niemand ahnte: Im wunderschönen Tegernseer Tal bahnte sich eine Katastrophe an. Aber lassen Sie mich von Anfang an erzählen: Alle Jahre wieder

heißt es bei Serien, sich mit dem gleichen Ensemble zu treffen und die Fortsetzung der Fortsetzung von der Fortsetzung zu drehen – ein vertrautes Hand-in-Hand-Arbeiten, das meistens mit Erfolg belohnt wird.

Auch diese Produktion lief seit Jahren schon erfolgreich. Die ersten Jahre war Paula, eine Cousine von Fredy, der Hundestar. Als sie leider mit fünfzehn Jahren taub wurde, übernahm Fredy die Rolle des Dr. Katz. Der unwiderstehliche Rüde spielte seinen Part mit Engagement und viel Freude. In diesem Mehrteiler gewann Fredy an Routine und sammelte für seine zukünftige Karriere jede Menge an Erfahrung.

Frau Hörbiger ist Hunden gegenüber etwas unsicher, ob das mit dem Dobermann für »Alma Mitterteich«, mit Paula und Fredy im Tegernseer Tal oder mit einem Rottweiler in »Der Besuch der alten Dame« nach Dürrenmatt war. Zu Recht fragen Sie sich vielleicht, ob das wirklich sein kann, da sie doch in Dürrenmatts »Alter Dame« gefühlte zwei Drittel des Filmes einen riesigen, stattlichen Rottweiler an der Leine hat. Christiane Hörbiger ist eine Schauspielerin mit Leib und Seele und wenn sie den leibhaftigen Teufel an der Leine führen müsste, sie würde es perfekt machen.

Nun kam der Kanutag, der Schicksalstag der Dreharbeiten in den bayerischen Bergen: Das Drehbuch schrieb für Elmar Wepper eine Kanuszene am Tegernsee vor. Verkleidet als Old Shatterhand sollte er in See stechen und fleißig paddeln. Die Aufnahmen wurden von einem Helikopter aus gefilmt. Da möglicherweise gefährliche Szenen gedoubelt werden, saß nicht Elmar Wepper im Kanu, sondern sein Double. Das Kanu kenterte, niemand weiß bis heute warum, der Stuntman stürzte dabei ins Wasser und versank vor aller Augen langsam in den Fluten des eiskalten Sees. Später stellte sich heraus, dass er einen Herzinfarkt erlitten hatte und sofort tot war. Die Dreharbeiten wurden unterbrochen und auf unbestimmte Zeit verschoben. Eine ungeheuer tragische Wendung für eine so unterhaltsame Serie.

Wer stiehlt wem die Show?

Schmunzelnd erinnere ich mich an die Tänzchen, die der Schauspieler Sebastian Koch im bayerischen Alpendrama »Tauerngold« mit der lustigen Maulesel-Dame Dana vollführte. Er konnte zu Dana kein Vertrauen fassen und ihr daher auch keines zur Verfügung stellen. Da ist der Hund schon eine etwas einfachere Aufgabe, die von fast allen Schauspielern mit Freude und Engagement gemeistert wird. Aber die Rollen haben oft etwas anderes zu bieten. Der Komiker und Schauspieler Tom Gerhardt beispielsweise staunte nicht schlecht, als ich mit Karim, einem beeindruckenden Kamelhengst, mitten in Schwabing für die Filmaufnahmen zu »Hausmeister Krause« auftauchte. Der zurückhaltende, etwas schüchterne Tom hatte unglaublich viel Spaß mit Karim, sollte ihm doch nach einem feucht-fröhlichen Abend im Dackelclub eine Fata Morgana in Form eines Kamels erscheinen, und das direkt vor seiner Tür auf dem Hausflur. Angeheitert wie er war, versuchte er, einmal unter und einmal über Karim zu klettern. Eine Szene, zum Brüllen komisch.

Mit dem Bullen von Tölz, wie immer »gewaltig« besetzt mit Ottfried Fischer, veranstaltete ich am Catering ein Wettessen, Ratte Dumbo saß auf meiner Schulter. Was meinen Sie, wer von uns dreien hat diesen Wettkampf wohl gewonnen? Also Dumbo war es nicht. Die fröhliche Heike Makatsch konnte in »Dr. Hope« mit meinem Kater Cash regelrecht um die Wette schnurren, und rührend war es zu beobachten, wie liebevoll Jan Fedder, den alle aus dem »Großstadtrevier« kennen, meinen kleinen Katzenbabys die Flasche gab. Selbst in der Dreh-

pause ließ er es sich nicht nehmen, sich weiter um die drolligen Katzenkinder zu kümmern, er ließ sie nicht mehr aus den Augen und ich hatte einen Helfer mehr bei den Dreharbeiten zur »Göttlichen Sophie«.

Helen, Fred und Ted

Auch Schauspieler sind neugierig, ganz besonders auf ihre tierischen Filmpartner. Es kommt vor, während mir der Aufnahmeleiter einen Parkplatz am Set zuweist, dass schon ein Schauspieler erwartungsfreudig vor dem Wagen steht und neugierig durch das Autofenster schaut, wie denn wohl sein tierischer Filmpartner so ist. Schon Monate zuvor hat der Darsteller erfahren, um welches Tier es sich handelt, und jetzt, so es da ist, will er es unbedingt kennenlernen. So war es auch, als ich für den zweiteiligen Fernsehfilm »Helen, Fred und Ted« am Set eintraf. Die Hauptdarsteller standen aufgereiht, zufällig so wie es der Titel vorgibt, am Wagen, um die beiden Hunde zu sehen, die für diesen Film engagiert waren. Andrea Sawatzki, Friedrich von Thun und Christian Berkel, der in der jüngsten Stauffenberg-Verfilmung »Operation Walküre« neben Tom Cruise spielte. Bei »Helen, Fred und Ted« stimmte einfach alles: das Drehbuch ebenso wie das hochkarätige Schauspielerteam, das von der talentierten Regisseurin Sherry Hormann professionell durch diese augenzwinkernde Geschichte über Normale, Wahnsinnige und solche, die es werden wollen, geführt wurde. Nun fehlte noch das Tüpfelchen auf dem i, das, was oft das Salz in der Suppe ist: die Tiere. Lola, unnachahmlich süß, aus Ungarn angereist und zum Liebling aller erkoren, in ihrem viel zu großen rehbraunen Welpenfell, und einer der genialen Urenkel von Pelzchen, Gentleman Flaucher, der sich als Partner von Andrea Sawatzki an deren Fersen heftete. Die sympathische Andrea harmonierte wunderbar mit Flaucher. Friedrich von Thun hatte das Vergnügen, mit Lola zu arbeiten. Seine Augen glänzten, als ich ihm die zehn Wochen alte Vizslahündin vorstellte. Hier stimmte die Chemie zwischen Tier und Schauspieler vom ersten Moment an, selbst nach Drehschluss wollte man sich gar nicht von den Vierbeinern trennen. Auch die Hunde haben sich intensiv auf ihre menschlichen Partner eingelassen, ein wahres Vergnügen für mich, das zu beobachten. Diese acht Wochen Drehzeit waren wie im Flug vorbei, und möglicherweise hat Herr von Thun mittlerweile einen eigenen Hund. Danke an dieses Team, auch von Lola und Flaucher!

Liebe auf den zweiten Blick

Nicht immer ist es pure Freude, wenn Darsteller und Tier sich treffen. Es können Unsicherheiten mitspielen und natürlich auch eine Spur Angst. Diese Mischung aus Furcht und Vorfreude muss ich, insbesondere wenn mit Kindern gedreht wird, richtig einschätzen. Beim 2010 gedrehten Kinder-Weihnachtsfilm »Als der Weihnachtsmann vom Himmel fiel« war ich für die Aufnahmen mit Freya, einer reizenden Rentierdame, im Salzburger Land unterwegs. Die Kinder, die im Film mit dem Rentier arbeiteten, konnten es kaum erwarten, dieses Weihnachtsmann-Tier endlich zu sehen und anzufassen. Ich ließ sie das Trubel durchaus gewohnte Tier erst mal füttern. Kleine Kartöffelchen und bestimmte Flechten mag Freya am liebsten. Als es dann vor die Kamera ging, waren die Kinder mit dem Tier so vertraut, dass sie weder ängstlich noch zu euphorisch reagierten.

Mit Rentieren ist das übrigens so eine Sache: Sollten Sie den Wunsch haben, mit so einem Vertreter der Tierwelt zu kuscheln, so muss ich Sie enttäuschen. Rentiere sind brav und durchaus an der Erfüllung einer Aufgabe interessiert, jedoch sind es keine Kuscheltiere, auch wenn uns die amerikanische

Weihnachtswerbung etwas anderes vorgaukelt. Sie würden Ihren Liebling ohnehin bald nicht wiedererkennen: Das jährlich neu nachwachsende Geweih hat jedes Mal eine andere Form.

Auch die Filmcrews freuen sich tierisch auf die Filmtiere. Oft ist so ein Team wochenlang auf engstem Raum zusammen, fern der Heimat arbeiten sie alle Tag für Tag Hand in Hand. Tiere und andere Sensationen sind da immer eine willkommene Abwechslung, die frischen Wind in die eingefahrenen Abläufe bringt. So werden die Tiere vom Team liebevoll aufgenommen und verwöhnt – und ich meist gleich mit. Ein Gefühl der Zusammengehörigkeit macht sich schnell breit, nicht umsonst sprechen wir von unserer großen Familie der Filmschaffenden.

Profis bei der Arbeit

In erster Linie ist das Filmtier nicht darauf angewiesen, dass der Schauspieler mit ihm kooperiert. Der Grund liegt in der Ausbildung des Tieres. Ich kann mich nicht auf die Tierfreundlichkeit eines jeden Schauspielers verlassen, und ganz nebenbei hat dieser ja noch seinen Job zu bewältigen. Ein Schauspieler spielt, spricht, schreit, lacht, stottert, weint, agiert körperlich, hat den ganzen Text aus dem Drehbuch im Kopf und ruft diesen dann vor laufender Kamera ab, das erfordert abgesehen vom Können natürlich auch höchste Konzentration.

Das Tier dagegen erhält von mir Kommandos, um mit dem Schauspieler zu agieren. Mit einer Attrappe bringe ich dem Hund bei, die Interaktionen durchzuführen, unabhängig von der Person des Schauspielers und seinem Verhalten. Ob ich für das Training eine Schaufensterpuppe oder einen Kartoffelsack benutze, ist dem Tier egal. Sage ich »Zerr«, wird der Hund dort zerren, wo ich mit dem Finger hinzeige. Sage ich »Küss«, wird das Tier dort schlecken, wo ich hinzeige, das ist am Set meist das zuvor in der Maske sorgfältig geschminkte Gesicht eines Schauspielers.

Der Hund ist wohl das einzige Tier, das einen Fingerzeig mit einem Kommando verknüpfen kann. Aber natürlich muss ich auch die anderen Tiere vorbereiten. Um ein Huhn dazu zu bringen, auf Pfiff zu hören, trainiere ich das mit einem universal klingenden Pfiff, und dem folgt es – egal wer pfeift. Ich präge das Küken schon im Ei und pfeife in der Brutphase von draußen auch gern mal den Radetzkymarsch. Katzen motiviere ich während des Trainings mit Futter, und genau dieses Futter finden sie bei den Schauspielern wieder, wenn es am Set »um die Wurst« geht.

Bei manchen Schauspielern ist es für mich sogar Gold wert, wenn sie nicht mit dem Tier in Kommunikation treten, da sie durch den Umgang mit dem tierischen Kollegen den vielbesagten Wurm in meine Arbeit bringen würden. Ein dominantes »Nein« aus der geschulten Kehle des Schauspielers kann das Tier schnell verunsichern und deshalb seine Rolle verhaltener spielen lassen als von der Regie gewünscht. Manchmal ist es wiederum sehr hilfreich, wenn ein Schauspieler mit dem Tier agiert. Speziell in Szenen, in denen die Tiere enger mit dem Darsteller interagieren sollen, ist eine Kontaktaufnahme für alle Beteiligten hilfreich.

Ich könnte an dieser Stelle eine lange Liste an Schauspielern aufzählen, die wirkliche Tierfreunde sind und mit einer professionellen Natürlichkeit ihre Rolle zusammen mit dem Filmtier gespielt haben, sodass dieses noch stärker mit Feuer und Flamme bei der Arbeit war. Zu Freunden geworden waren beispielsweise Elvis, der weiße Riese, ein männlicher Pyrenäenberghund, und das komplette Ensemble der ARD-Vorabendserie »Powder Park«, allen voran Sebastian Ströbel, der mittlerweile die Hauptrolle in der RTL-Serie »Countdown«

spielt, Igor Jeftic, derzeit einer der beiden Cops der ZDF-Produktion »Die Rosenheim-Cops« und die Tochter des ewigen Lausbuben Hansi Kraus, Miriam Krause. Damit war eine zusätzliche Antriebsfeder für den großen, schweren Hund entstanden, seine zweibeinigen Schauspielerkollegen durch dick und dünn zu begleiten. Auch wenn dieser Herdenschutzhund nicht ganz an eine Kuh heranreicht, so fehlen ihm doch nur noch zwanzig Zentimeter, um die Schulterhöhe einer Hinterwälder Kuh zu erreichen – auch eine Tierart, die gern bereit ist, mit Schauspielern Freundschaft zu schließen, wobei sie ihnen allerdings manchmal im Eifer des Gefechts doch ein klein wenig zu nahe kommt.

Hinterwälder sind nicht gleich Hinterwäldler

Der Hinterwäldler ist uns allen bekannt, als Banause, Hohlkopf und Kulturbarbar. Die Hinterwälder dagegen kennt kaum jemand, doch ab heute wissen Sie Bescheid: Das eine kleine l nach dem d weggelassen, und schon wird ein Banause zu einer charmanten, klugen Kuh. Ich darf Sie bekannt machen mit Rehlein, meinem Rehlein, einer emanzipierten Kuh der Rasse Hinterwälder. Rehlein und ich haben zusammen Filmaufnahmen für die Vorabendserie »Die Rosenheim-Cops« bestritten. Rehlein kommt aus dem Hochschwarzwald und gehört einer der kleinsten Rinderrassen in Mitteleuropa an. Sie und die anderen Hinterwälder sind Relikte aus dem 19. Jahrhundert. Sie wurden damals ihrer Vielseitigkeit wegen gezüchtet. Da sich die Mehrzahl der Bauern in diesem Jahrhundert Ochsen und Pferde nicht leisten konnte, war ein pflegeleichtes Rundumsorglospaket gefragt: Milch- und Fleischlieferant, Traktor, Auto, Zentralheizung, Düngerproduzent und Landschaftsgärtner in einem! Die Attribute Widerstandsfähigkeit, Langlebigkeit (fünfzehn bis achtzehn Jahre, richtig gesund im

Vergleich zu der kurzen Lebenserwartung der heutigen hoch-spezialisierten Milchkühe), Gängigkeit, das heißt kooperatives Mitmachen, wenn sie am Strick oder Halfter geführt wird, Ausdauer, Zähigkeit und harte Klauen sind auch für mich auf der Suche nach einer Filmkuh sehr wichtig.

Die Ausbildung einer Filmkuh ist weit entfernt von der Ausbildung der Pfoten- und Tatzengänger. Auf dem Trainingsplan von Klauen- und Huftieren stehen das Gehen am Halfter, das Ziehen von Hängern und das Laufen im Gespann. Danach trainiere ich mit dem Filmnachwuchs die Tätigkeiten, die der Bauer früher »einen Acker bestellen« nannte. Dabei kommt es mir natürlich nicht darauf an, dass es auf dem Acker dann kräftig grünt und gedeiht – ich wüsste ja auch gar nicht wohin mit der Ernte –, sondern dass die Tiere alle Kommandos unter schwierigeren Anforderungen zuverlässig ausführen. Sie werden vor den Pflug gespannt, den ich mit meinem ganzen Körpergewicht von immerhin fünfundachtzig Kilo beschwere. Und so führe ich sie mit einem feinen Seil, das am Zaumzeug befestigt ist, durch den Acker. Dabei ist meine Stimme das wichtigste Hilfsmittel: »Rechts«, »links«, »zurück«, »vor«, »langsam«, »schnell«, »Stopp« und »Start« gehören zum Standardrepertoire. Ein Kopfschütteln oder -nicken auf Befehl ist für Kühe schon die hohe Schule und bedeutet einen respektablen Ausbildungsstand.

Wie schon in frühen Kindertagen beobachte ich die Tiere natürlich auch in ihrem Alltag. Bei jeder nicht ganz so gewöhnlichen Verhaltensweise wäge ich ab, ob sie in meinen Trainingsplan passen könnte. Bemerke ich beispielsweise, dass eine Kuh mit Leichtigkeit den Riegel der Stalltür öffnen kann, lobe ich dieses Verhalten und verknüpfe es mit einem Kommando – es scheint mir sinnvoll, eine Kuh mit solch einer Fähigkeit zu haben. In Zukunft kann ich das »Stalltüröffnen« immer wieder abrufen. Die Konsequenz im Alltag bedeutet dann ein zusätz-

Corinna Harfouch als Hexe Rabia in »Bibi Blocksberg«.

...migo, Bettina Zimmermann und Chris' Kollegin Christine.

Fredy im Film »Hundeleben«.

Rentier Freya aus »Als der Weihnachtsmann vom Himmel fiel«.

Früh übt sich – Huhn Helene und ihr Nachwuchs.

Charmins Wurf – zum Fressen süß!

Ensemble des Kinofilms »Hexe Lilli«.

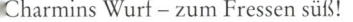

Fredy und Chris – ein Herz und eine Seele.

Wer ist der Größte, Stärkste und Grimmigste?

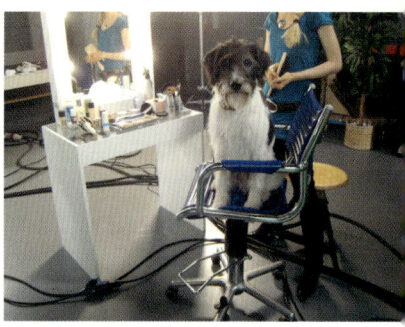

Fredy in der Maske.

Fredy auf dem Untersuchungstisch. Um ihn herum: Dominique Müller, Pascal Ulli und Mona Perti (v. l.) in »Hundeleben«.

Emus für den Kinofilm
»Verschwende deine Jugend«.

Mops Lea vor Drache Hektors Wohnwagen in »Hexe Lilli«.

Fredy mit Pink beim Diebstahl.

»Die Landärztin« – Hündin Pink vom Pegnitztal mit Christine Neubauer.

Ibiza: Welpe Fredy in den Armen von Tina Ruland.

Auf der Wiese mit Welpe Lola – Christian Berkel und Friedrich von Thun.

Das junge Pelzchen im Tierheim.

Frischling Luise – kleines Schwein ganz groß.

Alphawölfin Lupa mit Chris.

Hinterwälder Reitkuh Fanta.

Küken zu Besuch in der Küche.

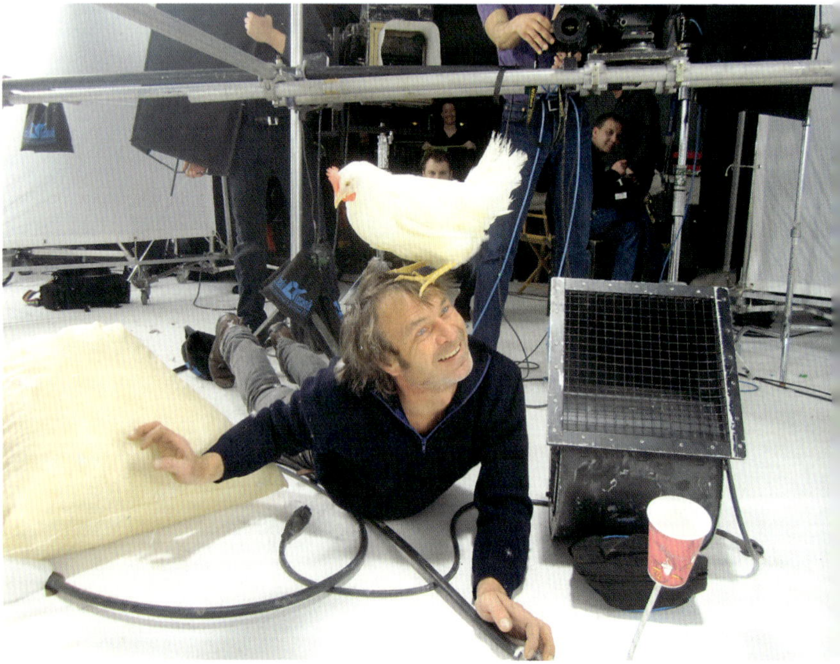

Huhn Gerda steigt zu Kopf – für einen Werbetrailer.

liches Vorhängeschloss an der Stalltür, damit die Kuh nicht allen Geranien den Garaus macht.

Rehlein hatte kein Interesse an liebevoll gepflanzten Blümchen und ließ sich begeistert auf ihre Rolle vorbereiten. Da auch eine liebe Kuh mal schlechte Laune hat, begleitete uns Beppo, Rehleins Sohn, als Double zu den Filmaufnahmen. Die Geschichte des Drehbuchs erzählt, dass Rehlein alias Resi geschlachtet werden soll, und kein Geringerer als Chefkommissar Korbinian Hofer, gespielt von der gemütlich gewichtigen Erscheinung Joseph Hannesschlägers, sollte sie zum Schlachthof fahren. Doch da kommt ihm sein Neffe zuvor: Der Dreikäsehoch entführt Resi in die wunderschönen bayerischen Berge auf eine Hochalm.

Tapetenwechsel! Gerade noch im geschäftigen München, finden wir uns eine knappe Stunde später bei strahlendem Sonnenschein auf einer spartanischen, noch einsamen Hochalm wieder. Über den Wolken scheint die Freiheit wohl grenzenlos – wie wahr! Wäre da nicht das vierzig Mann starke Filmteam, das die zweihundert Jahre alte Hochalm förmlich zum Wanken bringt und die ohnehin vom Aussterben bedrohte Ruhe jäh durchbricht. Um Rehlein nicht den ganzen Tag der heißen Sommersonne hoch oben auf dem Berg auszusetzen, war im Wechsel mit ihr Beppo im Einsatz. Ein übermütiger Kerl von zwei Jahren, der seine Auftritte ziemlich spannend gestaltete. In seinem jugendlichen Leichtsinn konnte er den Ernst seiner Aufgabe nicht recht einschätzen, er hatte Energie ohne Ende, hoppelte wild umher und tat immer den touch too much, der der geplagten Regie ein – nicht unbedingt aus der Begeisterung geborenes – »Nochmal, bitte« entlockte. Aber es war die reine Freude, seiner ungestümen Sorglosigkeit zuzusehen.

Ein schier lebensnotwendiges Utensil bei Aufnahmen mit Kühen und Pferden ist Autan, ein Spray gegen fliegende Nervensägen. Die berühmt-berüchtigten Pferdebremsen scheinen den ganzen Sommertag über nichts Besseres zu tun zu haben, als die armen Weidetiere zu nerven und ihnen das Blut auszusaugen. Aber nicht mit mir – die Anstaltspackung Autan verhindert, dass die anscheinend von Vampiren abstammenden Bremsen zum Ziel kommen. So entspannen sich die vierbeinigen Stars, und ich erreiche für sie die Komfortzone, in der sie den Schauplatz Drehort positiv besetzen und gut mitarbeiten. Zurück zum Drehbuch: Nachdem der gestrenge Onkel erlaubt hat, dass Resi am Leben bleiben darf, führt der kleine Neffe die brave Resi mitten durch Rosenheim City zurück nach Hause, out of Rosenheim quasi, auf den Spuren von Marianne Sägebrecht. Aber ganz so einfach gestaltet sich der Rückmarsch natürlich nicht: Wie es der Zufall will, ist gerade Wochenmarkt. Zum Leidwesen der Marktfrauen bedient sich Resi schnell mal hier und mal da an den verschiedenen Gemüseständen. Klar, wann ergibt sich für Resi schon mal eine solche Gelegenheit? Diese genüssliche Reise über den Rosenheimer Markt hat unübersehbare Folgen: Stände fallen um, Äpfel, Kohlköpfe, Pfirsiche, Trauben und Kartoffeln fliegen durch die Luft. Bumerang-Bananen schwirren vorbei, verschiedene Marktbesucher tragen Petersilie im Haar. Ich konnte mir als kleine Zwischenmahlzeit einen fliegenden, rotbackigen Apfel fangen. Das großartig inszenierte Durcheinander, verbunden mit einem schrillen Gekreische, lässt schließlich die Polizei in dieses Tohuwabohu eingreifen. Die Kuh Resi wird aufgrund ihres ungebührlichen Verhaltens vom Polizisten »Superschlau« Mohr verhaftet und abgeführt. Das scheint ihr allerdings völlig egal zu sein, es hat ihr sehr geschmeckt. Schnell wird noch ein verlockender grüner Salatkopf gemampft.

Mit einer Widerristhöhe von hundertfünfzehn Zentimetern und ganzen fünfhundert Kilogramm Körpergewicht ist das erwachsene Rehlein etwa ein Drittel kleiner als eine moderne Kuh und damit viel wendiger auf den engen Filmsets. Wen-

dig hin, wendig her, Rehlein entspricht trotzdem nicht ganz dem Bild einer federleichten Elfe. Das musste der supersympathische Max Müller, der den Polizisten Michael Mohr bei den »Rosenheim-Cops« verkörpert, leider schmerzhaft erleben. Bei der »Verhaftung« von Resi ist sie ihm nämlich auf den Polizistenfuß getreten. Fünfhundert Kilo auf einer menschlichen Schuhgröße 43, uups, das ist dann doch eine Menge. Und es tut richtig weh! Max lief kalkweiß an, der Schweiß trat ihm auf die Stirn, dann wurde sein Gesicht puterrot, und er fluchte in seinem Wienerisch wie ein Fiaker.

Emsige Mitarbeiter aus der Kostümabteilung schnitten dem charmanten Darsteller währenddessen den Schuh vom Fuß, da dieser mittlerweile eher einem Klumpfuß ähnelte. Schnell warf der Arzt einen Blick auf dieses arme Körperteil, behandelte es kurz – und schon stand der tapfere Max wieder vor der Kamera, die es einfach vermied, seinen verbundenen dicken Fuß im Bild zu zeigen. Immer wieder stelle ich mit Verwunderung und vor allem Hochachtung fest, dass ein Großteil der Schauspieler durchaus mit den Attributen der Hinterwälder Kühe mithalten kann: Ausdauer, Zähigkeit und harte Klauen!

Kühe, die Philosophen der Tierwelt

Da wir gerade bei der Verwandtschaft von Mensch und Tier sind: Es ist mir ein Bedürfnis, an dieser Stelle ein paar Worte zum Leben unserer Nutztiere zu verlieren, die nichts mit dem Film zu tun haben. Und wenn, wäre es der sprichwörtliche »falsche Film« oder ein übler Horrorstreifen. Die Rede ist von der Massentierhaltung, bei der die Tiere unter grausamen Bedingungen Höchstleistungen erbringen müssen. Profit hat hier die erste Priorität. Lernt man Kühe einmal persönlich kennen, wie mir das möglich ist, und realisiert, dass sie einen intensiven Familiensinn haben und als Herde in einem Familiensystem leben, ist das rein wirtschaftliche Handeln schnell sekundär. Der Landwirt allerdings hat eine andere Perspektive und Zielsetzung, dementsprechend ist sein Umgang mit den Tieren nicht immer artgerecht im besten Sinn.

Eine enge Bindung der Mutterlinie ist die Grundlage des Familiensystems. Keiner ahnt, wenn er sein Kalbsschnitzel oder Steak auf dem Teller liegen hat, dass eine Kuhherde eine verhältnismäßig demokratische Gemeinschaft bildet. Kein Mitglied bewegt nur einen Fuß, bevor nicht mindestens sechzig Prozent der Kühe dieser Herde aufgestanden sind. Es würde für die Gemeinschaft überhaupt keine Rolle spielen, wenn das Leittier schon vorher das Signal zum Aufbruch geben würde. Sie warten ab, bis die sechzig Prozent erfüllt sind. Logischerweise würde die Leitkuh daher nie das Signal zum Aufbruch geben, wenn nicht schon knapp zwei Drittel in Bereitschaft sind, da sie sich als Chefin ebenfalls an diese Regel hält.

Viele von uns glauben, dass Kühe immerzu Milch geben. Ein ganzes Leben lang verbringen sie damit, uns als Milchbar zu dienen? Weit gefehlt! Dass sie nicht alle glücklich und lila sind, hat sich ja bereits herumgesprochen. Aber sie sind natürlich auch keine dauerhaften Milchlieferanten. Wie jedes Säugetier produziert auch die Kuh ausschließlich dann Milch, wenn sie ein Jungtier führt, ein kleines Kälbchen, das ihr sofort weggenommen wird, bevor es das erste Mal säugen könnte. Mutterglück für Milchkühe ist von allzu kurzer Dauer!

Beobachtet man in einer artgerechten Haltung, wie extrem sozial Kühe sind, wie genau Mutter Kuh auf ihr Kalb aufpasst und es mit dem Einsatz des eigenen Lebens vor Gefahren und Feinden schützt, wird klar, wie weit entfernt diese wunderbaren Tiere in unserer Nutztierhaltung von einem artgerechten Leben sind. Vermutlich kennen Sie das Kalbfleisch aus der Kühltheke Ihres Supermarktes. Dieses Fleisch landet vor allem deshalb dort, weil es »nebenbei« produziert werden muss, da-

mit die Kuh immerfort Milch gibt. Wird eine Kuh nicht tragend, sinkt die Milchleistung und versiegt früher oder später komplett, bis sie wieder »guter Hoffnung« ist.

In meiner kleinen Kuhherde konnte ich feststellen, dass Tiere, die die Herde anführen, wenn ich mit ihnen von einer Weide zur anderen ziehe oder sie zurück in den Stall hole, nicht die dominanten Kühe sind. Es sind nicht diejenigen, die sich am Wassertrog gegen die anderen erfolgreich behaupten, sondern es sind die Frechen, die Neugierigen, die, obwohl es Fluchttiere sind, verhältnismäßig wenig Angst zeigen. Die dominanten Tiere sind auf dem Weg von Weide zu Weide diejenigen, die in der Mitte der Herde den größten Schutz vor Angreifern und Raubtieren genießen. Diese Dominanz ist nicht die, die wir von Hunden kennen. Bei Kühen ist sie mit einem charakteristischen Sozialverhalten in der Beziehung der Kühe zueinander einzustufen und auf keinen Fall als persönlicher Charakterzug des einzelnen Tieres.

Die früheren Aufgaben auf dem Acker erfüllen die Tiere in der modernen Haltung schon längst nicht mehr. Sie stehen da, meist an der kurzen Kette, und werden abgezapft und gemästet. Wenn Kühe könnten, wie sie wollten, würden sie gemütlich über die Weide schlendern und mit einer geradezu philosophischen Gelassenheit bedächtig wieder- und wiederkäuen und dabei in aller Gemütsruhe ihre Kolleginnen und die Umgebung beobachten. Kühe, die dasselbe Gewicht auf die Waage bringen, suchen und finden sich gegenseitig, um möglichst viel Zeit miteinander zu verbringen. Kuh und Kuh gesellt sich gern. Welche Kuh würde freiwillig viertausend Liter Milch und mehr im Jahr geben und ein Durchschnittsalter von nur vier bis fünf Jahren erreichen?

Meine Kühe übrigens leben in der Form der Mutterkuhhaltung. Dies ist eine natürliche Art der Haltung, in der das Kalb sechs Monate lang bei seiner Muter säugt und mit ihr zusammenlebt, bevor Frau Mutter es entwöhnt, indem sie immer weniger Milch produziert und das Kalb immer mehr Gras zu sich nimmt. Ein natürlicher Abnabelungsprozess.

Übrigens fühlen sich Kühe bei ungefähr zehn Grad Celsius am wohlsten. Sollten Sie einmal in die Lage kommen, eine Kuh bei Laune halten zu müssen, klappt das am besten bei der empfohlenen Temperatur. Während die Kuh – wie wir Menschen ja auch – erfrieren kann, sobald ihr persönliches »Kraftwerk« nicht mehr genügend Energie und Wärme produziert, kann das einigen anderen Tieren nicht passieren: der Fliege zum Beispiel. Insekten schalten ganz einfach auf »stand-by« und werden erst wieder aktiv, wenn das Wetter angenehmer ist. Und damit kommen wir zu einem ganz besonderen Kapitel der Arbeit mit Tieren für den Film, einem, das am Ende den Zuschauern viel Freude bringt, ihnen aber auch den einen oder anderen Schauer über den Rücken jagt. Vor allem aber verlangt es den Beteiligten am Set so einiges ab.

Im Gruselkabinett der Kuscheltiere

Ein verzweifelter spitzer Schrei eine Minute vor Mitternacht – meine Mutter hat sich auf die in ihrem Bett versteckte Plastikschlange gelegt. Auf diesen Schrei hatte ich mit Spannung gewartet. Zwei Minuten nach Mitternacht setzte es eine Ohrfeige. Aber es machte mir einfach riesigen Spaß, Schwestern und Mutter mit Mäusen, Schlangen, Käfern und Würmern zu erschrecken.

In der Schule hatte ich durchaus Feinde, denn da war es eine meiner Spezialitäten, in der Pause die eine oder andere kleine Spinne in das Federmäppchen einer Mitschülerin zu sperren.

Wurden dann, nach der Pause, die Füllfederhalter aktiviert, war das Chaos vorprogrammiert. Ganze zwanzig Minuten schlug ich so heraus, denn bis der Lehrer die wild schreienden Mädchen wieder beruhigt hatte, ich die Spinnen in den Schulgarten entlassen hatte und endlich Ruhe im Klassenzimmer herrschte, blieb nicht viel mehr als die Hälfte einer Schulstunde übrig. So war ich einerseits beliebt und andererseits gehasst.

Meine Mäuse begleiteten mich auch das eine oder andere Mal in die Schule. Noch heute habe ich das Bild einer Lehrerin vor mir, wie sie von Angst erfüllt auf einem der kleinen Tische stand und mich inständig anflehte, doch mit »diesen schrecklichen Tieren« nach Hause zu gehen. Das taten die unschuldigen Mäuse und ich doch sehr gern! Ich meine mich erinnern zu können, dass nach solchen Vorfällen fast immer ein Brieflein bei meinen Eltern eintraf.

Komme ich heute mit Reptilien, Insekten, Ratten oder Mäusen an ein Filmset, weiß ich schon, was mich erwartet. Mindestens eine Mitarbeiterin aus dem Team rennt kreischend davon und ich rutsche in die Lausbubenrolle und freue mich diebisch, allerdings dezent. Sehr spannend wird es, wenn ich als »Spiderman« mit einer Vogelspinne ans Set gerufen werde. Diese Tiere haben immer die Rolle des Schreckens, des Ekels und der Gänsehaut zu erfüllen. Die betroffenen Schauspieler winden sich regelrecht, um jeden Körperkontakt mit dieser großen, schwarzen, haarigen Spinne zu vermeiden. Aber es hilft alles nichts, das Drehbuch und die Regie sind Chef am Set. Also setze ich die trainierte Spinne mit einem versteckten Schmunzeln auf nackte Arme oder Beine oder im »schrecklichsten« Fall auf den Bauch der Darsteller. Am schlimmsten trifft es die holde Weiblichkeit, mit aufgerissenen Augen starren sie unbeweglich auf das haarige Ungeheuer auf ihrer nackten Haut. Diese Starre ist dabei bestens, denn so hat das Tier keinen Grund, sich mit seinen haarigen acht Beinen festzuhalten oder davonzulaufen. Ist eine Vogelspinne einmal auf der Flucht, bewegt sie sich so schnell wie eine Maus, und es wird schwierig, sie wieder einzufangen. Aus diesem Grund ist es wichtig, dass ich mit einem wirklich zahmen Tier ans Set komme, das viel Menschenkontakt gewohnt ist.

Mal schläft der Schauspieler laut Drehbuch und wird durch das Krabbeln der Spinne auf der Haut geweckt, gerät in Todesangst – und der Zuschauer im besten Fall mit. Manchmal muss sich der Darsteller mit einer hastigen Bewegung des Tieres entledigen und schlägt es dann laut Drehbuch tot. Meine Nelly wird dabei natürlich nicht totgeschlagen, sondern ihr Double. Dieser authentische Doppelgänger wird von Nelly selbst produziert, indem sie sich einmal pro Jahr häutet. Das Abfallprodukt dieser Häutung ist eine harte Schale, die wie ein Abguss dem Spinnenkörper zum Verwechseln ähnlich ist. Alle Gliederfüßer, zu diesen gehören die *Theraphosidae*, die Vogelspinnen, besitzen im Gegensatz zu uns Wirbeltieren ein Exoskelett, eine harte Chitinhülle, die nicht mitwachsen kann. Die Vogelspinne muss sich im Laufe ihres Lebens dieser harten Schale immer wieder entledigen, um weiterwachsen zu können. Im Wachstum befindliche Spinnen häuten sich mehrmals pro Jahr. Sie müssen ja auch groß und stark werden, um Angst und Schrecken verbreiten zu können.

Krabbelzoo auf acht Beinen

Heuschrecken, Käfer und Kakerlaken werden weniger angstvoll aufgenommen, jedoch spielt hier der Ekelfaktor die größte Rolle. Oft wird ein regelrechter Tanz aufgeführt, wenn ich die krabbelnden Vielfüßler aus dem Transportkorb hole. Sind die Scheinwerfer an, hat die Regie das Zauberwort »Bitte« ausgesprochen, ist die Klappe gefallen, wird jedoch der ungeliebte Käfer liebevoll aus dem Regenwasserfass gerettet oder die

Kakerlake zornig entlang der Küchenzeile verfolgt, unter die sie sich dann flüchtet. Für mich ist es immer wieder ein Anlass zu ausgelassener, wenn auch nur versteckt ausgelebter, diebischer Freude, wie manche Schauspieler eine regelrechte Phobie der Abteilung Krabbeltiere gegenüber entwickeln, manchmal muss ich einfach vor die Tür, um den anstehenden Lachanfall in kontrollierte Bahnen lenken zu können.

Für einen Fernsehfilm musste ich die Kakerlaken-Darsteller bei mir zu Hause trainieren und unterbringen. Gäste hatte ich zu dieser Zeit übrigens keine. Die quirligen Tiere sollten, laut Drehbuch, am Frühstückstisch eines verliebten Paares auftauchen und mit ihren langen Fühlern genussvoll in das reichhaltige Frühstücksangebot eintauchen. Man muss wissen, dass Kakerlaken einen strengen Geruch mit sich führen, ungefähr so wie ranzige Butter nach zwei Jahren duften würde. Die Schauspielerin, die ja eigentlich verliebt wie Julia sein sollte, musste sich zweimal vom Frühstückstisch entfernen, da sie den Geruch schlichtweg nicht aushielt. Laut Drehbuch sollte sie sich jedoch nicht übergeben, sondern beim Anblick der Kakerlaken hysterisch davonrennen. Das eine schloss das andere in dieser Szene zum Glück nicht aus.

Mit Haferflocken konnte ich meine trainierten Kakerlaken von A nach B locken. Die Startlinie befand sich hinter dem Nutellaglas, von da wurde bis zum gekochten Ei gespurtet, das gleichzeitig die Ziellinie darstellte. Ich ließ sie hinter dem Glas los und nach einer kurzen Orientierungsphase flitzten sie zum Ei, wo die Haferflocken lagen. Mit ihrem starken Mundwerkzeug vernaschten sie die Köstlichkeit in Rekordzeit. Je öfter wir die Szene wiederholten, desto besser kannten die Tiere ihre Aufgabe, und ich konnte die Distanz zwischen Nutellaglas und gekochtem Ei vergrößern und den Tierchen so einen immer weiteren und für die Kamera interessanteren Weg zumuten – sehr zum Leidwesen der Schauspieler.

Woher ich Tiere wie diese Kakerlaken bekomme? Ein gut funktionierendes Netzwerk von Insektenzüchtern sorgt dafür, dass ich die Tiere nie aus ihren natürlichen Lebensräumen reißen muss. Vom riesigen Hirschkäfer über den fast ausgestorbenen Junikäfer bis hin zum kleinen Marienkäfer wird alles gezüchtet, was mehr als vier Beine hat. Durch die Prägung auf den Menschen sind diese Krabbelmonster auch sehr viel zahmer, was mir natürlich das Training erleichtert.

Wer ist die Längste im ganzen Land?

Chamäleon, Gecko und Bartagame tun zwar jeder Fliege etwas zuleide, denn das ist ihre Leibspeise, aber sonst sind es äußerst friedfertige Tiere. Trotzdem gibt es immer wieder kreischende Schauspielerinnen, die sich in ihr Wohnmobil flüchten und erst einmal nicht wiederkommen. So stehe ich also mit meinen friedlichen kleinen Drachen vor verschlossenen Tatsachen und harre der Dinge, bis sich die Tür freiwillig einen kleinen Spalt öffnet oder die Regie ein Machtwort spricht.

Susi ist eine Riesenpython, fünf Meter lang und knapp dreißig Kilo schwer. Dieses doch recht stattliche Tier musste ich für einen Kinofilm um den Hals einer Schauspielerin legen, die im Bauchtanzkostüm auf ihre Szene wartete. Sie tat mir unendlich leid, denn ihr Gesicht nahm die Farbe der weißen Wand an, sie konnte keinen klaren Gedanken mehr fassen, stotterte in die Kamera, es fehlte nicht mehr viel und sie hätte die Kontrolle über ihren Körper komplett verloren. Derweil betrachtete Susi, ganz in ihrem Element, züngelnd und sich windend, interessiert die Umgebung um den schönen Hals der Darstellerin. Ein ganzes Ferkel verspeist so eine Würgeschlange einmal im Monat, ich hatte durchaus Verständnis für die Schauspielerin und erklärte ihr geduldig, dass Susi bei ihren Besitzern frei lebt und als Haustier überall gemütlich die Sonne genießt und

niemandem nach dem Leben trachtet, abgesehen vom Ferkel. Die Szene war irgendwann drehbuchgerecht im Kasten, und alle haben überlebt.

Süßes Gift

Ab und zu möchte eine Filmproduktion Giftschlangen einsetzen. Die erste Frage lautet dann: Wie werden Team und Schauspieler vor unerwünschten, gefährlichen Bissen geschützt? Wird ein Serum am Set benötigt? Und ist das alles überhaupt versicherbar? Die Natur hat sich etwas ganz Besonderes zu diesen Fragen ausgedacht. Nicht direkt für Filmproduktionen, die aber dennoch davon profitieren. Es gibt nämlich sogenannte Blender, die sich durch die Evolution zusätzlich zu einer ganzen Menge von tatsächlich hoch giftigen Schlangen entwickelt haben. Beispielsweise gibt es für eine Kobra, deren Biss tödlich ist, eine Kopie in der Natur. Diese Tiere sehen den giftigen Verwandten zum Verwechseln ähnlich, sind jedoch völlig harmlos. Ihre Überlebensstrategie ist sehr einfach: Das täuschend ähnliche Äußere verhilft ihnen zu Respekt, sie schmücken sich mit fremden Federn, denn sie sind weder giftig noch aggressiv.

Doch so harmlos sind nicht alle. Der Taipan ist die größte Giftnatter Australiens, bis zu zwei Meter lang ist er gleichzeitig eine der giftigsten Schlangen überhaupt. Und genau so ein Taipan sollte für den Krimi »Der Unbestechliche« als Mordwaffe mehrere Opfer töten. Der Mörder wusste Bescheid, eigentlich ist der Taipan zwar scheu, wird aber sofort zubeißen, wenn er sich plötzlich mit Menschen konfrontiert sieht oder in die Enge getrieben wird. Dann wehrt sich die Schlange vehement und beißt oft mehrfach zu. Solch ein Taipan kam für den Dreh natürlich keinesfalls in Frage. Das Double heißt schlicht und ergreifend Erdnatter, es gleicht in Farbe und Größe dem

Taipan. Auch wenn die Erdnatter ganz schön angriffslustig ist und mit ihren spitzen Zähnen schmerzhafte nadelartige Bisse verteilt, so hat sie doch kein tödliches Gift parat. Erol Sander und seine Kollegen konnten also »in aller Ruhe« nach dem giftigen Mörder suchen.

Von Mäusen und Schauspielern

Knopfähnliche Augen, lustige, fast runde Ohren, eine lebhafte, immer in Bewegung befindliche kleine Nase mit drumherum tanzenden Barthaaren – ist das nicht ein reizendes Tier? Und doch haben so viele Menschen Angst davor oder empfinden Ekel. Mäuse und Ratten sind hellwach, blitzgescheit und mit einer ausgeprägten sozialen Kompetenz ausgestattet. »Der Schwanz ist so ekelig!«, höre ich immer wieder, auch von Mariele Millowitsch, die zusammen mit Max von Thun im Thriller »Die Stimmen« mit Ratten und Mäusen konfrontiert war. Die Tiere wurden als Versuchstiere in einem Internat gehalten, und wie es das Drehbuch so will, sind sie aus ihrem Gefängnis entkommen. Die Schüler geraten in Panik und einmal mehr wird die Angst des Menschen vor diesen possierlichen Nagern bedient.

Mit meinem Assistenten habe ich die langen Gänge und die große Aula, die für die Dreharbeiten vorgesehen waren, mit einem Leitsystem von fünf Zentimeter hohen Holzleisten ausgestattet. Diese Holzleistenstraße hat sich von der Kamera weg verjüngt, und am Ende wartete ein gemütliches Terrarium mit leckerem Nagerfutter bestückt auf die Ausreißer. Mäuse und Ratten laufen instinktiv nie in der Mitte einer Straße, eines Weges oder einer Höhle, sondern immer ganz dicht am Rand entlang. Obwohl sie gute Kletterer sind, genügen für Mäuse fünf Zentimeter hohe Leisten, um sie in ihre sichere Unterkunft zu lotsen. So stand dem Dreh der spannenden Mordgeschichte,

die souverän von Kommissarin Mona Seiler alias Mariele Millowitsch aufgeklärt wird, nichts mehr entgegen. Alle Mäuse haben überlebt!

Mann oh Mann, die Manns!

Meine Arbeit wird nicht ausschließlich von den Tieren geprägt, sondern sehr intensiv auch von den Begegnungen mit den Schauspielern. Von einem in dieser Hinsicht für mich besonders eindrucksvollen Einsatz möchte ich daher ein wenig ausführlicher erzählen. Diese Fernsehproduktion sucht ihresgleichen: drei großartige Teile »Die Manns. Ein Jahrhundertroman« unter der Regie von Dr. Heinrich Breloer. Die internationale Koproduktion gewann 2002 den Adolf-Grimme-Preis in Gold. Zusätzlich ging dieser wichtige deutsche Fernsehpreis an den Regisseur Breloer, an Horst Königstein für das Buch, Gernot Roll für die Kamera und die Darsteller Armin MuellerStahl, Monica Bleibtreu, Jürgen Hentsch, Veronica Ferres, Sophie Rois und Sebastian Koch. Aber das war noch nicht alles, auch der Deutsche Fernsehpreis 2002 wurde an »Die Manns« verliehen, sieben bayerische Fernsehpreise für den Regisseur und die Schauspieler, die Goldene Kamera 2002 für Heinrich Breloer und ein Emmy Award sprechen für sich und die Qualität dieser außergewöhnlichen, dokumentarisch erzählten Lebensgeschichte des Thomas Mann.
Aber nicht die beeindruckende Liste der Preise fasziniert mich an dieser Produktion, es waren die Begegnungen mit den Schauspielern und den Zeitzeugen um die charismatische Figur des Thomas Mann. Vieles erwartete mich bei dieser Verfilmung des bewegten Lebens des Literatur-Nobelpreisträgers und seiner Familie, ein Feuerwerk an Besetzung, Ausstattung und Locations. Inmitten dieses Spektakels der intelligente schwarze

Königspudel Felix und Schäferhund Franzi, die beide »geleast« und von mir speziell für diese Produktion trainiert worden waren.

Auf den Spuren von Thomas Mann ist das Filmteam seiner Fährte durch Europa gefolgt. Es schien uns allen, als wäre es gestern gewesen, die Person Thomas Mann war allgegenwärtig. Die erste Station war Sylt, hier verbrachten die Manns ihre gemeinsamen Familienurlaube. Eindringlich, mit wenig Aktion, aber einer perfekten Mimik, spielte Armin Mueller-Stahl diese Szenen.

Danach reiste der ganze »Mann-Tross« nach Küsnacht in die Schweiz, dem Exil von Thomas Mann. Eine romantische Villa mit Seeblick am wunderschönen Zürichsee. Die letzte internationale Station fiel leider dem Budget zum Opfer, statt des Strandes von Santa Barbara unter der heißen Sonne Kaliforniens sollte Almeria das spanische »Little Hollywood« sein. Hier wurde die Zeit, die die Manns im amerikanischen Exil verbrachten, gedreht. Die andalusische Sonne hatte es in sich, der Schutzfaktor der Sonnencreme wurde von Tag zu Tag höher. In Almeria wurden die Uhren zurückgedreht, die Ausstattungsabteilung versetzte ganze Straßenzüge in die Zeit um 1942, ob Oldtimer, Komparsen, Kleindarsteller, alles war perfekt nachempfunden. Und alle hatten Sonnenbrand.

Einmal saß Felix, der Königspudel, auf dem Beifahrersitz eines noblen 12-Zylinder-Convertible neben seinem Herrn Thomas Mann und musste bei der Ankunft vor dem Hotel neugierig aus dem Fenster schauen. Seine Augen waren auf mich gerichtet, der ich hinter der Kamera stand, und die schwarzen Pudellocken wehten im Wind. Ein elegantes Bild gaben die »beiden Herren« ab. Ein anderes Mal wurde »Muscle Beach« von Santa Barbara mit einigen athletischen, gutaussehenden jungen Männern nachgestellt. Mittendrin Felix, zusammen mit seinem nicht uninteressierten Herrchen.

Der moderne kalifornische Bungalow der Manns wurde allerdings samt Garten in den WDR-Studios in Köln nachgebaut. Also alles zurück nach good old Germany. Beim Film ist alles möglich, am liebsten hätte ich Garten und Bungalow gleich eingepackt, samt der in den Studiohimmel wachsenden Palmen. Die Thomas-Mann-Villa wurde originalgetreu in den Bavaria-Filmstudios nachgebaut. Da blutete das Budget, kein Wunder, dass Kalifornien abgesagt worden war. Dieser Nachbau aus Holz auf einem Fundament aus Beton ist heute noch in der Bavaria-Filmstadt zu bewundern und sieht dem Original aus dem Jahr 1913 zum Verwechseln ähnlich, selbst die Inneneinrichtung wurde originalgetreu nachgebaut.

Die letzte Frau der Manns

Der eigentliche Star dieser Verfilmung war die bezaubernde Elisabeth Mann Borgese. Von ihrer Familie wurde sie liebevoll Medi genannt, sie war das fünfte Kind und die jüngste Tochter von Katja und Thomas Mann. Elisabeth war das Lieblingskind ihres Vaters. Wenn »Medi« Elisabeth am Set auftauchte, ging die Sonne auf, da konnte es regnen, stürmen oder schneien! Sie verzauberte das ganze Team mit ihrem Charme und ihrer wunderbaren Sprache. Ohne den Zauber dieser unkapriziösen Frau wäre der Film um vieles ärmer. Leider konnte sie den großen internationalen Erfolg der Verfilmung ihrer Familiengeschichte nicht mehr miterleben. Sie starb am 8. Februar 2002 im Alter von dreiundachtzig Jahren.
Die Tiere waren eines von vielen Zahnrädern des Uhrwerks dieser ungewöhnlich großen Produktion. Ich hatte immer wieder Zeit, mich einem ganz besonderen Vergnügen hinzugeben: den Gesprächen mit Elisabeth Mann Borgese, eine ganz besondere Frau und Zeitzeugin, die ich immer in Erinnerung behalten werde. Wir hatten uns viel zu erzählen, denn die Liebe

zu den Tieren führte uns immer wieder an den kleinen Kaffee-
tisch am Catering-Wagen, wo sie mir einmal verschmitzt erzählte, dass sie tatsächlich versucht hatte, teilweise sogar erfolgreich, ihren Hunden das Pianospiel beizubringen. Ich habe
wirklich mittlerweile fast alles trainiert, aber eine Beethoven-
Sonate hätte ich gern mal einen Hund spielen sehen und vor
allen Dingen spielen hören. Wie soll das gehen? Elisabeth
Mann Borgese hat auf die Musikalität des jeweiligen Hundes gesetzt und sie ihre eigenen Kompositionen spielen lassen.
Aha, freies Spiel sozusagen, da möchte ich dann doch lieber
nicht zuhören!

Auch die großartige Monica Bleibtreu, Mutter von Moritz,
hier als Thomas Manns Ehefrau Katja engagiert, bleibt mir in
Erinnerung. Wir begegneten uns immer wieder für verschiedene Produktionen an den unterschiedlichsten Sets. Die Nachricht von ihrem Tod bedeutete für die Filmschaffenden den
Verlust eines außergewöhnlichen »Familienmitgliedes«.

Escort-Service für Armin Mueller-Stahl

Heinrich Breloer hatte die Hauptrolle des Thomas Mann mit
Armin Mueller-Stahl besetzt. Glück für mich, denn ich verbrachte, während wir in Almeria, Köln und München drehten,
auch viel Zeit mit diesem großartigen Schauspieler. Gentleman
Mueller-Stahl, den wir aus großen Hollywood-Produktionen
wie »Das Geisterhaus« an der Seite von Meryl Streep und Wi-
nona Ryder kennen, berichtete mir begeistert, wie er zusammen mit seiner Frau regelmäßig kleine Singvögel aus seinem
Pool in Hollywood vor dem sicheren Untergang rettet. Ein
kleiner Blick, eine kurze Bewegung seines charaktervollen Ge-
sichts erzählt Bände und lässt jeden zum Bewunderer seiner
Schauspielkunst werden.

Und nun spielte er Thomas Mann. Dieser besaß während sei-

ner Münchner Zeit einen Deutschen Schäferhund und in der Residenz in der Schweiz einen schwarzen Königspudel. Es wird überliefert, dass Thomas Mann seine Tiere stets mit Respekt behandelte. Sogar eine Erzählung mit dem Titel »Herr und Hund, ein Idyll« hat er über seine Erlebnisse mit dem Hühnerhundmischling Bauschan geschrieben.

Meine beiden Filmhunde hatten eine angenehme Aufgabe. Das Drehbuch sah vor, dass sie die von Armin Mueller-Stahl alias Thomas Mann geworfenen Bälle wieder zu ihm zurückbringen und ihm brav in die Hand legen sollten. Da Armin Mueller-Stahl sehr minimalistisch spielt, lag für die Hunde in seinen Gesten und Worten so gut wie keine Motivation, immer wieder gehorsam zurück zum Filmherrchen zu laufen und diesem den Ball in die Hand zu legen. Lob motiviert und mangelnde Körpersprache verunsichert, auch Filmhunde wie Felix und Franzi.

Was tun, um die Hunde zu motivieren? Ich wusste bereits vorab um die minimalistische Schauspielkunst von Armin Mueller-Stahl und las zwischen den Zeilen im Drehbuch, wie beiläufig und in Gedanken versunken Thomas Mann mit den Hunden agierte. Um der Situation aus dem Drehbuch für die Hunde einen Wiedererkennungseffekt zu geben, bereitete ich beide mit einer Ballmaschine, wie sie aus dem Tennissport bekannt ist, vor. Die Maschine spuckt völlig emotionslos alle paar Sekunden einen Ball aus und hält dazwischen die »Klappe«. Der Hund hatte die Aufgabe, den Ball immer wieder aufzunehmen und in eine kleine Plastikschüssel zu legen, die direkt vor der Ballmaschine stand. Stupide und langweilig, aber sehr wirkungsvoll, da sich beide Hunde an diese monotone Aufgabe gewöhnten. Natürlich war die Ballmaschine dabei stets nur mit einem Ball »geladen«, damit das Tier zwischen den einzelnen Bällen von mir positiv bestätigt werden konnte. Es ging um Qualität, nicht um Quantität. Felix und Franzi sind wahrscheinlich die einzigen Hunde, die auch bei einem Tennis-turnier eine gute Figur machen würden. Solange man sie ohne Schläger spielen ließe natürlich.

Menschen, Tiere, Emotionen

Tiere lösen bei uns meist einen ganzen Cocktail an Gefühlen und Emotionen aus. Genau diese sind es dann auch, die unsere Interaktion mit den »ach so süßen« oder aber »bösen und gefährlichen« Wesen oftmals schwierig machen. In diesem Kapitel möchte ich daher näher auf die Sache mit den Emotionen eingehen. Dafür konfrontiere ich Sie gleich mit meiner Grundthese: Tiere haben keine Emotionen.

Ein kollektiver Aufschrei, emotionale Abwehr und Dutzende von Gegenargumenten sind meist die Reaktion, wenn ich diese These vorbringe. Dann heißt es: Mein Hund hat Gefühle! Er freut sich doch, wenn ich komme. Er ist traurig, wenn ich gehe. Neulich wollte er mich beschützen, weil er mich so gern hat. Er mag mich lieber als meine Frau. Und überhaupt: Warum fressen manche Hunde nicht mehr, wenn das Herrchen stirbt? Meine Katze ist beleidigt, wenn ich verreise. Sie spricht mit mir, weil sie mich verstehen kann. Sie tröstet mich, wenn es mir schlecht geht ... Es gibt hier einiges zu sortieren.

Zunächst: Warum gibt es eigentlich so viel Abwehr gegen meine These? Meines Erachtens liegt das darin begründet, dass das Argument, Tiere würden nichts fühlen, auch von Befürwortern von Tierversuchen und Massentierhaltung angebracht wird. Dass Tiere nichts fühlen, ist aber nicht der Punkt. Sie fühlen oder besser: empfinden sehr wohl. Sie haben Hunger und Durst, sie spüren Schmerz und qualvolle Enge, sie haben Angst und bekommen Panik oder sie fühlen sich wohl ... Dass mit höherer Intelligenz der einzelnen Spezies vermehrt Emotionen einhergehen können, ist wahrscheinlich. Jede Eigenschaft des Menschen wurde bereits als Vorform bei den Tieren angelegt, denn schließlich stammen wir von ihnen ab. Und natürlich zeigen Primaten, Delfine oder Elefanten ein stärker »emotionales« Verhalten als Hühner. Aber lassen Sie uns das Ganze genauer untersuchen, bei den Tieren, bei uns und im Zusammenspiel von beiden.

Vermenschlichung – das Handicap für unser Tier

Die Vorstellung, dass unser Liebling in der verschneiten Winterlandschaft frieren könnte, können wir nicht ertragen – also stülpen wir ihm einen Hundemantel über. Ist unsere Vorstellung aber auch die des Hundes? Hat er Spaß, mit dem Hundewintermantel herumzulaufen, deswegen von seinen Artgenossen als Außerirdischer wahrgenommen zu werden und in seiner Bewegungsfreiheit stark eingeschränkt zu sein? Sicher gibt es Hunderassen, die nicht für Regen und Schneewetter gezüchtet wurden, wie beispielsweise der Peruanische Nackthund oder das Italienische Windspiel, aber grundsätzlich gehört der Mantel nicht zu den dringendsten Bedürfnissen eines Hundes, selbst wenn die Hundeboutique die schönsten Modelle in allen Größen bereithält.

Wenn Sie mit Ihrem Hund Gassi gehen – wer von beiden will raus? Wollen nicht Sie sich gern an der frischen Luft die Beine vertreten und auf andere Gedanken kommen? Der Rhythmus des Hundes wird vom Besitzer bestimmt. Ist ein Ritual einmal eingeführt, wird Ihr Hund auf die Einhaltung bestehen. Diese Bürde erlegen Sie sich selbst auf! Sie verschaffen Ihrem Hund damit ein Handicap, denn in dem Moment, wo der Rhythmus nicht eingehalten wird, versteht Ihr Tier die Welt nicht mehr. Es freut sich natürlich über jeden Spaziergang, keine Frage, es ist Zeit, in der Sie sich mit ihm beschäftigen und seine wichtigen »Geschäfte« kann es dabei auch erledigen. Der eigentliche Beweggrund ist allerdings ein anderer: nämlich Ihr Bedürfnis – oder Ihre Meinung, dass Sie mit dem Hund so und so viele Male pro Tag rausmüssen.

Darf sich Ihr Hund beim Spaziergang wälzen, auf die Gefahr hin, dass er danach nicht wirklich gut riecht? Ihn selbst macht das stolz wie Oskar. Sein Ansehen in der Hundegesellschaft wird sich ganz nach oben bewegen mit diesem köstlichen Duft, der ihn umgibt. Für den Hund bedeutet dieses Verhalten nur Vorteile. Für Sie hingegen ist es eine schwer zu ertragende Geruchsbelästigung, die Verschmutzung des Autos, der Wohnung, des Hauses inbegriffen. Der Geruch führt am Ende dieses Wälzerlebnisses zu einem ungeliebten Vollbad für den bis dahin so selbstbewussten Vierbeiner. Zwei konträre Vorstellungen treffen aufeinander. Der Hund wird sauber sein, ein Schaumkrönchen auf dem Kopf haben und sich die Nässe aus dem für Sie gut duftenden Fell schütteln. Sie sind glücklich über die gelungene Reinigung, und doch hat der Hund mit diesem unfreiwilligen Schaumbad ein Handicap mehr auf dem Pelz, das wir Menschen ihm auferlegen. Denn seine Identität ist bis zum nächsten Wälzerlebnis erst einmal in einer Duftwolke verschwunden. Erst die Entwicklung seines Eigengeruches in den nächsten Tagen wird ihm wieder Wohlbehagen bescheren. Aber zuerst mal sitzt er wie ein begossener Pudel in der Ecke, träumt vielleicht von einem Leben als echter Hund und das Missverständnis ist einmal mehr an der Tagesordnung.

Die Vorkoster

Emotionen und Gefühle, die wir in das Verhalten von Tieren hineininterpretieren, sind in Wirklichkeit fast immer natürliche Verhaltensbausteine. Es sind Strategien, genetisch im Tier verankert, die das Überleben sichern helfen. Die Natur hat dafür gesorgt, dass das entsprechende Verhalten unumstößlich ist. Emotionen hingegen sind etwas, das den Menschen vom Tier unterscheidet.

Wir Menschen schleppen ganze Koffer voll alter und uralter Erfahrungen mit uns herum. Dass das zu Verwirrungen führt

und uns oft daran hindert, die Fakten klar zu erkennen, liegt auf der Hand. Die Sichtweise der Tiere ist hingegen klar und einfach strukturiert. Dabei ist »einfach« nicht herablassend zu verstehen oder gar abwertend, ganz im Gegenteil: Eine klare Sichtweise führt zu lösungsorientierten Entscheidungen. Natürlich kann ein Tier Angst, Freude, Schmerz oder Trauer empfinden und sein Verhalten entsprechend ändern. Tiere leben im Moment, und sie bevorzugen immer eine Komfortzone, in der sie sich »gut fühlen« und so natürlich auch bestens für ihr Überleben sorgen. An erster Stelle steht immer das Überleben der Spezies. Um das zu sichern, hat die Natur eine Reihe von Instinkten vorgesehen, die schnellste Reaktionen ermöglichen. Und zum Teil führen sie zu einem Verhalten, das nicht mit unserem menschlichen Verhalten konform geht und das wir deshalb nicht verstehen.

Erinnern Sie sich an meine beiden Wildschweine, mit denen ich anfangs gemeinsam hungerte? In diesem Jahr hatte Luise das erste Mal selbst Frischlinge. Als Oberhaupt ihrer Familie lebt sie im Forst inmitten ihrer Rotte. Trotz meiner menschlichen »guten Schule« hat sie all ihre Jungtiere großgezogen. Obwohl sie von Menschenhand aufgezogen wurde, sind all ihre Überlebensstrategien und Instinkte hellwach und voll im Einsatz. Als Anfang Dezember sehr viel Schnee fiel, fütterte der Förster der Rotte im Wald Mais zu. Dabei konnte ich beobachten, dass Luise erst ihre Jungtiere zum Futter schickte, um zu prüfen, ob »die Luft rein« ist, bevor sie sich selbst auf den Weg zu den Köstlichkeiten machte. Das Prinzip des Vorkosters wird genutzt. Tiere mit niedrigem Rang, meist Jungtiere, werden von der eigenen Mutter in die Gefahrenzone geschickt, und die Mutter beobachtet, was geschieht. Dasselbe Verhalten können wir auch bei Ratten beobachten, die ausgelegte Köder von solch einem Vorkoster testen lassen. Doch welche Mutter opfert ihr Kind für die Mehrheit und somit den Erhalt der Spezies? Doch wohl nur eine, die in diesem Moment keine Emotionen empfindet, sondern rein instinktiv handelt.

Besonders gern liege ich auf Beobachtungsposten, um Katzen »auszuspionieren«. Egal ob klein oder groß, Hauskatze oder Großkatze, alle Katzen sind gnadenlose Jäger. Zielorientiert verfolgen sie ihre Beute und beweisen, dass dieses Verhalten absolute Emotionslosigkeit voraussetzt. Ein winziges Zögern beim Schlagen, eine Sekunde des Nachdenkens über die Moral der Tat würde zum sicheren Hungertod führen.

Geliebte Rabenmutter

In all den Situationen, die wir Menschen gern mit Emotionen beladen, beobachte ich meine und andere Tiere bewusst und kritisch, um zu erkennen, ob meine Theorie in der Praxis standhalten kann. Im Laufe der Zeit kam da Erstaunliches zusammen, auch im Verhalten von Tiermüttern.

Kleine, acht Wochen alte Hundewelpen verließen ihre Mutter, um ihr neues Zuhause zu erobern. Eine regelrechte Erleichterung war bei der »armen Mutter« zu erkennen. Nicht eine Sekunde trauerte die »allein gelassene« Hündin ihren Welpen nach. Sie hatte nach acht Wochen einfach, pardon, die Schnauze voll. Die Hundemutter wusste, dass die Kleinen nun selbstständig sind, dass ihre Aufgabe erledigt war und sie daher dafür sorgen konnte, selbst wieder zu Kräften zu kommen. Wir interpretieren es meist anders. Tatsächlich aber geht es einzig und allein um den Mutterinstinkt. Ein Urwissen, das über die Gene weitergegeben wurde und der Arterhaltung dient. Nicht mehr, aber auch nicht weniger!

Als vor vielen Jahren meine Kamelstute zwei Tage nach der Geburt ihr Fohlen verlor, hatte ich nichts Besseres zu tun, als das tote Kamelkind ganz schnell wegzubringen. Und so schrie die Kamelmutter tagelang nach ihrem Nachwuchs. Ei-

gentlich ein perfektes Beispiel dafür, dass sehr wohl Emotionen eine Rolle spielen. Allerdings nur eigentlich, denn als bei einer anderen Kamelstute, auch wieder kurz nach der Geburt, das Jungtier starb, habe ich das tote Tier vierundzwanzig Stunden bei der Mutter gelassen und es erst dann weggebracht. Diese Mutter hat kein einziges Mal geschrien, und ich habe keine Tränen in ihren wunderschönen Augen entdeckt.

Nun wurde mir klar, dass das Verhalten der ersten Kamelstute nichts mit Emotionen zu tun hatte, sondern ein instinktives Verhalten war: Sie wollte dem Jungtier die höchstmögliche Überlebenschance bieten und damit das Überleben der Spezies gewährleisten. Durch die lange Tragezeit zwischen elf und dreizehn Monaten muss die Mutter viel intensivere Instinkte entwickeln, um das Überleben des Jungtieres zu sichern, als eine Tiermutter, die im Sechs-Wochen-Takt zehn bis fünfzehn Jungtiere auf die Welt bringt, wie das zum Beispiel bei Mäusen nicht unüblich ist. Es gibt unterschiedliche Strategien, die eine Genkombination entwickeln kann, um sich möglichst erfolgreich fortzupflanzen. Manche Lebewesen haben eine kürzere Lebenszeit und produzieren pro Geburt viele Nachkommen; ihre Strategie zielt nur darauf, dass einige überleben und diese sich wieder multiplizieren. Der lebendgebärende Zierfisch Guppy ist einer der beliebtesten Süßwasser-Aquarienfische, der sich sehr schnell vermehrt. Dann gibt es die Arten, die eine hohe Lebenserwartung haben und wenige Nachkommen pro Geburt. Hier sorgen die Elterntiere oder zumindest die Mütter mit aller Kraft dafür, dass die Jungen sicher in ein fortpflanzungsfähiges Alter kommen – Elefanten oder eben Kamele sind Beispiele dafür. Papagei und Adler haben die gleiche Strategie, sie werden alt und legen wenige Eier. Immer gibt es Ausnahmen: Schildkröten und Krokodile werden zwar steinalt, legen allerdings Unmengen von Eiern, jedoch folgen auch sie der Logik der Natur, denn von einem Gelege erleben nur sehr wenige die Geschlechtsreife.

Das tote Kamelfohlen, das ich sofort aus dem Stall gebracht hatte, war für die Mutter plötzlich verschwunden. Sie hatte den Tod des Jungtieres noch nicht wahrgenommen, deshalb schrie sie instinktiv nach ihrem verlorenen Kind. Die zweite Kamelstute, deren totes Fohlen ich zunächst im Stall liegen ließ, hatte genügend Zeit wahrzunehmen, dass es tot ist und sie dadurch von ihrer Aufgabe entbunden war, das Jungtier großzuziehen. Sie konnte sich wieder dem ganz normalen Tagesablauf widmen.

Ob Kamele, Katzen, Kühe, Rentiere, Hunde oder Schafe, immer konnte ich dasselbe Verhalten beobachten: Sobald die Mutter die Zeit hat, den Tod ihres Jungtieres wahrzunehmen, kann sie die intensiven Bande zu ihrem Nachwuchs instinktiv ganz einfach lösen.

Der König ist tot, es lebe der König

Bei Dreharbeiten in Ungarn arbeitete ich mit einem Wolfsrudel. Ich beobachtete, wie von einem Tag auf den anderen die Alphawölfin ihrem Alphawolf nicht mehr den Rücken stärkte. Nach der gemeinsamen Aufzucht der Jungtiere ist das Verhältnis zwischen Wölfin und Wolf normalerweise sehr innig. Sie bevorzugte nun allerdings einen anderen Wolfsherren, was zur Folge hatte, dass der altgediente Alphawolf vom gesamten Rudel, einschließlich seiner bisherigen Herzensdame, mir nichts, dir nichts angegriffen, getötet und verschlungen wurde. Bis zu den wilden Wölfen müssen wir auch dabei nicht gehen. Wie oft heißt es: Der alte Hengst hat ausgedient! Jahrelang hat er seine Gene an die Nachkommen weitergegeben, jetzt wird er von einem jungen, stärkeren Hengst entthront, der seine Regierungsgeschäfte kompromisslos übernehmen wird. Die Stu-

ten der Herde verabschieden den alten Haudegen nicht mit Tränen, sie entscheiden sich ohne Wenn und Aber für den Sieger, den Neuen, den Starken, denjenigen, der Erbmaterial trägt, das starke, überlebensfähige Fohlen gewährleistet und somit die Erhaltung der Spezies Pferd sichert. Emotionsloses Verhalten, das einen wichtigen Zweck erfüllt.

Rettung ohne Auftrag

Unsere Emotionen spielen oft in allerlei Rettungsversuche von Tieren hinein. Ganz neutral formuliert ist die Rettung das Abwenden einer Gefahr. Wir retten Hunde aus einem Katastrophengebiet, wir retten Schafe aus einem Versuchslabor und wir retten eine Wespe vor dem Ertrinken im Limonadenglas. Da Hund und Schaf gern in besseren Bedingungen leben als denen, die das Katastrophengebiet und das Versuchslabor bieten, und die Wespe nicht lebensmüde ist, ist der Auftrag im übertragenen Sinn erteilt. Auch die Rettung von Menschen in vergleichbar lebensgefährlichen Situationen, ob sie nun in der Lage sind, ein SOS abzusenden oder nicht, ist erlaubt und sogar Pflicht.

Oftmals ist es allerdings Rettung ohne Auftrag. Wir retten ein Tier, das nicht weiß, was unsere Intention ist. Ein sofortiges »Dankeschön, lieber Mensch« können wir nicht erwarten, im schlimmsten Fall wird es noch kräftig zubeißen. Doch woher soll das verängstigte Tier wissen, was wir vorhaben? Es geht aus Unsicherheit in eine Abwehrhaltung vor dem vermeintlich gefährlichen Retter. Erst wenn das Tier verstanden hat, dass wir der Retter in der Not sind und es gut mit ihm meinen, kann es sich entspannen und kooperativ verhalten. Das neue Leben kann beginnen, auf jungem Vertrauen basierend schreiben wir und das Tier das erste Kapitel einer Freundschaft.

Oft dauert es Jahre, bis ein Tier negative Erlebnisse überwindet und Vertrauen entwickelt. Und oftmals haben sich die Folgen der Lebensweise seiner Vorfahren bereits in seine Gene überschrieben. Ein Beispiel sind die Hunde, die von engagierten Tierschützern aus dem Mittelmeerraum nach Deutschland vermittelt werden. Neben der oft schlechten Erfahrung mit Menschen während ihres Vagabundendaseins auf den Straßen des Südens hat sich bei vielen dieser Hunde über Generationen ein Verhalten entwickelt und vererbt, das ein Überleben unter diesen Bedingungen möglich macht: Anpassung siegt. Dies wiederum macht aber ein Leben in unseren geordneten Verhältnissen für den geretteten Hund nicht einfach. Denn noch vor Kurzem, auf seiner Straße, hieß das Gesetz: Der Stärkere siegt. Die Selektion der Tiere folgte diesem Straßengesetz. Nun soll er wie einer unserer »kultivierten« Hunde leben, was ein zurückgebildetes Instinktverhalten und dafür eine stärkere Anpassungs- und Nachahmungsfähigkeit voraussetzen würde. Bei der Vermittlung und Haltung solcher Tiere ist es hilfreich, diese Zusammenhänge zu beachten.

Und da sind wir dann schnell bei unseren Emotionen. Wir haben doch mit der Rettung des Hundes etwas Gutes getan und wollen Lob und Dank. Das aber wird uns, die wir ein völlig anderes Leben gewohnt sind, der Hund nicht geben können. Im Gegenteil, er wird es uns erst mal ziemlich schwer machen, wenn wir an ihn so herangehen wie an einen hier geborenen und immer gut behüteten Hund.

Wir »retten« oft, ohne beurteilen zu können, ob der Gerettete versteht und braucht, was wir mit ihm vorhaben. Wir projizieren unsere Wahrnehmung in die des anderen. Wir holen die Katze vom Baum, ohne den Auftrag von ihr erhalten zu haben, und werden als »liebevolles Dankeschön« dafür gekratzt. Feuerwehrleute tragen bei derartigen Einsätzen immer dicke Handschuhe, denn sie wissen, was sie tun. Die Katze aber auch. Würden wir sie gewähren lassen, würde sie von selbst

den Weg zurück finden, zumindest in den allermeisten Fällen. Oder: Wissen wir, ob der seit einiger Zeit vor dem Supermarkt wartende Hund gerettet werden muss? Ist es sinnvoll, ihn mit Futter in das eigene Auto zu locken und mit nach Hause zu nehmen? Machen wir das am Ende mehr für uns selbst als für den vermeintlich in Not Geratenen?

Ohne uns bewusst darüber zu sein, retten wir im Alltag mit unseren Mitmenschen regelmäßig und durchaus häufig ohne Auftrag. Wir denken, wir können mit unserer Meinung einen Freund vor einem Fehler bewahren. Aber er begeht ihn trotzdem – vielleicht weil er ihn nicht als Fehler sieht? Vielleicht weil er unseren Rettungsversuch als Druck empfindet und die gut gemeinten Ratschläge nicht annehmen kann? Auch Ratschläge können Schläge sein. Letztlich kann nur gerettet werden, wer gerettet werden will. Ein beruhigtes Gewissen macht uns nicht zu qualifizierten Rettern.

Des Pudels Kern

Haben Tiere wirklich keine Emotionen? Je länger ich Pro und Kontra zusammentrug, desto klarer wurde mir, dass sich unsere Tiere Emotionen überhaupt nicht leisten können. Purzelbäume der Gefühle sind für Tiere nicht hilfreich. Ob sie das für uns immer sind, bleibt überdies dahingestellt. Tiere haben die klare Aufgabe in ihr Erbgut festgeschrieben, dass sie das Überleben ihrer Spezies sichern sollen. Das sich daraus ergebende zielorientierte Verhalten und die damit zusammenhängende Kompromisslosigkeit und unmissverständliche Körpersprache können nur mit minimalstem Einsatz von Emotionen so erfolgreich sein, wie sie sind.

Wir Menschen ticken zweifellos in der Basis gleich, auch wir haben die Grundbedürfnisse eines Säugetieres. Da geht es um Fortpflanzung, die anschließende Aufzucht der Nachkommen, egal ob Nestflüchter oder Nesthocker, zu denen wir uns zählen. Tier und Mensch nutzen und benutzen denselben Lebensraum, brauchen Wasser, Nahrung, Schlaf etc. Was aber für uns zivilisierte moderne Menschen nicht mehr uneingeschränkt gilt, ist für Tiere weiterhin ganz oben auf der Tagesordnung: die instinktiven Verhaltensstrukturen.

Mit diesem Wissen offenbart sich hinter den allgemein bekannten Schlagwörtern wie Erziehung, Pflege, Fürsorge, Ernährung ein wichtiger Schatz: Es ist der Schlüssel, der Ihnen den wirklichen Zugang zu Ihrem Tier aufschließt, der Ihnen das uneingeschränkte Verständnis für Tiere beschert und das überwältigende Vertrauen entstehen lässt. Das ist das Fundament, auf dem ein Zusammenleben mit dem Tier erfolgen kann. Und es ist natürlich auch das Fundament meiner Arbeit, die anders niemals so gut funktionieren würde.

Der Mensch ist für jedes Verhalten seines Tieres verantwortlich. Seine Verantwortung beginnt mit der Entscheidung, welches Tier mit all seinen angeborenen Verhaltensmustern für ihn das richtige ist, welchem Tier er sich gewachsen fühlt. Die mehr oder weniger genaue Kommunikation ist ausschlaggebend dafür, wie viele Missverständnisse sich zwischen dem Menschen und seinem tierischen Freund einschleichen. Wie wichtig es ist, dass es zwischen Mensch und Tier klappt, wird spätestens dann niemand mehr bestreiten, wenn es um ein Haustier geht, das durch seine körperliche Ausstattung zu einer gefährlichen Waffe werden könnte. Ein solches Beispiel ist der Dobermannrüde Zorro, der eben keine Waffe, sondern beruflich ein ausgeglichener Bestiendarsteller und privat ein wundervoller Kumpel ist.

Die Legende des Zorro

Der Regenwald gehört nach Südamerika, da war ich mir ganz sicher – bis zu dem Tag, als ich zu Dreharbeiten für den Film »Bis an die Grenze« im Bayerischen Wald in der Nähe von Zwiesel eintraf. Schon beim ersten Betreten des Drehortes wünschte ich mir nichts sehnlicher als ein Paar dieser nicht sehr kleidsamen, meist in einem spannenden Jägergrün gehaltenen Gummistiefel, gepaart mit einem schicken gelben Regencape. Marcus O. Rosenmüller, der Regisseur des Films, hatte eindeutig versäumt, mit Petrus einen Kooperationsvertrag zu schließen, denn dieser hatte nur ein Wetterprogramm für uns parat: Regen, Regen, Regen. Von Anfang bis Ende der Drehtage, ständig waren alle und alles triefend nass. Das bayerische Endlos-Sauwetter war etwas übertrieben, auch wenn es zum dramatischen Stoff dieser Produktion perfekt passte – es ging um Menschenhandel – und schaffte für alle Beteiligten harte, oder besser gesagt: nasse Tatsachen.

Mit dem Dobermannrüden Zorro, der abgesehen von einer beeindruckenden Schulterhöhe von achtundsiebzig Zentimetern auch eine erfolgreich absolvierte Schutzhundausbildung vorweisen kann, war ich Woche für Woche auf Abruf, um seine Bilder zu drehen, die ununterbrochen buchstäblich ins Wasser fielen. Zorro fand es großartig, während der Wartezeiten durch Pfützen zu rasen und alles um sich herum noch nasser zu machen, soweit das überhaupt möglich war.

Die ersten Wochen sind wir nicht über das Warten hinausgekommen. Das geflügelte Wort in dieser Branche ist, dass Schauspieler, auch die tierischen, ihre Gage fürs Warten bekommen, den Rest machen sie umsonst. Das stimmt natürlich nicht ganz, und auch dieses Warten ist nicht immer so einfach. Ich habe dabei wirklich gut zu tun. Denn die große Kunst für mich als Trainer in diesen Warteschleifen ist das Entertainment für die Tiere. Die Wartezeit muss möglichst kurzweilig und trotzdem entspannend für die tierischen Filmstars sein. Während sich die zweibeinigen Stars in ihre gemütlichen Wohnwagen zurückziehen, Musik hören, Bücher lesen, im Internet surfen, vom leckeren Catering naschen oder ganz einfach schlafen, verfolge ich unentwegt in Hab-Acht-Stellung jede Regung des wartenden Tieres, um sofort die kleinste Änderung seiner Gemütsverfassung zu erkennen und darauf zu reagieren. Damit das Tier auch wirklich zur Ruhe kommt, muss ich mir, ob ich will oder nicht, in dieser Wartezeit die Ausstrahlung einer Schlaftablette aneignen, alle Antennen bleiben dennoch in Richtung Tier ausgefahren. Irgendwann geht es dann tatsächlich mal zum Dreh – und dann muss das Tier ausgeschlafen und bester Laune sein.

Wenn Zorro und ich am Set auftreten, erstarren alle vor Ehrfurcht. Es wird mucksmäuschenstill, um die »gefährliche Bestie« bloß nicht zu reizen. In all den Jahren hat sich daran nichts geändert. Noch immer ist der Dobermann ein Hund, der größten Respekt hervorruft. Genauso wollte Herr Dobermann das auch: Der große Hund erhielt seinen Namen im 19. Jahrhundert nämlich von seinem ersten bekannten Züchter, Herrn Friedrich Louis Dobermann. Jener Herr war Steuereintreiber und paarte, zur Vereinfachung seiner beruflichen Pflichten, einige besonders scharfe Hunde. Die führte er dann mit sich, um möglichst schnell und unbürokratisch an das Geld der Bürger zu kommen. Da sage noch mal einer, wir würden in schlechten Zeiten leben! Oder wofür würden Sie sich entscheiden: für ein Einschreiben vom Finanzamt oder einen Herrn Dobermann vor Ihrer Haustür?
Um seine Begleiter stattlich und respekteinflößend zu gestalten, mixte Herr Dobermann einen bunten Cocktail an Rassen, wie Vorläufer unserer heutigen Schäferhunde und Rottweiler,

Bastarde aus Pinscher und Jagdhunden. Der schnelle Greyhound sollte dem Dobermann die schlanke, windschnittige Figur vererben und natürlich die Schnelligkeit. Die Arbeitsplatzbeschreibung »zusammen mit Herrchen Steuern eintreiben« verhalf dem Hund bald zu seinem schlechten Ruf, und noch immer ist der Dobermann ehrfurchtgebietend. Menschen machen gern einen Bogen um ihn.

Auch wenn nicht immer drin ist, was draufsteht, wird der Dobermann beim Casting stets dann bevorzugt, wenn es eine Angriffsszene zu drehen gibt. Erinnern Sie sich noch an die beiden Jungs, die in der amerikanischen Fernsehserie »Magnum« das Grundstück bewachten? Es liegt auf der Hand, für eine explosive Szene einen Hund zu casten, der auch eine aggressive Ausstrahlung hat. Zorro musste also immer den Bösen spielen: Zähnefletschen, lautes Bellen, tiefes Knurren, von diesen klassischen Attributen wurden seine Auftritte geprägt. Haben Sie Klaus Kinski jemals in einer liebevollen, sanften Rolle erlebt? Auf eine ähnliche Weise festgelegt wurde auch mein Zorro, der doch im Grunde seines Herzens ein herzallerliebster »kleiner« Schmuser ist.

Er musste oft mit Höchstgeschwindigkeit seine Opfer verfolgen, wie die arme Christiane Hörbiger, die als Alma Mitterteich in der gleichnamigen Krimireihe in letzter Sekunde in ein Auto flüchten konnte, an dem Zorro wild bellend und ziemlich schlecht gelaunt hochsprang. Seine Lefzen legten die Zähne bis zum Anschlag frei und seine Nackenhaare waren denen eines wild gewordenen Wildschweins nun nicht mehr unähnlich. Meine Kollegin Conny saß derweil hinter dem Beifahrersitz, für die Kamera nicht sichtbar, mit Christiane Hörbiger im Wagen. Ihre Aufgabe war es, dem Hund das Kommando zu geben, das Auto von außen zu attackieren. Frau Hörbiger verlangte sehr nach Beruhigung, Connys Einsatz beschränkte sich also nicht nur darauf, den Hund aufzuregen, sondern sie musste auch Frau Hörbiger abregen. Nicht nur der Autolack litt unter den wilden Angriffen der Bestie, die Schauspielerin hatte panische Angst vor dem kraftvollen Dobermann. Sie ist eine großartige Schauspielerin, mit einem verständlichen Hang zur Vorsicht. Einen Tag vor dem Dreh mit Zorro rief sie mich an, um sich noch einmal hundertprozentig zu vergewissern, dass nichts passieren könne. Da ich meinen perfekt ausgebildeten Hund in- und auswendig kenne, versicherte ich Frau Hörbiger, dass es keinerlei Gefahr für sie gebe. Nach Rücksprache mit der Regie vereinbarten wir, dass Zorro einen Mindestabstand von einem Meter zu ihr einhalten solle und dafür ein wenig mit dem Winkel der Kamera geschummelt würde, um die Situation für den Zuschauer trotzdem so bedrohlich wie möglich darzustellen.

Ein respektvolles Verhalten Dobermann Zorro gegenüber war nicht nur Christiane Hörbiger vorbehalten, sie befindet sich in bester Gesellschaft, denn auch Mario Adorf und Jürgen Tarrach bekamen Zorro als schwarzen vierbeinigen Filmpartner zugeteilt. »Es ist ein Elch entsprungen« heißt ein Weihnachtsfilm für Kinder und solche, die es immer noch ab und zu mal sein wollen. Trotz regelrechter Hundephobie haben sich die beiden männlichen Hauptdarsteller überwunden, zusammen mit Zorro tapfer eine »heiße« Beißszene zu drehen. Seitdem sind sie große Verehrer des Dobermannrüden. Mit einem vom Drehbuch vorgeschriebenen lässigen »Hör auf« musste sich Jürgen Tarrach als Besitzer des Hundes zwischen einen kleinen Jungen und Zorro stellen, der sich in all seiner faszinierenden Gefährlichkeit vor dem Kind aufgebaut hatte. Der Darsteller des kleinen Bertil war ein mutiger kleiner Superman, er musste nämlich dem zähnefletschenden Hund in dieser Szene auch noch einen Keks zwischen die Kiefer schieben, obwohl die Bestie ihn, natürlich nur laut Drehbuch, zum Frühstück verspeisen wollte.

Alle großen und kleinen Darsteller kostet eine solche Szene eine große Portion der Medizin, die man Überwindung nennt. Im Kinofilm »Bumm« hatten Katja Riemann und Ulrich Noethen das Vergnügen, hier gab es eine wilde Verfolgungsjagd. Wer der Verfolger war? Ich denke, Sie können es erahnen.

Doch zurück in den bayerischen Regenwald. Bei »Bis an die Grenze« teilten Katharina Böhm und Götz Otto das Schicksal, mit Zorro zu drehen. In dieser Szene sollte es wirklich zur Sache gehen. Ein Oberschenkelbiss, selbstverständlich nur angedeutet, und ein herzhaftes Festhalten am Unterarm wurden vom Drehbuch als leichte Attacken des Grenzhundes auf die Menschenschleuser bezeichnet. Der Drehbuchautor hatte sich jedoch noch eine wirklich explosive Szene einfallen lassen: Zorro verbeißt sich regelrecht in einen der Protagonisten, und zwar so, dass der Eindruck entsteht, er würde ihn nie mehr loslassen.
Das Verbeißen kennen allerdings nicht nur Hunde. Nicht selten kommt es vor, dass sich ein Regisseur bei den Dreharbeiten in eine einzige Szene regelrecht verbeißt, um die bestmögliche Leistung zu erzielen, und wir Wiederholung um Wiederholung drehen. Das wollte ich in diesem Fall unbedingt vermeiden, dem Darsteller, aber vor allem dem Hund zuliebe. Es gehört schließlich auch zu meinen Aufgaben, den Kräftehaushalt der Tiere sinnvoll einzuteilen. Gerade eine heftige Angriffsszene erfordert einiges an Energie.
Um solch eine Szene zu trainieren, verwende ich immer einen Konfigurantenarm, das ist ein Schutz aus Leder oder Kunststoff, den die Zähne eines Tieres garantiert nicht durchdringen, oder sogar einen kompletten Schutzanzug. Wichtig ist es natürlich, die angegriffene Person – ob beim Training oder dann am Set – zu schützen, aber für mich geht es vor allem darum, dass der Hund nicht durch eventuelles echtes Schmerzgeschrei

des Gepackten verunsichert wird. Ich muss ihn mit anfeuernder Stimme positiv bestätigen, wenn er das »Opfer« beziehungsweise den Schutzanzug, in dem der Helfer gut geschützt steckt, mit seinen Zähnen packt. Während der Schutzhundausbildung bei der Polizei oder beim Zoll werden ebenfalls genau diese Dinge trainiert.

Für Filmaufnahmen sind die Gegebenheiten etwas anders. Der gutaussehende, schlanke Schauspieler würde mit dem entsprechenden Outfit schnell zum Michelin-Männchen. Über dem Schutzanzug müsste er auch noch die maßgeschneiderte Filmkleidung, die von der Kostümabteilung festgelegt wird, tragen, aber mindestens drei Nummern größer. Also mussten wir eine andere Lösung finden. Anstelle eines Konfigurantenarmes, der normalerweise bei der Schutzhundausbildung den menschlichen Arm vor dem fingierten Angriff des Hundes schützt und sehr viel dicker als ein gewöhnlicher Hemdsärmel ist, steckte ich einen Lederärmel, ausgestopft mit Zeitungspapier, unter das Kostüm. Oberkörper und Weichteile wurden mit einem Kettenhemd geschützt, wie es im Mittelalter bei den Rittern üblich war. Die Beine waren mit hautengen Protektoren vollgepackt, wie wir sie vom Sport kennen. Eishockey-Spieler und Rollerblader wären höchst gefährdet, wenn sie diese Hilfsmittel nicht tragen würden. Der Schutz vor dem enorm kräftigen Hundekiefer und den gefährlichen Zähnen war so unter dem Kostüm für den Zuschauer nicht sichtbar, und der Schauspieler konnte sich – zumindest faktisch und theoretisch – sicher fühlen. Da keine Versicherung der Welt einen Schauspieler versichern würde, der sich dem Angriff eines Dobermanns aussetzt, übernimmt ein Stuntman solche Aufgaben, dann bleibt der Schauspieler in Sicherheit und somit den Dreharbeiten unbeschadet erhalten. Stuntmen sind nicht nur durchtrainiert, sie wissen auch genau, wie sie einen derartigen Hundeangriff unbeschadet überstehen. Wenn es sein muss, sind sie

auch in der Lage, sich zu wehren. Eine gehörige Portion Mut gehört natürlich auch noch dazu, wenn man sich von einem augenscheinlich schlecht gelaunten Dobermann umwerfen lassen und sich anschließend seinen Angriffen ergeben soll.

Glauben Sie nicht, dass Dobermann Zorro Mitleid mit dem Stuntman empfand und deshalb vorsichtig agierte. Genau das Gegenteil war der Fall: Ungebremst und voller Elan stieg Zorro in das spannende Spiel ein. Er konnte es kaum erwarten, bis mein Kommando kam, das seinen mit mir einstudierten Angriff abrief. Sieht die Attacke nicht aggressiv genug aus, ist der Regisseur mit Sicherheit unzufrieden und wir müssen das Ganze wiederholen.

Genau so abrupt, wie das Schauspiel begonnen hatte, hörte es mit meinem Kommando auch wieder auf. Ich gab einfach das vereinbarte Zeichen, in dem Fall einen Pfiff, und schon ließ das »Ungeheuer« von seinem Opfer ab. Zorro beeilte sich, zu mir zurückzukommen, denn sein Lohn in Form von begeistertem Lob wartete schon. Das Team konnte es kaum glauben, dass bei Zorro diese kurz zuvor doch so deutliche Aggressivität wie weggeblasen war. Auch während der Drehpausen gab es davon keine Spur. Er zeigte nicht das geringste Interesse an dem Stuntman, das beruht übrigens meist auf Gegenseitigkeit. Sobald jedoch die Klappe das nächste Mal fiel, wartete Zorro auf mein Kommando und verwandelte sich in Sekundenschnelle wieder in die zähnefletschende Bestie.

Der Trick liegt ausschließlich im Aussehen des Hundes! Würde ich dieses Spiel einem kleinen Schoßhund beibringen, wäre das der Lacher schlechthin. Bei einem großen, dunklen Hund mit spitzem Fang und stehenden Ohren macht ein Angriff, auch wenn er nur fingiert ist, Angst.

Zum Vergleich stelle ich Ihnen kurz die Zwergausgabe des Dobermanns, den Rehpinscher, vor. In dem Fernsehfilm »Tote Hose« mit Wolke Hegenbarth und Oliver Mommsen durfte ein solcher Dreikäsehoch eine ähnliche Aktion starten wie Zorro. Nur wurde dieses Mal kein Stuntman und kein Schutzanzug benötigt, niemand am Set hatte Angst vor dem knurrenden Zwerg, und von Ehrfurcht konnte gar keine Rede sein. Im Gegenteil: Alle schütteten sich aus vor Lachen über den durchaus ernsthaft arbeitenden Rehpinscher.

Bei Zorro lachte niemand: Der Stuntman lag im Dreck, der Hund stand über ihm und zerfetzte ihm energiegeladen die Hose, das rote Filmblut schoss üppig aus den Depots, die in der Hose untergebracht waren. Der Stuntman wurde zum Schauspieler und rief mit schmerzverzerrter Miene um Hilfe. Das war objektiv betrachtet eine dramatische Szene, die, man mag es gar nicht glauben, während einer Regenpause gedreht werden konnte. Der Regen ließ aber nicht lange auf sich warten, Zorro war gerade auf dem Rückweg, um sein Lob bei mir abzuholen, als es wieder anfing zu schütten. Natürlich waren wir alle schnell erneut patschnass und wurden von einer Art Schneeraupe zurück in unser Camp am Fuße eines Berges gebracht. Zorro, der Stuntman und ich brauchten Ruhe. In der Presse war bald Folgendes zu lesen: »Naturthriller im ZDF ›Bis an die Grenze‹, Horror-Trip im Bayerischen Wald trifft Forsthaus Falkenau.«

Auch wenn Ihr Hund Sie verhundlicht, sollten Sie ihn nicht vermenschlichen

Hunde sind die uneingeschränkten Favoriten im Film, Hunde sind unsere liebsten Haustiere, Hunde sind die Tiere, die wir erziehen, anziehen und verziehen, mit und ohne Wissen um diese »verdammten« Emotionen. Versuchen wir Menschen,

das Verhalten des Hundes mit unseren Gefühlen und mensch-lichen Denkweisen zu vergleichen, jagt ein Missverständnis das andere. Der Klassiker eines Aneinandervorbeilebens entsteht, wenn die Frage der Führung nicht geklärt ist. Hunde leben in der Hierarchie eines Hunderudels. Wir Menschen führen in der heutigen Gesellschaft im Gegensatz dazu das Leben eines Einzelgängers, eines »Paarläufers« oder sind Teil eines kleinen Familienverbandes. Für den Hund jedoch spielen wir die Er-satzfamilie, und zwar Vater oder Mutter – gleichbedeutend mit Oberhaupt der Familie und somit Chef des Clans.

Wie auch immer Sie sich benehmen, für Ihren Hund bilden Sie und Ihre Angehörigen seine Adoptivfamilie. Gibt es kein dominantes Mitglied dieses Clans, übernimmt ohne weitere Rückfragen Ihr Hund die Führung. Dann zeigt er mit Nach-druck allen, wo es langgeht – und das kann nervig werden. Es ist aber nicht die »Schuld« des Hundes. Der tut, was er kann, und legt sich richtig ins Zeug, um die führerlose und damit in seinen Augen gefährdete Familie am Leben zu erhalten. Über-nehmen Sie oder jemand anderes aus der Familie die domi-nante Führung, ordnet sich Ihr Hund sofort unter. Das ent-spricht seinen Überlebensstrategien. Und es ist ihm sogar angenehm, den Leistungsdruck des Boss-Seins nicht selbst tra-gen zu müssen. Dass Ihre Führung Liebe und Fürsorge ein-schließt, ist selbstverständlich.

Wer der Chef ist, zeigt sich im Alltag bei den kleinsten Klei-nigkeiten. Der tägliche Spaziergang mit Bello beispielsweise birgt schon im Vorfeld einige Gefahren, die zum größten Teil völlig überflüssig sind. Wie banal es auch klingt, ein planvol-les Vorgehen hilft, alltägliche Aufgaben zu lösen und somit ein harmonisches Zusammenleben zwischen Mensch und Tier zu gewährleisten. Die verschiedenen Standpunkte der Wahrneh-mung der Beteiligten spielen hier eine große Rolle.

Bello geht mit Frauchen Gassi

Frauchen gibt den Startschuss schon vor dem Öffnen der Haustür. Der Hund sitzt bereits in den Startlöchern und scharrt mit den Pfoten, während sie noch hektisch herumrennt, um sich für den Spaziergang zu rüsten. Schon ab diesem Zeitpunkt weiß Bello, dass das Rennen bald beginnt. Wird dann noch die Tür geöffnet, flitzt er los, um bloß als Erster den Gehweg zu überqueren, ein gern gesehenes Opfer ist der Briefträger, der angekläfft wird, als ob er gleich zum Frühstück verspeist werden soll.

Mitten auf der Straße löst der freilaufende Hund ein Hupkonzert der bremsenden Autos aus, und Frauchen schrammt gerade noch an einer größeren Polizeiaktion vorbei, da glücklicherweise keine Massenkarambolage daraus entstanden ist. Nun kommt sie zum Tatort. Mit offenen Schuhbändern, wehenden Haaren, die Hundeleine einem Lasso gleich schwingend, hetzt sie stolpernd zur Straße und ruft hektisch mit atemloser Stimme nach dem ungezogenen Hund – der nicht wirklich ungezogen ist, sondern lediglich ihren Startschuss wahrgenommen hat. Beschimpfungen von den Autofahrern schuldbewusst entgegennehmend, geht die Hundehalterin mit gesenktem Kopf und einem inzwischen angeleinten Bello zurück zum Haus. Das Tier wird selbstverständlich lautstark darüber informiert, dass es alles, wirklich alles falsch gemacht hat. Unsere subjektive Wahrnehmung lässt uns gern die Schuld beim Hund suchen, aber um es auf den Punkt zu bringen: Der Hundeführer ist immer, wirklich immer verantwortlich für die »Fehler«, die der Hund macht.

Also drehen wir den Spieß um: Nicht Bello geht mit Frauchen Gassi, sondern… Frauchen geht mit Bello Gassi. Nun also alles der Reihe nach: Schuhe schnüren, Jacke an, Hund an die Leine, Kommando an Bello, beispielsweise ein bestimmtes,

gelassen ausgesprochenes »Sitz«, »Bleib« oder »Steh«. Wenn Ihnen das zur nötigen Gelassenheit hilft, hilft es auch Ihrem Tier. Dann erst wird der Sesam geöffnet und so kann Bello, der nun nicht mehr auf der Flucht ist, sondern von seiner Chefin geführt wird, dem Briefträger ein freundliches Schwanzwedeln anbieten und dann in aller Ruhe an der Leine mit einem entspannten Frauchen die Straße überqueren.

Von Führern und Geführten

Die Sicht des Hundes bietet nur zwei mögliche Lebensformen in seinem Rudel: führen oder geführt werden. Dabei ist es unwichtig, ob es sich um ein Rudel unter Artgenossen oder Menschen handelt. Bei einem guten Vertrauensverhältnis kommt der Hund daher freudig erregt und mit dem Schwanz wedelnd zur Begrüßung, sobald Sie nach Hause kommen. Damit demonstriert er Ihnen, dass er ein untergeordnetes Familienmitglied ist und Sie als Führer akzeptiert. Dieses Verhalten hat nichts damit zu tun, dass Ihr Vierbeiner sich besonders über Ihr persönliches Erscheinen freut, es hat auch nichts damit zu tun, dass er Sie über alles liebt oder ihm so ganz ohne sie langweilig geworden ist.

Zögert Ihr Hund bei der Begrüßung oder werden Sie am Ende ignoriert, wenn Sie nach Hause kommen, ist Ihr Hund sich nicht darüber im Klaren, dass Sie der Chef im Hause sind. Zu seiner »Beförderung« fehlt nun nur noch, dass Sie untergeordnet vor ihm tanzend mit dem Schwanz wedeln. Seine »Distanzierung« bedeutet nicht, dass Ihr Hund Sie hasst, ablehnt oder beleidigt ist, sondern ist eine reguläre, artgerechte Reaktion auf Ihr Verhalten. Er testet die Grenzen aus, die Sie nicht klar genug ziehen.

Wahrnehmung auf vier Beinen

Um sich einen Eindruck zu verschaffen, wie Ihr Hund aus seinem körperlich niedrigeren Blickwinkel die Umgebung wahrnimmt, setzen Sie sich doch mal auf den Fußboden und lassen Sie diesen Eindruck auf sich wirken. Sollten Sie an dieser Wahrnehmung Gefallen finden und sollte es Ihnen vor Ihren Nachbarn nicht peinlich sein, könnten Sie auch gern den kompletten Gassiweg auf allen vieren bestreiten. Begeben Sie sich nicht nur räumlich auf die Ebene Ihres Lieblings, sondern versuchen Sie auch, mit der neu errungenen Wahrnehmung durch diesen überraschenden Blickwinkel die bedrohlichen Größenunterschiede, die andere Sichtweise auf Dinge des Alltags einzuschätzen und Ihre Schlüsse daraus zu ziehen. Sicher können Sie dann verstehen, dass Frauchen und Herrchen, laut schreiend, mit wild gestikulierenden Händen im stehenden Zustand auf zwei Beinen, eine Bedrohung für jeden Hund auf seinen vier Beinen darstellen können. Der Hund ist dann nicht nur verunsichert, sondern durch uns im Chaos.

Hund gegen Mini Cooper

Chaos mit Tieren ist nur im Film lustig, wie zum Beispiel damals, als für eine Fernsehproduktion absichtlich ein heilloses Durcheinander durch einen Hund ausgelöst wurde. Bei dem tierischen Darsteller handelte es sich um einen Scottish Deerhound, der mit einer Schulterhöhe von etwa achtzig Zentimetern und seinem zottigen, grauen Fell den Eindruck entstehen lässt, dass möglicherweise gleich hinter dem Hund die Kelten mit Schild und Speer auftauchen. Wolke Hegenbarth, die Hauptdarstellerin der Komödie »Tote Hose«, war die Fahrerin eines Mini Coopers, der mit offenen Fenstern an einer Ampel stand. Nun stellen Sie sich vor, Sie summen den neuesten

Shakira-Song im Radio mit, denken an nichts Böses und warten nur darauf, dass die Ampel Grün anzeigt. Plötzlich spüren Sie einen heißen Atem an Ihrem Hals, Sie wenden erschreckt den Kopf in Richtung offenes Fenster – und haben den riesigen Schädel eines grauen Ungeheuers vor der Nase, das sich Ihrem Gesicht neugierig immer weiter nähert. Im Geiste sehen Sie sich schon im Rachen des Drachens verschwinden.

Wolke Hegenbarth jedenfalls hatte in dieser Rolle das Gaspedal zu betätigen, um vor Schreck und nackter Angst dem Ungeheuer zu entkommen. Das hatte jedoch zur Folge, dass sie einen Radfahrer, gespielt von Oliver Mommsen, umfuhr, der später ihr Prinz wurde und wenn sie nicht gestorben sind, dann leben sie noch heute … In diesem Fall war es wichtig, dass Amati, wie die riesengroße Hundedame heißt, den Zusammenstoß mit dem Fahrrad, der direkt nach ihrem Auftritt passiert, positiv wahrnimmt, um erstens in Zukunft keine Angst vor von Hegenbarths gesteuerten Mini Coopern zu haben und zweitens die Szene, wie es in diesem Fall nötig war, viermal zu wiederholen.

Solange Sie mit Ihrem Hund alles im Fluss halten, sich fließend und zielorientiert bewegen und nicht in einem hektischen Vor-und-zurück-Gezerre enden, kann der Hund Sie verstehen und auf dem von Ihnen gewünschten Weg wahrnehmen, was Sie vorhaben. Dann wird er auch nicht seinen Kopf in ein Autofenster strecken. Zur Information am Rande: Die Scottish Deerhounds zählen zu den sanftesten Riesen der Hundewelt. Sollte also wirklich einmal ein derartiger Hundekopf in Ihrem Auto auftauchen: keine Panik! Dieser Hund ist ein Engel auf vier, zugegebenermaßen riesigen, Pfoten.

Einer für alle – alle für einen

Ein Zusammenleben von Mensch und Hund ist so einfach wie Mannschaftssport, es ist Teamarbeit. Wir nutzen die Stärken des Einzelnen, um das Team erfolgreich zu machen. Die Schwächen des jeweiligen Teamplayers werden diesem nicht unter die Nase beziehungsweise die Schnauze gerieben, sondern von den Stärken der kompletten Mannschaft aufgefangen. Jeder hat seinen Bereich, in dem er erfolgreich seine Talente einbringen kann. Oder was würden Sie sagen: Wer wirft den Ball besser, Sie oder Ihr Hund? Wer bringt den Ball schneller, Ihr Hund oder Sie?

Werden die Grenzen verwässert oder die Spielpositionen getauscht, ist das Zusammenleben für beide Parteien anstrengend, wenig motivierend und kaum erfolgreich. »Schuster, bleib bei deinen Leisten!« Kein Mensch wird auf die Idee kommen, sich beim Wiederkäuen einer Kuh einzumischen oder es gar selbst zu versuchen – nicht zuletzt, weil die optische Attraktivität des Wiederkäuens sehr zu wünschen übrig lässt. Lassen wir die Vögel fliegen und die Fische schwimmen. Lassen wir die Hunde nach Stöckchen rennen und Herrchen beschützen. Wir Menschen sind das einzige Säugetier, das mit dem Talent ausgestattet ist, dauerhaft aufrecht auf zwei Beinen zu laufen und somit etwas mehr mit den Händen anfangen zu können. Und so macht jeder das, was er am besten kann. Ein Tier zu motivieren, drehbuchgerecht zu agieren, ist meine Aufgabe. Auch dann, wenn die Stimmung in der entsprechenden Szene das Tier zu etwas gänzlich anderem verleiten würde, wie einmal mit einer streitlustigen Senta Berger.

Was ist wirklich wirklich?

In der Fernsehproduktion »Zwei gegen Zwei« spielte Senta Berger das Frauchen meiner Hündin Paula. Das Herrchen in diesem Fernsehspiel hatte gerade sehr schlechte Karten, seine Frau entlarvte ihn als Liebhaber ihrer besten Freundin. Das ist nun keine wirklich neue Geschichte, aber Senta Berger spielte in dieser Szene alle und alles an die Wand. Keiner am Set wollte in der Haut des armen Sünders stecken.

Meine kleine, talentierte Hündin Paula hatte die Aufgabe, hin- und hergerissen zu sein und von Frauchen zu Herrchen, von Herrchen wieder zu Frauchen zu springen. Der Wutausbruch über die Untreue ihres Mannes wurde von Senta Berger so intensiv gespielt, dass ich dafür Sorge tragen musste, dass die kleine Paula diese so real wirkende Situation nicht in den falschen Hals bekam und dann mit hängendem Schwanz total deprimiert herumstehen oder einfach während des Streits das Weite suchen würde. Mein Ziel war, dass Paula freudig an dieser Streitszene teilnahm und sie wie eine Art Spiel wahrnahm. Es kommt also nicht auf die Situation an, sondern darauf, wie diese wahrgenommen wird. Besetze ich eine kritische Situation positiv, nimmt das Tier sie als positiv wahr, vorausgesetzt es hat Vertrauen zu mir als Bezugsperson.

Das Vorbereitungstraining für diese Szene war ein sehr lautes. In allen Tonlagen schreiend spielten meine Assistentin und ich Paula einen Streit vor. Währenddessen wurde sie abwechselnd durch Körpersprache und mit leckerer Belohnung positiv darin bestärkt, von einem zum anderen zu springen und natürlich Spaß dabei zu haben. Am Drehort war es meine Aufgabe, Paula während der lautstarken Auseinandersetzung der Schauspieler mit meiner Körpersprache, Gestik und Mimik positiv zu bestärken, damit sie auch diese Streitszene positiv wahrnahm. Paula, deren zweiter Vorname von da an Flummi war, hat ihre Sache sehr gut gemacht und ist abwechselnd an den Schauspielern hochgesprungen, als ob alle in bester Stimmung wären.

Ich war allerdings wirklich, und nicht nur wegen Paula, bester Stimmung. Frau Berger hatte mich am Set wahrgenommen und mich zu ihrem Gesprächspartner während der Wartezeiten befördert.

Wie im richtigen Leben

Nicht nur Drehbuchautoren schreiben spannende Geschichten, auch das alltägliche, »normale« Leben ist voller Spannung und Herausforderungen. Im »richtigen Leben« können wir jede Aufgabe mit unseren Haustieren planen, vorbereiten, trainieren und umsetzen. »Ein Coach für Tiere« hieß die Staffel für den Sender Pro7, bei der ich an der realen Front des Haustieralltags als Tiercoach und Berater für den zweibeinigen Part vor der Kamera stand. Ich besuchte Familien in ihren Wohnungen oder Häusern, stand in ihren Gärten, auf ihren Gassiwegen, in ihrer Küche, überall da, wo es Probleme mit dem geliebten Haustier gab. Gemeinsam mit Frauchen, Herrchen, Oma, Opa und den Kindern erarbeitete ich einen neuen Weg, der vom unerwünschten Verhalten des Haustieres weg führte und für alle Beteiligten das Zusammenleben leichter machte. Mal sollte ich dafür sorgen, dass Hund und Katze friedlich zusammenleben, mal sollte der Hund dem Besitzer Gehorsam entgegenbringen und ein anderes Mal war das Ziel, das Vertrauen eines Pferdes zu gewinnen.

Allen Familien war es sehr wichtig, die Probleme zu lösen. Deshalb brachten sie auch die notwendige Motivation und Bereitschaft auf, mit mir gemeinsam die beste Lösung zu finden. Somit hatte ich sozusagen den Auftrag zur Rettung offiziell erhalten. Ich analysierte das Problem, das die Missverständnisse zwischen Mensch und Tier verursachte, und schnell lag der Lösungsweg auf der Hand.

Einer meiner »Auftraggeber« war eine Familie, die mit einer Immobilie gleich die Katze des Vorbesitzers übernahm. Schon viele Jahre lebte die Katze in und um dieses Haus herum, es war sozusagen ihres. Nun zog zusammen mit der Familie des neuen Besitzers auch der lockige ungarische Hirtenhund mit in die Behausung ein – er hatte keine Vorstellung von Katzen, genauso wie die beheimatete Katze keine Erfahrungen mit diesen bellenden Vierbeinern hatte. Sobald nun aber die Katze versuchte, in den Garten zu kommen, bellte der Hund und rannte auf sie zu. In »ihr« Haus kam sie schon gar nicht, bei jedem neuen Anlauf wurde die Katze umso mehr verbellt und verfolgt. Die Familie wollte die beiden Tiere aneinander gewöhnen, man meinte den Hund beschwichtigen zu müssen, wenn er wie verrückt die Katze anbellte. Auch die Katze wurde mit beruhigenden Worten bedacht, um sie vom Davonlaufen abzubringen. Genau diese Versuche waren es, die die Tiere in ihrem jeweiligen Verhalten bestätigten und kontraproduktiv wirkten. Mit jeder falschen Bestätigung durch den Menschen verstärkte sich nämlich das tierische Verhalten und wurde zur Gewohnheit. Die Tiere arrangierten sich nicht, wie es instinktiv geklappt hätte. Sie wurden von den Menschen geleitet, die versuchten, die Situation aus ihrer Sicht zu lösen. Die Tiere verhielten sich instinktiv richtig, bezogen auf das Verhalten der Menschen, konnten jedoch dadurch keinen Weg zueinander finden. Das unerwünschte Verhalten der Tiere war somit ein Resultat der Vermenschlichung durch die Familie.

Die Lösung hieß: zwei Ebenen schaffen, eine für den Kletterkünstler Katze und eine für den Vierbeiner mit Bodenhaftung namens Hund. Ein Steg, der unerreichbar für den Hund an der Hauswand entlang verlief, gab der Katze die Möglichkeit, ohne den Gartenboden zu berühren, vom Dach aus über den

Steg auf die Terrasse zu kommen. Dadurch blieb die Ebene des Hundes unberührt von der Katze. Eine leckere Portion Katzenfutter war nicht nur als Motivation gedacht, den Weg auf den Steg einzuschlagen, sondern auch als Bestätigung für ihr Verhalten, nämlich dazubleiben und in Ruhe zu futtern.

Bei jedem Besuch der Katze am Futternapf erhielt auch der Hund eine Schüssel mit heißgeliebtem Futter. Beide Tiere konnten sich so in einer friedlichen Situation beobachten und feststellen, dass keiner dem anderen gefährlich wurde und somit keine Gefahr drohte. Die Situation entspannte sich, die Tiere lernten sich kennen und »lesen«, und schließlich lernten sie auch miteinander zu leben. Alle konnten endlich das neue, alte Heim gemeinsam in Ruhe genießen.

Ein anderer Fall dieser Serie drehte sich um die Durchsetzungschancen der verschiedenen Familienmitglieder gegenüber ihrem Hund. Dieses Thema ist weit verbreitet und bringt viele Hundebesitzer an die Grenzen ihrer Möglichkeiten. Es gibt plakative Beispiele, wie ich dem Hund demonstrieren kann, dass ich der Boss bin. Ich gehe vor ihm durch die Tür, er darf nicht auf das Sofa oder ins Bett oder ich lehre ihn die klassische Unterordnung. Das ist jedoch nicht des Pudels Kern. Solange Sie nicht wirklich ernst meinen, was Sie versuchen zu vermitteln, wird Ihr Hund Sie instinktiv immer und immer wieder herausfordern und prüfen und somit nicht ernst nehmen. In dem Moment, in dem Sie Ihre Position verinnerlicht haben und mit jeder Faser des Körpers genau das meinen, was Sie Ihrem Hund abverlangen, wird er es Ihnen auch glauben. Sind diese Grenzen zwischen Ihnen und Ihrem Hund abgesteckt, spielt es keine Rolle mehr, ob er vor Ihnen durch die Tür geht, ob er mit Ihnen auf dem Sofa liegt oder zum Einschlafen am Bettende Ihre Füße wärmt. Übrigens wirken Sie genau so überzeugend auf Ihren Hund wie auf Ihre Mitmenschen. Ihr Gegenüber nimmt instinktiv wahr, wie über-

zeugt Sie von dem sind, was Sie selbst vermitteln. Ob Mensch, Hund, Löwe, Kamel, Elefant, Ziege oder Esel – dieses Prinzip funktioniert immer.

Nicht nur für diese Pro7-Sendung wurde ich mit den Alltagsproblemen anderer Tierbesitzer konfrontiert. Ob es am Set die Tiergeschichten von Uschi Glas und ihrem Boxer sind, Andrea Sawatzki über ihre Katzen spricht, Veronica Ferres über ihr Pferd berichtet oder interessierte Tierbesitzer von nah und fern um Antworten auf ihre Fragen bitten oder von ihrem geliebten Haustier erzählen wollen … Mir begegnen sehr häufig verwandte Themen. Meist sind Missverständnisse durch unsere menschliche Interpretation der Grund, weshalb es nicht rund läuft zwischen Mensch und Tier. Häufig geht es nur um eine kleine Verschiebung in der Wahrnehmung. Ein neuer Blickwinkel, zu dem ich dann oft anregen kann, lässt das Verhalten des Tieres in einem ganz anderen Licht erscheinen und verrät das Bedürfnis von Mensch oder Tier, das hinter dem Problem steckt.

Die Evolution hat entschieden

Nicht dass Sie glauben, ich hätte die Weisheit mit dem ersten Bananenbrei zu mir genommen und schon immer gewusst, dass ich Tiere besser verstehen kann, wenn ich keine menschlichen Emotionen in ihr Verhalten interpretiere. Oh nein, davon war ich weit entfernt! Diese »schmerzhafte« Erkenntnis habe ich erst nach und nach auf meinem teilweise recht steinigen Weg namens »Ich will Tiere ganz und gar verstehen!« gemacht. Zuerst war ich neugierig und habe mich immer und immer wieder auf die Lauer gelegt, um das Verhalten der Tiere zu studieren.

Dann wollte ich mit ihnen arbeiten, intensiv und vertraut sollte es sein. Doch immer wieder kam ich an einen Punkt, an dem ich mich wie ein Kreisel um mich selbst drehte. Ich kam und kam nicht weit genug hinein in die Geheimnisse der tierischen Denkweise. Ich wollte nicht nur Teilerfolge feiern. Immer wieder musste ich Niederlagen einstecken, die mir deutlich zeigten, dass mir das hundertprozentige Verständnis nach wie vor fehlte. Zu diesem Zeitpunkt war ich noch blind für den Unterschied in meinem Verhalten und meinen Trainingsmethoden. Ich erkannte nicht, woran es lag, dass das eine Training erfolgreich war und das andere wiederum nicht.

Dann starb mein Pelzchen, die ungewöhnliche Hündin, die meinen Weg zum Tiertrainer stark geprägt hatte. Plötzlich, während ich mit dem Schmerz über ihren Verlust umgehen musste, stellte sich mir eine entscheidende Frage: Hatte ich in diesen geliebten Vierbeiner all meine menschlichen Emotionen hineininterpretiert? Hatte ich wirklich einen echten Zugang zu meinem Hund gesucht, oder habe ich die kleine Hundedame »zwangsbeglückt«, indem ich entschied, dass sie so zu funktionieren hat, wie ich als Mensch funktioniere? Habe ich bei ihr nachgefragt, ob sie sich wirklich verstanden fühlt, oder wurde meine Beurteilung deshalb beeinflusst, weil die Bestätigungen des Hundes manipuliert waren durch Futter, Zuneigung und Abhängigkeit?

Ich musste das wissen! So beschloss ich, mein gewohntes Verhalten komplett zu ändern. Ich betrieb erneut »Verhaltensforschung«, ohne meine durchaus vorhandenen Emotionen auf das Verhalten der Tiere zu projizieren. Die erste Zeit wollte ich gar nicht verstehen, was ich da entdeckte. Es traf mich wie ein Blitz aus heiterem Himmel: Je weniger menschliche Emotionen ich in das Verhalten meiner Tiere hineininterpretierte, desto besser lief das Miteinander! Immer wieder verwarf ich diesen kühnen Gedanken, dass meine Lieblinge sehr viel weniger Emotionen als wir Menschen entwickeln. So »lieblos« über meine Tiere nachzudenken, wo kommen wir da hin! Doch bei jedem dieser Ausflüge in meine neue, noch ungewohnte Herangehensweise hatte ich uneingeschränkten Erfolg.

Ich entdeckte, dass mein eigenes Gefühlsleben dazu beitragen kann, die Situation eines Tieres, seine Bedürfnisse in diesem Moment und mein Verhalten, auf das es einsteigen wird, wahrzunehmen. Dieses feinere Wahrnehmen ließ mich fortan den Schwierigkeitsgrad der Anforderungen sehr gut einschätzen. Neu war, zu akzeptieren, dass das Tier weder so denkt oder fühlt wie ich noch so sein will. Zieht sich ein Tier zurück, gilt es zu verstehen, aus welchem Grund es das tut. Hunde wollen uns gefallen, und es fällt uns deshalb schwer zu erkennen, wann sie sich gern zurückziehen würden. Da sie es nämlich nicht unbedingt gleich tun, gehen wir oft zu weit. Wir provozieren dann mit der Überforderung des Hundes, dass er sich wirklich zurückzieht. Abhängig von Situation und Rasse kann das bedeuten, dass er wegläuft, aber durchaus auch, dass er zubeißt. Katzen hingegen sind von uns unabhängig, sie entziehen sich einer Situation oder zeigen uns mit einem gezielten Angriff und ausgefahrenen Krallen, dass wir sie in Ruhe lassen sollen. Angriff ist die beste Verteidigung, vermittelt uns der Katzenjargon.

Der kraftvolle Tritt eines Pferdes hat so manchen Menschen schon im Krankenhaus aufwachen lassen. Nehmen wir den Wunsch nach Rückzug dieser Tiere nicht wahr, können Hufe lebensgefährlich werden. Aber selbst der kleine Wellensittich ist in der Lage, wenn er sich nicht mehr anders zu helfen weiß, mit seinem wehrhaften Papageienschnabel Blut fließen zu lassen. Die Biene sticht und die Ameise pieselt, rücken wir ihnen zu nahe auf den Leib. Entscheidend ist immer, warum das Tier dieses Verhalten zeigt. Verstehe ich den Grund aus der Sicht des Tieres, kann ich in Zukunft die entsprechende Situation vermeiden. Eine simple Richtline fürs Wohlfühlen. Ob ich mich im Alltag befinde oder als Tiertrainer unterwegs bin, mit einer genauen Beobachtung stelle ich fest, wenn es dem Tier »zu bunt« wird. Wendet es die Augen, den Kopf oder den ganzen Körper von mir ab, ist es bereits auf dem Rückzug. In diesem Fall ist der Bogen überspannt, und bevor eine erneute produktive Annäherung stattfinden kann, sollte eine Regenerationsphase für das Tier erfolgen. Solange es sich kooperativ auf meine Signale verhält, sind wir im Geschäft. Es geht also um den winzigen Moment zwischen dem Gedanken an einen Rückzug und der Kooperation. Je mehr man über das Verhalten der Spezies weiß und je genauer man das Tier kennt, desto genauer trifft man ins Schwarze. Solange man das nicht hundertprozentig einschätzen kann, gilt: Wenn's am besten ist, aufhören.

Meinen Einstieg, diese Vorgehensweise in die Praxis umzusetzen, hatte ich bei der Ausbildung von eher ungewöhnlichen Tieren, vor allem Insekten, in die wir einfach kaum Emotionen hineininterpretieren. Somit war ich emotional nicht so intensiv verbunden und konnte das unmissverständliche Verhalten der Tierchen erkennen und verstehen. Aber auch bei Wildtieren sah ich die Klarheit ihrer Körpersprache zunächst leichter, verstand den Ausdruck in den Tieraugen, und das alles, ohne all die menschlichen Gefühle hineinzumischen. Dafür akzeptieren mich die Tiere stets, sogar schon beim ersten Treffen. Sie erkennen, dass ich mit klaren Signalen sofort auf ihr Verhalten reagiere. Diese kurze Reaktionszeit setze ich heute gezielt ein, um mir Anerkennung und Respekt bei den Tieren zu erarbeiten. Denn eine prompte Reaktion ist ein instinktives Verhalten. Wer schneller ist, gewinnt. Speziell bei Wildtieren trifft das zu. Reaktion ist gleich Leben.

Forsthaus Falkenau

Hardy Krüger junior spielt Stefan Leitner, einen kanadischen Ranger, der Witwer und Vater einer Tochter ist. Das Haus in der Heimat seiner Eltern steht allerdings in Europa, in einem Ort namens Küblach. Dorthin geht er mit seiner Tochter zurück und verliebt sich in die Ärztin des Örtchens. Er erfährt von der freien Försterstelle und bewirbt sich darum. Das ist die Ausgangssituation, seit Hardy Krüger junior 2007 ab der achtzehnten Staffel der Förster im Forsthaus Falkenau ist. Seit zweiundzwanzig Jahren flimmert diese ZDF-Serie erfolgreich über die deutschen Bildschirme und lässt die Zuschauer an Freud und Leid im Forsthaus teilhaben. Christian Wolff hat nach 220 Folgen als Förster Martin Rombach sein Amt niedergelegt und sich nach Südafrika verabschiedet. Auch das Forsthaus zog um. Es wurde nebst allen anderen Locations vom Bayerischen Wald in die oberbayerische Voralpenlandschaft nach Dietramszell verlegt.

Daher sollte Abraxas, meine junge Krähe, als unheilbringender schwarzer Vogel das Feuer am alten Hof Rainders lautstark ankündigen, sie sollte auf einem Ast landen, hinter dem der Hof zu sehen ist. Alle hatten es sehr eilig, denn die deutsche Fußballnationalmannschaft spielte bei der WM in Südafrika im Achtelfinale gegen England, das wollten alle sehen. Also, Abraxas, schrei, so laut du kannst, und flieg auf den richtigen Ast! Und dann nichts wie weg zum Public Viewing!

Unglücklicherweise drehten wir im Revier eines ausgewachsenen Krähenpaares, dem die Fußball-WM ziemlich egal war, nicht aber der junge Eindringling, da verstanden die beiden keinen Spaß. Laut und vernehmlich attackierten sie die junge Krähe. Abraxas wusste gar nicht, wie ihm geschah, und floh fürs Erste direkt zu mir. Das Filmteam stöhnte und viele Augenpaare richteten sich auf die Uhren. Die Mannschaften waren sicher schon auf dem Weg ins Stadion, und ich rannte zu meinem Van, um das Krähendouble aus Pappmaché und Federn zu holen, das ich an einem Nylonfaden auf der anderen Seite des Hofes aufhängte. Das ansässige Krähenpaar war gründlich, schon nach ein paar Minuten fielen sie über das Double her, dass die Federn nur so flogen. Wir nutzten die Zeit, um auf der gegenüberliegenden Seite den Auftritt von Abraxas zu drehen, der durch mein schnelles Reagieren das Erlebte abhaken und unbelastet fortsetzen konnte, was er begonnen hatte. Es galt, ohne emotionale Verwirrungen dem Tier eine Sicherheit zur Verfügung zu stellen und lösungsorientiert zu handeln. Deutschland gewann 4:1 und alle haben es gesehen!

Abraxas war ein ganz junges Krähenkind, als er zu mir gebracht wurde, offensichtlich war er durch einen Sturm samt Nest vom Baum gefegt worden. Ein Tischlein-deck-dich mit abwechslungsreichen Leckerbissen wie Schnecken, Mehlwürmern, Tatar, Hühnerherz, gekochtem Reis, ungewürztem Omelett, Obst, immer wieder etwas Katzenfutter aus der Dose und einem guten Vitamin-Mineralstoff-Präparat erwartete ihn bei mir. Wichtig ist die Vielfalt der Nahrung. Von allem ein bisschen, von nichts zu viel, da bei Krähen eine mangelhafte Ernährung sehr schnell zu Knochenverformungen führen kann und im schlimmsten Fall zur Flugunfähigkeit. Durch die Handaufzucht wurde Abraxas zahm und die Aufgabe des Drehbuches war durchaus zu bewältigen. Dohlen, Krähen oder Raben fixieren sich in der Prägephase ganz auf eine bestimmte Person. Alles Neue ist spannend und wird untersucht, solange die Person, an die sich das Tier gebunden hat, in der Nähe ist. Ein Filmset ist genau die richtige Abwechslung: Glänzende Gegenstände, leuchtende Scheinwerfer und vor allem Publikum – so lieben es Krähenvögel.

Margot Bentheimer

Nach dem Drehbuch-Brand auf dem alten Hof wurde nahe der Osterseen bei Iffeldorf ein wunderschönes Anwesen zum neuen Hof. Hier hat der Drehbuchautor Ponys, Kühe, Gänse, Hühner und ein Schwein in den Stall gestellt. Laut Regieanweisung sollte das Schwein mit dem Namen Margot ausbrechen und von Opa Vinzenz alias Walter Buschhoff eingefangen werden. Mein Schwein, das der vom Aussterben bedrohten Landtierrasse Bentheimer angehört, wog zweihundertfünfzig Kilo und hatte großen Spaß daran, auf dem Weg zurück zum Schweinepferch immer mal wieder links und rechts Umwege anzustreben, so wie es das Drehbuch vorschrieb – Opa Vinzenz, laut schimpfend, hinter sich. Ferkel sind sehr gelehrig und können durchaus folgen wie ein erzogener Hund. In der Gewichtsklasse von Margot haben die Tiere das Erlernte später zwar noch in ihrem Dickschädel, jedoch kommen zunehmend Misstrauen und Altersstarrsinn hinzu. Ein solches Schwein braucht schon gute Argumente, um sich führen zu lassen. Einer der besten Gründe, Margot davon zu überzeugen, sich vom Opa in den Pferch treiben zu lassen, hieß Suhle. Dieses mit Wasser und Matsch gefüllte Dreckloch ist für ein Schwein das, was für uns der Aufenthalt auf einer Schönheitsfarm darstellt. Margot suhlte sich und Walter Buschhoff war stolz, denn das Treiben von Schweinen will gekonnt sein. Es ist eine Sache zwischen Führen und Treiben, die dem Tier so elegant vermittelt werden kann, dass es keinen Grund für »Margot Bentheimer« gibt, den Rückzug anzutreten.

Bei einem anderen besonderen Tier fällt es uns wirklich schwer, ihm Emotionen zuzuschreiben, wenngleich es in uns umso mehr davon hervorruft. Die Rede ist vom Adler, der für das Forsthaus trainiert wurde, namentlich für die »Mülldepo-

nie Adlerhorst«. Einen Horst nennt man das Nest von Greif-
vögeln. Solch ein Nest, gefüllt mit Müll, sollte in einer Episode
zeigen, wo die Umweltverschmutzung mittlerweile angekommen ist und wie sie die Tierwelt beeinflusst. Die Drehbuchautoren stellten sich einen schwarzen Milan vor, der sich vom
zugemüllten Nest erhebt und so lange über diesem kreist, bis
der mutige Förster in die Felsen gekraxelt ist und das Nest von
zerrissenen Plastiktüten und anderem Unrat befreit hat. Anschließend kehrt der Greifvogel zurück, um sich der wichtigen
Aufgabe des Ausbrütens seiner Eier zu widmen.

Ich beriet die Regie, den viel schwieriger trainierbaren Milan
durch einen Adler zu ersetzen, der heute noch traditionell für
die Jagd ausgebildet und eingesetzt wird. So konnte einmal
mehr ein Tier, das für die gestellte Aufgabe kein Talent hat,
vor einem nicht sinnvollen Einsatz geschützt werden. Unser
Steinadler dagegen war in perfekter Kondition und erhob sich
auf Kommando aus seinem Horst, spannte die Flügel und flog
in einem eleganten Bogen direkt auf meinen Arm. Bis zum El-
lenbogen war dieser mit Leder vor den messerscharfen Krallen
des Vogels geschützt. Selbst aus einer kurzen Entfernung von
zwanzig Metern erreicht der Adler mit ein paar Flügelschlägen
eine Geschwindigkeit, für die die Wucht der Landung auf meinem Arm einen sicheren Stand voraussetzt. Der Rückflug auf
den gereinigten Adlerhorst war durch das Vorbereitungstraining für das Tier eine Kleinigkeit. Längeres Kreisen in größeren Höhen kann nur im Revier des Adlers gefilmt werden, da
der Greifvogel von nicht einzuschätzenden Windströmungen
erfasst werden kann und diese ihn mehrere Kilometer weit da-
vontragen. Im heimischen Revier kennen sich Vogel und Falk-
ner aus, und somit findet der König der Lüfte auch wieder unbeschadet zurück. Die Flugszenen wurden deshalb in einer
Second Unit mit einem kleinen Team am Originalstandort des
Adlers gedreht.

Bambi & Co.

Wildtiere gehören zu einem Forsthaus und natürlich sind sie auch im Forsthaus Falkenau immer wieder Bestandteil in den verschiedenen Episoden – bestens für das Gefühlsleben, natürlich das der Zuschauer. In der jüngsten Staffel wird ein Kitz angefahren. Der schneidige Förster Leitner findet das arme Tier und kümmert sich gemeinsam mit der Tierärztin Marie Stadler alias Gisa Zach um Bambi.

Alle Jahre wieder sind verwaiste oder selbst verunglückte Kitze darauf angewiesen, mit der Flasche aufgepäppelt zu werden. Dadurch entwickeln die Tiere großes Vertrauen zu ihren Pflegeeltern, und so kann ich mit Ruhe und der nötigen Geduld ein solches Kitz auch für Filmaufnahmen einsetzen. Wildtiere bei Film und Fernsehen sind ein sensibles Thema. Bei diesen Dreharbeiten besuchte extra ein Beamter des Veterinäramtes das Set, um sich zu vergewissern, dass das Tier richtig und artgerecht behandelt wird.

Das wurde es natürlich. Hardy Krüger nahm »Bambi« auf seine Arme und brachte es vorsichtig und liebevoll auf den Hof in eine gemütliche, nach Heu duftende Pferdebox. Hier kümmerte sich Tierärztin Maria Stadler um das bezaubernde Tier und fütterte es mit einer Flasche voll Ziegenmilch. Danach schlief das Kitz satt und zufrieden ein... Der Regisseur war glücklich, die Schauspieler um eine Erfahrung reicher und der Herr vom Veterinäramt war äußerst zufrieden, denn Bambi wurde kein Haar gekrümmt.

Genauso wenig wie Biber Olli, der pro Quadratzentimeter Haut 23 000 Haare sein eigen nennt. Dieses dichte, weiche Fell schützt das Tier vor Nässe und Auskühlung. Der Europäische Biber wird etwa sechzig bis achtzig Zentimeter lang, seinen unbehaarten Schwanz nennt man Kelle. Damit er ein Leben im Wasser führen kann, hat er Schwimmhäute, beim Tauchen verschließt er Nase und Ohren, was es ihm ermöglicht, bis zu fünfzehn Minuten unter Wasser zu bleiben. Das ist auch nötig, denn der Biber braucht diese Zeit, um seine Burg, deren Eingang sich unter Wasser befindet, zu errichten.

Genau so ein possierlicher Kerl sollte laut Drehbuch einen Baum annagen und fällen, daraufhin fängt ihn der Förster in einer großen Biberfalle, um ihn an einer anderen Wasserstelle wieder freizulassen. So kam Olli in mein Leben, der junge Biber wurde mir höchstpersönlich vom Biberbeauftragten Bayerns übergeben, damit ich ihn für die Filmaufnahmen vorbereiten konnte. Der Biber ist ein geschütztes Tier und seit zwei Jahrzehnten nimmt die Population der frei lebenden Tiere wieder zu. Verfolgt waren sie wegen ihrer grandiosen Fähigkeit, Dammbauten zu errichten, wofür die nagenden Architekten natürlich Bäume fällen und sich deshalb ziemlich unbeliebt machen. Bis zu zehn Wohnbaue in unterschiedlicher Form sind in einer Biberburg enthalten, mietfrei, sogar mitten in München an der Isar, direkt hinter dem Deutschen Museum. Olli ist in Gefangenschaft aufgewachsen und den Umgang mit Menschen gewöhnt. Biber sind normalerweise scheu und wir bekommen sie eher selten zu Gesicht. Gerade deswegen war es mir ein umso größeres Vergnügen, mich mit dem jungen Biber zu beschäftigen, der für sein Leben gern Weidenzweige frisst. Diese Vorliebe machte ich mir zunutze und servierte ihm solche Zweige jeden Tag in einer Biberfalle. Sobald er hineinwatschelte, um sich über die Zweige herzumachen, schloss und öffnete ich die Falle immer wieder, damit Olli auf seine Szene bald bestens vorbereitet war. Am Filmset, einem wunderschön gelegenen Weiher, der für diese Szene den Ammersee darstellte, sollte der Biberjunge an einem frisch gefällten Baum nagen, von dort aus ins Wasser gehen, schwimmen, an einer anderen Stelle wieder herausklettern und dann in die Biberfalle marschieren. Am Baumstamm habe ich kleine Apfelstücke ver-

steckt, die Olli herauszupfte, was so aussah, als würde er an dem Stamm des Baumes, den er bereits gefällt hatte, nagen.

Zu Hause gab ich Olli ausgiebig Gelegenheit zu größeren Schwimmausflügen im Fluss, wo ich ihn trainierte, auf Pfiff wieder aus dem Wasser zu kommen. Damit er ohne Umwege in den Käfig ging, habe ich die Metallstäbe mit Apfelstückchen abgerieben. Für den Zuschauer wirkt es so, als würde der Biber sich vorsichtig zum Inhalt der Falle vorpirschen, die dann beim Betreten mit einem Schlag zufällt und das Tier gefangen nimmt. Für den kleinen Olli kein Problem, er aß genüsslich seine Zweige und wartete gelassen auf das Öffnen der Falle – schließlich war sie bisher ja auch immer wieder aufgegangen.

So hatte der Kleine eine ziemlich gute Zeit mit erfrischenden Schwimmphasen, vielen Äpfeln, Karotten und allem voran den heißgeliebten Weidenzweigen. Nach den Aufnahmen fürs Forsthaus nahm Olli an einem Zuchtaustauschprogramm zwischen Deutschland und Frankreich teil. Eine junge französische Biberdame ist jetzt Mutter von deutsch-französischen Biberjungen.

Auf Leben und Tod

Bei allem, was die Schilderungen über die Wildtiere in uns auslösen – für Emotionen ist auf Seiten der Tiere kein Platz. Ihr Verhalten ist auf eines ausgerichtet: das Überleben. Selbst hinter vermeintlichen Emotionen steckt dieses Muster. Oder ist vielleicht Panik eine Emotion bei Tieren? Panik stellt sich uns Betrachtern als völlig überflüssig dar, die betroffenen Tiere scheinen dadurch keinen Nutzen zu haben. Rufen wir uns die Bilder einer Gnuherde vor Augen, die offensichtlich panisch einen Fluss durchquert, in dem Alligatoren mit weit aufgerissenen Mäulern nur darauf warten, sie als Beute in die Tiefe zu ziehen. Dort ertrinken die Gnus jämmerlich und werden für schlechtere Tage konserviert. Ein regelrechtes Schlachtfest findet statt, und auf den ersten Blick ergibt es für uns keinen Sinn. Die Gnus kommen uns regelrecht dumm vor, wie sie sich beinahe freiwillig den Krokodilen zum Fraß vorwerfen. Wissen wir jedoch, dass die ganze Herde, bestehend aus vielen, vielen Tausend Tieren, nur überleben kann, wenn sie auf dem Weidegrund des anderen Flussufers ankommt, erkennen wir, was die Natur hier im Sinn hat: Die Herde, die Spezies, sie muss überleben, die Einzelschicksale sind im Vergleich zur Zahl der Überlebenden ein minimaler Verlust. Die Tiere versuchen also, mit aller Macht, scheinbar blind für die Gefahr und so schnell sie ihre Beine tragen, den Fluss zu durchqueren – ein instinktives Muster, das aufs Gesamte hin gesehen funktioniert.

Oder: Eine Ente, die mit ihren frisch geschlüpften Jungtieren Richtung Wasser marschiert, wird von einem Fuchs gestellt. Auch sie reagiert offensichtlich panisch: Flügelschlagend, wild schnatternd rennt die scheinbar hysterische Ente davon, ohne allerdings aufzufliegen. Doch sie ist nicht hysterisch und auch nicht flügellahm. Gezielt bringt sie den Fuchs auf eine falsche Fährte, indem sie sich als leichte Beute ausgibt und ihn von den Jungtieren ablenkt. Ist ihre Panik eine Emotion?

Fischschwärme, die bei einem Angriff von Seehunden oder Haien panisch durcheinanderschwimmen, erreichen durch dieses Verhalten die Verwirrung des Angreifers, seine Erfolgsquote sinkt, es gibt weniger Verluste im Sinne der Spezies der kleineren Fische.

Im Sinne der Evolution haben natürlich auch wir Menschen Panik oder Angst. Dann heißt es bekanntermaßen Flucht oder Angriff. Auch wir haben schließlich Instinkte, die uns helfen, unser Leben zu bewahren. Was uns heute als Angst befällt, ist aber oftmals etwas anderes: Wir denken an alle möglichen privaten oder gesellschaftlichen oder gar globalen Probleme und schüren damit in uns eine allgemeine und vor allem dauerhafte

Angst. Mit der aber kann unser Körper nicht recht umgehen. Soll er kämpfen? Das wird meist nicht viel bringen. Soll er fliehen? Doch wohin?

Diese Form der Angst kennen Tiere nicht. Sie leben im Moment und die Instinkte entscheiden, was jetzt das Richtige ist. Sitzt das Kaninchen starr vor »Angst« vor der Schlange, ist es eine leichte Beute. Hier erscheint uns diese angebliche Angst nicht als instinktive Überlebensstrategie, da sie im Gegenteil zum sicheren Ableben führt. Zeigt das Kaninchen dieselbe »angstvolle« Reaktion, wenn sich ein Greifvogel oder ein anderes Raubtier auf Beutezug nähert, ergibt sich allerdings ein Sinn. Das Kaninchen kann durch seine Starre von diesen Feinden viel schlechter wahrgenommen werden und sichert sich damit sein Überleben. Tiere wollen instinktiv nur eines: überleben. Mit ihren in das Erbmaterial eingebrannten Überlebensstrategien versuchen sie sich immer einen Weg zu bahnen, der mit dem geringsten Energieaufwand zur bestmöglichen Lebensqualität führt.

Revolutionäre Evolution

Dass wir andere Fähigkeiten zur Verfügung haben als unsere Tiere, liegt an der Evolution, die jeweils den Umständen entsprechend den optimalen Weg sucht. Der Selektion in der Natur, die einen großen Einfluss auf die Entwicklung nimmt, liegen die Lebensumstände, die Anforderungen an die Spezies und die sie betreffenden Umwelteinflüsse zugrunde. All das nimmt speziell während der Prägephase eines jeden Jungtieres Einfluss auf die DNA. Diese individuellen Einflüsse werden dort gespeichert und an die nächste Generation vererbt. Ich selbst habe schon mehrfach Katzenwürfe mit der Flasche großgezogen, da die Besitzer des Muttertiers keine Verwendung für die Kleinen hatten. Ohne mütterliche Zuwendung, nur mit dem regelmäßigen Fläschchen und der Fürsorge von mir sind die Jungtiere stark verunsichert und stressanfällig. Ihr Körper trifft Entscheidungen, die nicht nur Einfluss auf ihr Verhalten nehmen, sondern auch auf die DNA zukünftiger Generationen, das Erbmaterial. Mit dieser Erfahrung wird gewissermaßen ein Buchstabe der DNA verändert und das Ergebnis als Ist-Zustand an die nächste Generation vererbt. Ob bei Katze, Hund oder Elefant – auf diese Weise wurde durch die Natur und zunehmend durch Eingreifen des Menschen ein jeweils ganz spezielles Verhalten selektiert. Hat dieses Verhalten Erfolg, werden sich diese Tiere in Zukunft besser durchsetzen und vermehren als die anderen Individuen dieser Spezies. Neben den Verhaltensstrukturen sind auch äußere Merkmale für ein Überleben notwendig. Als sehr plakative Beispiele eignen sich der Eisbär oder der Polarfuchs – gern auch das Schneehuhn, um nicht zu pelzlastig zu sein. Wir reden dabei nicht von Albinos, die durch ihre Pigmentlosigkeit sehr anfällig sind und aus diesem Grund als absolute Seltenheit in der Natur auftauchen. Die weiße Farbe des Fells mit Pigmentierung in Augen, Schnauze oder Schnabel und Krallen ist eine Genmutation, die zufällig entstand. Durch die weiße Farbe konnten sich die entsprechenden Tiere in ihrem von Schnee und Eis geprägten Lebensraum viel besser tarnen – und damit stieg die Überlebenschance. So konnten sich die Tiere mit der Tarnfarbe erfolgreicher ernähren und fortpflanzen als die anderen, die Selektion war perfekt.

Auch wir Menschen wurden von der Evolution hervorgebracht. Anscheinend sind wir nicht schlecht damit gefahren, haben wir uns doch nach und nach an die Spitze der Nahrungskette gesetzt. So hat jede Spezies ihre eigene, ganz individuelle Entwicklung genommen. Und ist es nicht legitim, wenn wir das akzeptieren und jede Spezies respektieren, wahrnehmen und fair mit ihren Vertretern umgehen, ohne unsere ei-

gene, für uns erfolgreiche Strategie einer anderen Spezies aufzuoktroyieren? Jede andere Spezies wäre mit ihren Fähigkeiten im Vergleich zu uns der schlechtere Mensch, und wir wären mit unseren Fähigkeiten der schlechtere Hund, die schlechtere Katze oder Maus. Ich jedenfalls projiziere – soweit es mir irgend möglich ist – keine menschlichen Eigenschaften mehr auf Tiere.

Instinktverhalten – die verlässliche Größe

Für das Training und die Arbeit mit Tieren ist es entscheidend, die »Sache mit den Emotionen« durchschaut zu haben. Umso schöner, klarer, erfolgreicher – und nicht weniger angenehm und ab und an sogar kuscheliger – wird das Miteinander. Tiere, die eine Lebenserwartung von durchschnittlich einem Jahr haben, kann ich nur eine entsprechend kurze Zeit trainieren. Genau deshalb ist es noch wichtiger, ihr instinktives Verhalten, auf das ich mich immer verlassen kann, für meine Trainingspläne zu nutzen – wie bei meiner Maus Amelie.

Eine Sendung mit der Maus

Für den Film »Lippels Traum« drehte ich mit einer Maus, die im Drehbuch als Überbringer eines Ringes beschrieben wird. Sie hilft mit, dass die in Gefangenschaft geratene Familie, deren Vater von Moritz Bleibtreu gespielt wird, einen Weg aus einem Labyrinth von furchtbaren Kerkern findet. In den unterirdischen Gängen des Hofgartens, mitten in München, fand man die perfekte Location für diesen Teil des Filmes.
Einen Goldring durch einen feuchten Keller transportieren,

durch Mauselöcher aus Pappe hindurchschlüpfen und den Ring aus einem Berg von Pistazien retten, das kann keine gewöhnliche Maus. Eindeutig ein Fall für Mäusedame Amelie, deren Eltern schon erfolgreich im Filmgeschäft waren. Ich habe Amelie mit einer klitzekleinen selbst gebastelten Milchflasche großgezogen und dadurch eine besonders innige Beziehung zu ihr aufgebaut. Mit ihren sehr guten Sinnesorganen kann eine Maus nämlich sehr wohl erkennen, mit wem sie es zu tun hat. Moritz Bleibtreu übrigens war auch mit Mäusedame Amelie als Partnerin in diesem Film ein sehr kollegialer Schauspieler.

Kleine Maus, was nun?

Sollten Sie mal in die Verlegenheit kommen, kleine Mäusebabys großzuziehen, verrate ich Ihnen gern, wie es geht: Mäusebabys, die verwaist sind oder deren Mutter keine Milch produziert, können – bitte lachen Sie jetzt nicht – absurderweise mit Katzenmilch-Konzentrat aus der Packung ernährt werden. Hat man es in Wasser aufgelöst, wird ein Papiertaschentuch an einer Ecke fein zusammengezwirbelt, es dient als Mundstück für das Mausbaby. Mit einer kleinen Spritze wird die Milchzufuhr am gezwirbelten Teil dosiert, während der Winzling trinkt… und gedeiht. Das funktioniert übrigens genauso gut bei Fledermäusen.

Die Basis des Mäusetrainings ist es, die Tierchen dazu zu kriegen, auf Nachfrage von A nach B zu gehen. Dabei wird mit Petersilie, Rucola, dem guten Schweizer Käse, der fast nur aus Löchern besteht, Parmesan und, auch das hört sich immer wieder lustig an, mit intensiv riechendem Katzenfutter gelockt und positiv bestätigt. Für das Filmtraining war meine Beziehung zu Amelie sehr wichtig. Sie kannte von Geburt an den Geruch von Menschen, sie war Berührungen und das Tragen auf der Hand gewohnt. Ihr Überlebensinstinkt hat ihr geraten, dass es absolut sinnvoll sei, sich mir anzuvertrauen.

Nun, in der ungewohnten Umgebung am Set, machten Amelie diese Dinge nicht nur keine Angst, es gab ihr sogar Halt, wenn sie mich spürte. Vor allem, wenn etwas anders als geplant und trainiert stattfand, nahm ich sie zu mir, um sie zu beruhigen. Meine Hand war durchweg positiv besetzt, weil sie der Maus ja immer Futter und Streicheleinheiten gegeben hatte. Das Prinzip der Motivation ist beim Training von Mäusen dasselbe wie bei allen anderen Säugern auch.

Der Dreh mit Maus Amelie sorgte übrigens für einen besonderen Spaß, gegen den ich mich irgendwann sogar wehren musste. Immer wieder kamen Mitarbeiter aus dem Filmteam zu mir und fragten mit dieser seltsamen Mischung aus Interesse und Furcht, ob sie Amelie mal auf die Hand nehmen dürften. Ich hatte den Eindruck, dass regelrecht Wetten abgeschlossen wurden, wer so waghalsig sei, das Mäuschen auf sich herumkrabbeln zu lassen. Von Tag zu Tag wurden die Mutigen im Team mehr, und die kleine süße Amelie musste geschont werden. Um sie vor zu vielen Eindrücken zu bewahren, wurde ich zu ihrem Bodyguard.

Auf die Instinkte kann ich mich verlassen. Zum Glück, denn der reinste Instinkt war Thema, als ich eine ganz andere Spezies zu Filmstars machen sollte: Heuschrecken.

And the Oscar goes to ...

Eine kleine Farm nirgendwo in Afrika, ein überwältigender Sternenhimmel über Nairobi, stolze, schöne Massai, aber auch Schlamm auf den Straßen, in dem man geradezu versinkt, Regenmassen, die sich unaufhaltsam vom Himmel stürzen, eine Schauspielerpersönlichkeit wie Matthias Habich ... All das und viel mehr waren unvergessliche Eindrücke dieser Dreharbeiten in Kenia. Auch Hollywood, die Oscar-Verleihung, Stars, Blitzlichtgewitter, rote Teppiche und Glamour pur gehören zu dieser Produktion, die in der Kategorie »Bester fremdsprachiger Film« 2003 endlich einmal wieder für Deutschland den begehrtesten Filmpreis erhielt.

Aber es waren auch einmal mehr die Tiere, die mich bei dieser Produktion gefesselt haben. Meine Aufgaben in »Nirgendwo in Afrika« hießen Bodo (ein rothaariger Zwergdackel, der bereits in der Endlos-Serie »Hausmeister Krause« zum Star avancierte) und Heuschrecken, unendlich viele Heuschrecken, die ich der Einfachheit halber alle mit dem Namen Heuschrecke ansprach.

Das Drehbuch sah für Dackel Bodo vor, dass er zusammen mit der jüdischen Familie Redlich in Schlittenberg, Breslau lebte, bevor diese 1938 vor den Nazis nach Kenia flüchtet. Eine großbürgerliche Wohnung, wie es im Drehbuch hieß, wurde in der Isabellastraße mitten im Münchner Szene-Stadtteil Schwabing gefunden. Diese riesengroße Altbauwohnung war der Schauplatz für das Bild Nummer 2 im Drehbuch – eine Familienfeier mit fünfzehn Personen. Bodo, der eigentlich Wasti heißt, sollte mit mehreren Kindern ausgelassen durch die Wohnung toben und dann von Regina Redlichs Cousine auf dem Arm getragen werden. Nichts leichter als das für einen Vollprofi wie Superdackel Bodo. Regina Redlich, die Tochter im Film, hat Angst vor Afrika und den »Negern«. Sie will nicht weg aus ihrer Heimat und ist doch am Ende diejenige, die zuerst afrikanische Freunde findet und nichts mehr liebt als ihre neue Heimat.

Meine wichtigsten Schützlinge, die Heuschrecken, sollten als Plage auftreten und von der deutschen Immigrantenfamilie erfolgreich bekämpft werden. Als mich die Produktion um die Regisseurin Caroline Link beauftragte, diese Tierchen zur Verfügung zu stellen und zu trainieren, stand ich vor einer neuen Herausforderung. Ich wusste zu diesem Zeitpunkt nicht mehr

über Heuschrecken als Heuschrecken über mich. Klar war nur: Im Fall von Insekten kann einzig und allein deren natürliches Verhalten die Grundlage für die Aufgaben sein, die sie vor der Kamera bewältigen sollen. Nun hieß es für mich: Ab auf den Beobachtungsposten, um das Verhalten der Heuschrecken genauestens zu erkunden. Wie ein Spion lag ich einmal mehr auf der Lauer, um zu erfahren, welche spezifischen Eigenschaften der kleinen Biester für das Drehbuch genutzt werden konnten. Auf der Stelle hatte ich also hundert Übernachtungsgäste, die ich, natürlich heuschreckengerecht, in einem großzügigen Terrarium unterbrachte. Dieses Glashotel stand von nun an im Mittelpunkt meines Wohnzimmers. Ich lag stundenlang, tagelang bäuchlings davor, meine Augen stets auf die Tiere gerichtet. Ich beobachtete jede noch so kleine Aktion, jede Verhaltensweise, jedes Bedürfnis der Art *Locusta migratoria*. Verabschieden Sie sich derweil schon mal von der Vorstellung unserer niedlichen kleinen, grünen Grashüpfer, die sich auf unseren heimatlichen Wiesen und Feldern herumtreiben. Hier ging es um große, gefräßige Wanderheuschrecken, die bis zu sieben Zentimeter lang werden können.

Die *Locusta migratoria* ist dafür bekannt, mit ihren großen Flügeln in Schwärmen wie aus dem Nichts über Felder, ob diese zur Ernte reif sind oder nicht, herzufallen und alles in kürzester Zeit zu vernichten. Heuschrecken lassen nichts zurück, kein Kraut ist gegen die Gefräßigkeit der Schwärme gewachsen. Die in Afrika, Asien und in Teilen Südeuropas anzutreffende Spezies kann ganze Landstriche kahl fressen, da sie sich als frei lebende Tierart in Schwärmen von vielen Millionen Tieren zusammenschließt. Mit ihrem kräftigen Kauwerkzeug vertilgt die Wanderheuschrecke, was ihr vor das nimmersatte Maul kommt.

Doch ich musste noch viel mehr über die Heuschrecken herausfinden. Neben der Verhaltensforschung interessierte mich insbesondere die Vermehrung der Tiere, denn einerseits ist die Fortpflanzung ein Zeichen der richtigen Haltung, ein Barometer dafür, ob sich die Tiere wohlfühlen, andererseits sollten bis zu zehntausend Heuschrecken für diesen Film eingesetzt werden. Da war nun nicht nur der Züchter, sondern auch der Mathematiker in mir gefragt. Die Aufgabe: Die Lebensdauer eines Tieres beträgt zwei bis drei Monate. Bis die Larven schlüpfen, dauert es nach der Eiablage, bei neunundzwanzig Grad Celsius, zwölf bis sechzehn Tage, nach gut einem Monat sind die Tiere ausgewachsen. Wie schaffe ich es also, termingerecht aus einhundert Heuschrecken zehntausend zu machen? Selbstverständlich unter Berücksichtigung der beiden Unbekannten: die Menge der abgelegten Eier und die Menge des benötigten Futters, das sich aus Blättern, Zweigen, Löwenzahn, Obst, Gemüse, Salat, gekeimtem Weizen, Kleie, Trockenhefe, Haferflocken und Sojamehl zusammensetzt. Ich hatte eine Weile zu tüfteln.

Im Originaldrehbuch wird in Bild Nummer 137 beschrieben, was später im Film in wunderbare Bilder umgesetzt wurde. Die Vorzeichen der Heuschreckenplage sind einzelne Tiere, die im wahrsten Sinne des Wortes aus heiterem Himmel die handelnden Personen anfliegen. Als die Hauptdarstellerin Juliane Köhler in der Rolle der Jettel eines Tages allein über die Felder der Farm spazieren geht, landet plötzlich eine riesige Heuschrecke mitten auf ihrer weißen Bluse. Jettel erschrickt, streift das Tier von sich ab. Aber da landet schon ein zweites auf ihrer Schulter, ein drittes, ein viertes. Sie schreit leise auf. Die ersten Tiere verfangen sich in ihren Haaren, sie wird hektisch. Neugierige einheimische Kinder kommen herbeigelaufen, Heuschrecken in ihren Händen haltend, sie rufen auf Suaheli: »Sigi! Sigi!«

Auch im Farmhaus tauchen vereinzelte Tieffflieger auf. Allmählich verdunkelt sich der Himmel und eine lebende, nahezu

schwarze Wolke nähert sich bedrohlich. Owuor, der Massai-Vorarbeiter, klemmt sich hinter seine Trommel. Seine Hände schlagen eine Nachricht in die Weite der Landschaft. Owuors Getrommel wird erwidert. Ferne Trommeln antworten, werden immer heftiger, sie ergeben eine bedrohliche Szenenmusik. Die so herbeigetrommelten Einheimischen laufen von allen Seiten schreiend und bewaffnet mit Holzkeulen, Eisenstangen und Töpfen auf die Felder, wo die jungen Maispflanzen gerade anfangen Früchte zu tragen. Ein Jeep taucht auf und versucht, sich einen Weg durch die schwarze Heuschreckenmasse zu bahnen. Erkennen kann der Fahrer nichts mehr, denn auf der Windschutzscheibe hat sich eine einzige Masse von Insekten angesiedelt. Die Redlichs und einige afrikanische Farmarbeiter stehen bereits auf den Feldern, bis an die Zähne bewaffnet mit ihren Töpfen, Kellen, Holzlöffeln und Tellern. Sie versuchen, die gefräßigen Tiere mit viel Lärm von der Farm und ihren Maisfeldern, die sie ernähren, zu vertreiben. Ein verzweifelter Versuch, zu retten, was zu retten ist. Die Protagonisten haben geschrien, geweint, gezetert und gekämpft, bis der Schwarm endlich davonzog.

So weit, so gut, die Aufgabenstellung war klar. Die Herangehensweise wie bei Hund und Katz ist für die *Locusta migratoria* nicht angebracht. So gut ich als Tierkommunikator auch sein mag, die große, gefräßige Heuschrecke wird sich kaum geneigt zeigen zu kommunizieren. Eine Domestizierung ist nicht möglich, es kann kein Abhängigkeitsverhältnis geschaffen werden, das mir einen Hebel liefern würde, um den Tieren zu vermitteln, was ich von ihnen will. Aufgrund ihrer relativ kurzen Lebensdauer blieb ohnehin keine Zeit für ein aufwendiges Einzeltraining – und bei zehntausend Tieren würde ich schlichtweg nicht lange genug leben, geschweige denn die Heuschrecken. Zudem sollte die Produktion des Filmes noch im 21. Jahrhundert abgeschlossen sein.

Es gab nur eine Lösung. Ich musste die Instinkte der Tiere manipulativ für die gestellte Aufgabe nutzen. Das soziale Leben der Wanderheuschrecke läuft unspektakulär und dezent ab, denn ein Großteil ihres Lebens verbringt sie als Einzelgänger, oder besser: Einzelflieger. Erst wenn die Nahrung knapp wird, schließen die Tiere sich zu den gefürchteten riesigen Schwärmen zusammen. Während dieser Zeit wächst das Gehirn der Wanderheuschrecke linear mit den Impulsen, die sie zu bewältigen hat. Ein Phänomen mehr, das die Natur hervorgebracht hat. Das Futter spielt bei diesen verfressenen Tieren die wichtigste Rolle. Wie also könnte ich mir genau dieses ausgeprägte instinktive Verhalten zunutze machen und die Tiere kontrolliert, mit einem kalkulierbaren Risiko an die gestellte Aufgabe heranführen? Selbst wenn ich versuche, wirklich alle Unsicherheitsfaktoren zu eliminieren, muss ich doch immer mit einem gewissen Restrisiko leben. Gegen verbale Motivation, akustische Lockrufe und soziale Bindung sind die Heuschrecken immun. Wie aber könnte ich sie trotzdem führen?

Meine eigene Vergesslichkeit half mir, die Antwort zu finden. Eines Tages ließ ich nämlich das Terrarium mit den hundert Wanderheuschrecken offen stehen. Im Nebenzimmer hatte ich einen Haselnusszweig für die anstehende Fütterung der Tiere vorbereitet. Es dauerte keine zehn Minuten und alle, wirklich alle Terrariumbewohner saßen auf dem Haselnusszweig. Eine Idee war geboren: die mobile Fütterung! Jeden Tag wechselte ich die Futterstelle, und zielsicher fanden alle Tiere den Zweig mit der so leckeren frischen Blätternahrung. Keines der Tiere verirrte sich irgendwo anders im Haus. Es ging so weit, dass die Heuschrecken beim Öffnen des Terrariums postwendend heraussprangen, um sich mit Augen und Nase auf die Suche nach der vorbereiteten Köstlichkeit zu machen.

Nun konnte ich aber weder die Schauspieler noch die Windschutzscheibe des Jeeps mit Zweigen dekorieren. Also ließ ich

in einem Labor extra durchsichtiges künstliches Blattgrün herstellen, das eben nicht grün, sondern kaum zu sehen war. Mit Duftstoffen versehen funktionierte es als Lockmittel genauso gut wie echte Blätter. Gierig ließen sich die Tiere täuschen, wie von einem Magneten angezogen steuerten sie die vermeintliche, verführerische Nahrung an. Ich war mir sicher, dass das klappen würde.

Noch aber stand mir die administrative Seite bevor. Während ich anfing, meine Heuschreckenpopulation von einhundert auf zehntausend anwachsen zu lassen, musste der Transport geklärt werden. Zehntausend liebevoll von mir umsorgte Heuschrecken von München nach Nairobi zu bekommen, das würde wohl fast so aufwendig wie Zucht und Ausbildung werden. Ich informierte mich bei der Embassy of Kenia in Bonn. Diese verwies mich an das Ministerium für Agrarwirtschaft in Nairobi. Hier konnte man die Welt nicht mehr verstehen, dass Verrückte aus Deutschland genau die Tiere in Kenia einführen wollten, die dort eine gefürchtete Heimsuchung für die Menschen sind und demzufolge eine wirtschaftliche Katastrophe herbeiführen könnten. Die über den Köpfen zusammengeschlagenen Hände der verzweifelten Mitarbeiter im Ministerium blieben in der Luft, als wir beteuerten, es tatsächlich ernst zu meinen: Unsere zehntausend Grasshoppers sollten nach Kenia einreisen.

Schließlich entschieden wir aus »humanitären« Gründen zugunsten der Mitarbeiter des Ministeriums, dass in Kenia selbst für uns Wanderheuschrecken gezüchtet werden sollten und ich mit derselben Vorgehensweise und den Erfahrungswerten aus Deutschland durchaus auf die kenianische Wanderheuschrecke und deren Fressinstinkte bauen konnte. Die Mitarbeiter im Agrarministerium machte diese Entscheidung glücklich. Zufrieden legten sie ihre Hände wieder in den Schoß. Und sicher sind uns auch die »deutschen« Heuschrecken nicht gram aufgrund der verpassten Flugreise.

In Nairobi fand sich ein einheimischer Heuschreckenkenner, der sich bereit erklärte, diese Tiere für uns zu züchten. Schwer beladen kam er am Drehtag in Mukatani an und lieferte säckeweise Wanderheuschrecken. Ich war erstaunt über seinen Zuchterfolg. Später stellte sich heraus, dass der clevere Kenianer einen ganzen Schwarm Heuschrecken eingefangen hatte. In jedem Fall können wir mit gutem Gewissen behaupten, dass wir nicht für die wachsende Population von Wanderheuschrecken in Mukatani verantwortlich sind.

Der große Ansturm der Heuschrecken auf den Jeep wurde in der Blue Box gedreht. Das ist der Raum oder das Studio, dessen Wände und Boden blau sind, um den gedrehten Gegenstand, in diesem Fall den Jeep, anschließend digital mit einem anderen Hintergrund versehen zu können. Für den Kinobesucher steht der Jeep inmitten der afrikanischen Landschaft.

Wie schon oft beschrieben gibt es in der Regel zahlreiche Wiederholungen, bis der »richtige« Schuss dabei ist und alle Beteiligten glücklich und zufrieden sind. Bei dieser besonderen Szene stand für alle von Anfang an fest, es wird keine Wiederholung geben! Um alle Unsicherheitsfaktoren auszuschließen, werden Kameraführungen geprobt, Schauspielerdialoge wiederholt, Ausstattung, Kostüm und Maske motiviert. Nur der Unsicherheitsfaktor Heuschrecken blieb leider erhalten, denn wir konnten sie nicht probeweise fliegen lassen. Wie werden sich die Tiere wohl verhalten? Haben sie den doch eher unkonventionellen Sacktransport heil überstanden? Reagieren sie auf meine Methode? Der spannende Moment war nun endlich gekommen und ich entleerte die Säcke in einem leichten Halbkreis, den man im filmischen Fachjargon Banane nennt, im Abstand von vier Metern um das Heck des Jeeps. Nach einer ganz kurzen Orientierungsphase sprangen und flogen die Tiere ohne Umweg voller Gier zum Jeep. Die einheimischen Flieger suchten wie wahnsinnig nach dem künstlichen,

durchsichtigen Blattgrün auf der manipulierten Windschutz-scheibe.

Nur eine Straße führt nach Mukatani

Aber nicht nur mit den Heuschrecken hatten wir organisato-risch einiges zu bewältigen. Mukatani heißt das kleine keni-anische Dorf, das als Schauplatz des Films diente. Allerdings musste dieses abgelegene Dorf, das Stunden entfernt von Nai-robi liegt, erst einmal von all den Pkws und Lkws des Film-teams erreicht werden. Die nicht wirklich diese Bezeichnung verdienende Straße dorthin führt durch eine karge Landschaft östlich von Nairobi, die in der kenianischen Sonne fast zu Be-ton gebrannt wurde. Aber wehe, es fing an zu regnen, was tat-sächlich kurze Zeit vor Drehbeginn passierte: Der Himmel öffnete seine Schleusen und so war der Weg zum Dorf bald unpassierbar. Es gab nun zwei Möglichkeiten: die ganze Aus-rüstung samt Team im Matsch versinken zu lassen oder in Nai-robi auf die Rückkehr der Sonne zu warten. Wir entschieden uns für das Warten und wurden mit Sonne belohnt.

Für die Einwohner von Mukatani gab es neben der Aufre-gung der Dreharbeiten später noch eine große Überraschung: Das Filmteam gründete die Mukatani-Stiftung, um den Dorf-bewohnern nachhaltig zu helfen. Gemeinsam mit World Vi-sion wurde eine richtige, eine echte Straße, die nach Mukatani führt, gebaut.

»Nirgendwo in Afrika« erhielt während seines Siegeszuges nicht nur den Oscar, sondern auch eine Nominierung für die Gol-den Globe Awards. Der deutsche Filmpreis knauserte ebenfalls nicht mit Superlativen: Bester Film, Beste Kamera, Beste Re-gie, Beste Filmmusik, Beste Hauptdarstellerin und Bester Ne-bendarsteller!

Leider konnte die Regisseurin Caroline Link ihren Oscar-Triumph nur von zu Hause aus genießen. Ihre Tochter war erkrankt, und so saß die Heldin des deutschen Films im Schlafanzug vor dem Fernseher und erlebte, dreiundzwanzig Jahre nach dem letzten deutschen Beitrag »Die Blechtrommel«, der mit der begehrten Statue ausgezeichnet wurde, die Worte: And the Oscar goes to… »Nirgendwo in Afrika«. Schon 1998 war ihr Debütfilm »Jenseits der Stille« nominiert worden. Diesmal hatte sie es geschafft, sie war überglücklich und mit ihr das ganze Team. Deutschland war stolz auf seine Caroline Link.

Und meine Kleindarsteller? Mit dem Ende der Dreharbeiten waren dann auch die letzten der Wanderheuschrecken eines natürlichen Todes gestorben. Zwei bis drei Monate, etwa so lange wie die Dreharbeiten, währt die Lebensdauer eines solchen Tieres. Danke, all ihr *Locustae migratoriae* und *Schistocercae gregariae*!

Von Tieren lernen

Was lehren uns die Tiere? Springen, bellen, beißen, krat-zen, wiehern? Wenig sinnvoll. Doch sie lehren uns, un-sere Sinne zu benutzen, unsere Körpersprache einzusetzen, auf unsere Instinkte zu vertrauen und das Leben so zu sehen, wie es ist. Es gibt eine ganze Menge, was wir uns von ihnen abschauen können. Die beste Nachricht ist: Mit nahezu allen Fähigkeiten, die die Tiere besitzen, um ihr Leben erfolgreich zu bestreiten, sind auch wir ausgestattet. Anatomische Unter-schiede und die Intensität der Ausprägung gilt es natürlich zu beachten. Doch so ziemlich alle ihre Sinne stehen auch uns zur Verfügung, wir müssen sie lediglich nutzen. Meine Arbeit mit den Tieren lässt mich nie aufhören, zu lernen. Zum einen will ich sie immer besser verstehen, zum anderen aber lerne ich aus ihrem Sein für mich, für das Leben als Mensch. Und genau dazu lade ich Sie in diesem Kapitel auch ein.

Mensch, mach's nach!

Seit Menschengedenken schauen wir uns die wesentlichen Dinge von der Natur ab. Ganz schön clever und obendrein ein Erfolgsrezept! Ist es Inspiration, die uns zur Nachahmung der Genialität des perfekten Ineinandergreifens der einzelnen Zahnräder bei Mutter Natur motiviert? Wir kopieren beinahe alle ihrer ausgeklügelten Mechanismen, sobald wir sie durch-schaut haben.

Das Original und seine Kopie

Denken Sie an eine Straße, die wir unter der Erde anlegen, wie das der Maulwurf oder die Mäuse tun. Denken Sie an Neo-prenanzüge, die wir zum Surfen oder Tauchen tragen und de-ren Material der Fisch- und Seehundhaut gleicht. So ein sexy

Anzug macht das Element Wasser, das doch mancherorts ziemlich frisch daherkommt, für uns Menschen schon viel gemütlicher.

Biber benutzen eine Rutsche, wenn sie schweres Baumaterial oder Nahrung wie Maisstauden von den Weiden nahe dem Ufer zu ihrer Baustelle im Wasser transportieren. Diese Biberrutsche ist wie ein geteiltes Abwasserrohr, das einen Weg über die Böschungen zum Wasser bildet. Das Prinzip ist genau wie beim Notausstieg eines Flugzeuges. Und glücklich spielende Kinder benutzen eine Kopie dieses Biberbauwerks, wenn sie auf der Wasserrutsche oder der Rutschbahn auf dem Kinderspielplatz toben.

War Ikarus der erste Flieger oder Otto Lilienthal – oder waren es doch die ersten Vögel, die schon vor mehr als einhundertvierundzwanzig Millionen Jahren über den Wolken flogen und feststellten, dass hier die Freiheit wohl grenzenlos ist? Und war es nicht unheimlich, das Echolot in Wolfgang Petersens Meisterwerk »Das Boot« zu hören? Einen Dank an die Fledermaus! Sie kann sich in völliger Dunkelheit durch ihre sogenannte Echoortung hervorragend orientieren. Wir Menschen haben uns daraus das Verfahren zur Laufzeitmessung abgeschaut. Die Messung jener Zeit, die ein Schall- oder Funksignal für das Durchlaufen der Messstrecke benötigt, im U-Boot unentbehrlich.

Oder das Radfahren, eine wunderbare Fortbewegungsart für uns Menschen. Luft, Licht und Sonne genießen wir dabei, zudem trainieren wir uns auch noch stramme Waden an. Aber wo haben wir uns das Rad abgeschaut? Vielleicht war es bei der Goldenen Radspinne, sie hat uns gezeigt, wie es funktioniert. Diese Spinnenart bewegt sich nämlich rollend, mit den Beinen angetrieben, vorwärts. Im 15. Jahrhundert hat Leonardo da Vinci Skizzen eines Helikopters angefertigt. Aber woher kam diese Idee? Vielleicht hat der große Leonardo damals an einem schönen Sommertag den Libellen zugeschaut. Die zeichnen sich ja bekanntermaßen durch einen erstaunlichen Flugapparat aus. Sie können in der Luft stehen bleiben, einige Arten sind sogar in der Lage, rückwärts zu fliegen. Libellen erreichen im Vorwärtsflug ein Tempo von fünfzig Kilometern pro Stunde. Wir Menschen haben unsere erste Libelle, den Helikopter, 1922 in die Luft gebracht, fünf Jahrhunderte nach der ersten Zeichnung.

Im Werkzeugbereich haben uns sicher der Specht zum Schlagbohrer und die Schlupfwespe zum Bohrer verholfen. Flöhe, Heuschrecken, Grashüpfer und Frösche besitzen einen elastischen Depot-Mechanismus, um die für einen Sprung benötigte Energie zu speichern und im Bedarfsfall rasch abgeben zu können. Damit sind sie in der Lage, bei hoher Beschleunigung weite Sprünge zu machen. Nach diesem Prinzip funktionieren heute bereits Roboter.

Ich könnte die Aufzählung solcher Beispiele beliebig lange fortsetzen. Für Technik und Medizin steht uns nach wie vor maßgeblich die Natur als Vorbild zur Verfügung. Ein ganzer Wissenschaftszweig beschäftigt sich damit, »Erfindungen« der belebten Natur zu erforschen und sie in der menschlichen Technik innovativ umzusetzen. Pflanzen und Tiere liefern Ideen für die Entwicklung neuer Materialien und Technologien.

Viel können wir von Tieren lernen, auch wenn wir keine Erfinder und Technologen sind. Für unser eigenes Leben, unseren Umgang miteinander und alle Herausforderungen, denen wir begegnen. Wir können lernen, uns auf die eigenen Fähigkeiten zu besinnen. Vom Tier lernen beginnt in der persönlichen Bereitschaft. Ich bin jeden Tag aufs Neue dazu bereit und staune wieder und wieder über mich und meine Lehrmeister – die Tiere.

Der Charme von Charmin

Der Ihnen bereits vertraute Fredy ist ein Filmhund, wie er im Buche steht, und so stelle ich ihm gern hin und wieder eine Hündin zur Seite, um seine geniale Veranlagung an Nachkommen weiterzugeben. Die letzte Mutter seiner Kinder war eine Pyrenäenberghündin. Charmin, Fredys »Verlobte«, hat als Schutzhund die Aufgabe, große Schafherden vor Raubtieren zu schützen. Sie muss, wenn es darauf ankommt, eigene Entscheidungen treffen. Diese Eigenschaft lässt das Herz eines Filmtiertrainers nicht gerade höher schlagen. Während ich die Hündin ausbildete, habe ich immer wieder die Grenzen hinnehmen müssen, die sie mir sehr deutlich gezeigt hat. Gut, sagte ich mir, ohne Nachteile keine Vorteile.

Nun war Charmin also tragend von Fredy und es war zu erwarten, dass es einige Nachkommen geben würde, da große Hündinnen oft sehr große Würfe haben. Nach neun Wochen gab es neun Welpen, neun kleine, unwiderstehliche Eisbärchen, die allesamt zum Fressen waren. Um die Mutter-Tochter-Linie zu durchbrechen, hatte ich geplant, aus Charmins Wurf einen Rüden zu behalten. Während das Verhalten der männlichen Welpen oft das des Vaters widerspiegelt, findet sich das der Mutter meist zu hundert Prozent in den Töchtern wieder. Ganz fest hatte ich mir also vorgenommen, einen kleinen Rüden bei mir aufwachsen zu lassen. Doch dann war da Toffee, die sich täglich ein wenig mehr in mein Herz schlich. Eine Hündin, die sich offensichtlich ihrerseits fest vorgenommen hatte, zu bleiben – und sie blieb, trotz aller meiner vernünftigen Pläne und Vorsätze. Mit jeder Woche, in der die Kleine heranwuchs, ähnelte sie in ihrem Verhalten ihrer extrem selbstständigen Mutter mehr.

Genau hier musste ich entscheiden, ob ich für Toffee ein neues Zuhause suchen wollte, weil ich nicht bereit war, etwas Neues zu lernen. Oder war ich bereit, diesen eigenwilligen Hund verstehen zu lernen und mein Verständnis für Tiere damit zu erweitern? Es ging nicht mehr um ein Präge- und Sozialisierungsproblem. Ich entschied, mich auf die Ebene von Toffee und all ihre nachgeahmten und vor allem auch angeborenen Strukturen einzulassen und mithilfe dieser Sichtweise die Erkenntnis zu entwickeln, wie ich ihre Fähigkeiten positiv kanalisieren, sprich richtig einsetzen kann. Ich habe mich nicht nur für Toffee entschieden, sondern habe mich ganz auf sie, ihre Fähigkeiten und Talente eingelassen. Ich habe dem Tier Hilfestellungen gegeben und mir von ihm helfen lassen, sodass wir beide einen Weg finden konnten, uns auf einer Ebene des Verständnisses und Vertrauens zu treffen. Es war wie ein Knoten, der sich bei der jungen Hündin löste. Sie legte plötzlich größten Eifer an den Tag, als sie spürte, dass ich neue Möglichkeiten zulasse und sie so nehme, wie sie ist. Seither nimmt auch sie mich, wie ich bin. Um eine Erkenntnis war ich wieder reicher. Oftmals braucht man wahrhaft detektivische Züge, um zu erkennen, wo es in einer Mensch-Tier-Beziehung klemmt und was es zu tun oder besser: zu lernen gilt. Bevor wir daher weiter nach tierischen Eigenheiten, die unser Leben verbessern können, Ausschau halten, besuchen wir doch ein paar (beinahe) echte Detektive, die vom »Tatort«.

Tatort München – Pfoten hoch!

Es ist Sonntagabend, 20.15 Uhr: Eisig blaue Männeraugen schauen aus dem Fernseher, ein Fadenkreuz ist zu sehen, eine Titelmelodie erklingt, die seit vierzig Jahren die Herzen der zahlreichen Fans höher schlagen lässt. Das sind die Zutaten zum Intro der berühmtesten Krimiunterhaltung im deutschen Fernsehen. Am 1. Januar 1991 traten zum ersten Mal die beiden Münchner Hauptkommissare Ivo Batic alias Miroslav Ne-

mec und Franz Leitmayr alias Udo Wachtveitl ihren Dienst an. In der Folge »Häschen in der Grube« hieß es, ein ganzes Versuchslabor mit Tieren zu »bestücken«, und so hielt ich in einem Institut mit einer Arche von Tieren im Gepäck Einzug. Man hatte mir einige Laborräume zur Verfügung gestellt, um daraus ein Tierversuchslabor zu zaubern. Aber wo in aller Welt waren diese Räume bloß? Durch ein Labyrinth von schier endlos wirkenden Fluren, Treppenhäusern und undefinierbaren Räumen wanderten meine Assistenten und ich hintereinander her, im Gepäck Kaninchen, Meerschweinchen, Mäuse, Ratten, Katzen und Hundewelpen. Auf diesem Irrweg durch das weitläufige Institut trafen wir auf einige Patienten, die sich zu Recht über die Tierkarawane wunderten und vermuteten, sie seien im falschen Film. Eine willkommene Abwechslung im grauen Patientenalltag. Und so trafen wir mit großer Verspätung, jedoch glückliche Patienten hinter uns lassend, endlich am Set ein.

Die beiden »Kommissare« warteten schon auf uns und starteten erst einmal eine Schmuseattacke mit den Tieren. Neben den sogenannten Labortieren, die im Käfig saßen, sollte eine Katze zusammen mit Miroslav Nemec spielen. Das Drehbuch sagte, dass diese Katze aus ihrem Laborgefängnis ausgebüchst sei und Kommissar Batic auf die Schulter springen solle, um ihn von dieser Position aus laut schnurrend zu beschmusen. Liebevoll bringt der Schauspieler den Stubentiger zurück in seinen viel zu kleinen Laborkäfig. Miro motivierte durch seine feinfühlige Art, mit dem Kater umzugehen, Bonobo zu Höchstleistungen. Die beiden waren ein harmonisches Team und sahen zudem noch umwerfend gut aus. Meist sind es meine wunderschönen, hochtalentierten Abessinier, die für die »Tatort«-Katzeneinsätze engagiert werden.

Immer wenn ich Udo Wachtveitl und Miro Nemec treffe, ist es ein freudiges Wiedersehen, da sie wirklich mit jedem Tier, das ich ihnen vor die Nase setze, auf Du und Du sind. Miro Nemec hat einen besonderen Draht zu Katzen, jede Drehpause wird von ihm genutzt, um sich mit den Samtpfoten zu beschäftigen. Diese beiden »Kommissare« sind Schauspieler, die das Herz am richtigen Fleck haben und denen es Freude macht, mit den Tieren zu arbeiten, egal was das Drehbuch vorsieht, ob Kaninchen, Tauben, Ratten, Mäuse, junge Hunde, kleine Hunde, große Hunde, sabbernde große Hunde, gefährliche große Hunde, kleine Katzen, große Katzen, zickige, schmusige, kurzhaarige, langhaarige Stubentiger... Alle sind willkommene Kollegen.

Gedreht wird in und um München und da nur die Szenen im Büro der Kriminalbeamten im Studio produziert werden, sind wir oft in Wohnungen von Privatpersonen oder in kleinen, individuellen Läden und Lokalen, um das Umfeld der Opfer oder Täter so realistisch wie möglich darzustellen. Ein Juwelier im Münchner Künstlerviertel Schwabing, eine Galerie auf der schicken Maximilianstraße oder eine Wohnung im verrufenen Hasenbergl, überall gilt es Mörder zu jagen, Diebe zu stellen und Leichen zu finden.

Für die Dauer der Dreharbeiten werden Häuser, Wohnungen, Läden, Lokale und sonstige dem Lokalkolorit entsprechende Schauplätze von der Produktion angemietet. Da komme ich also mit einem Hund im Schlepptau in einer wildfremden Wohnung an und fühle mich zuerst einmal wie ein Eindringling. Die eigentlichen Bewohner der Räume wurden freundlich, aber bestimmt hinauskomplimentiert, damit sie dem Team einerseits nicht im Weg stehen und andererseits keine Herzattacke erleiden, wenn sie miterleben müssten, was aus ihren Räumen gemacht wird. Kein Mensch kann sich vorstellen, wie viele Meter Kabel auf kleinstem Raum Platz haben. Und sollte die hellbeige Wand hinter dem Kamin nicht zum Drehbuch passen, wird sie in kürzester Zeit stierblutrot gestrichen, im

Notfall wird auch noch der Kamin demontiert. Sollte doch der eine oder andere »Vermieter« vorbeikommen, um die Schauspieler endlich einmal persönlich zu sehen, wird er meist etwas blass um die Nase, da in seinen Räumlichkeiten nichts mehr so ist, wie es war. Ein scheuer Blick auf das Namensschild an der Eingangstür soll Hoffnung geben, dass man sich möglicherweise doch in der Tür geirrt hat. Doch keine Angst, vermieten Sie Ihr Haus oder Ihre Wohnung ruhig an ein Filmteam, alles wird später wieder so sein, wie es vorher war, und Ihr Konto ist dankbar. Kommen Sie jedoch nie einfach zufällig vorbei, es könnte lebensbedrohlich sein. Schauen Sie nicht zurück, wenn Sie gehen, und kommen Sie erst wieder nach Hause, wenn alles getan ist.

Nichts ist dem Zufall überlassen, alles, was der Zuschauer sieht, ist vorsätzlich inszeniert und arrangiert. Auch im Tatort »Der oide Depp«, in dem es um die Aufklärung eines Prostituierten-Mordes in den sechziger Jahren geht. In den Rückblenden stimmt jede Kleinigkeit der Ausstattung. Tatjana Büchner leistete ganze Arbeit. Angefangen bei den Autos der damaligen Zeit über den Einrichtungsstil bis hin zur Kleidung, die von der Kostümabteilung detailgetreu nachgeschneidert wurde. Udo Wachtveitl alias Franz Leitmayr hatte in dieser Folge eine heftige Auseinandersetzung mit einem Vierbeiner. Ein wild gewordener Kampfhund der Marke Dobermann bedrohte ihn, der Hund sollte ihn anspringen, anknurren und einen Teil seiner Kleidung zerfetzen. Natürlich durfte dem wertvollen Kommissar keine seiner Locken gekrümmt werden, und so übernahm ich den Stunt und stürzte mich mit einem braunen Trenchcoat, Jeans und Udo Wachtveitls Schuhen ins Kampfhund-Getümmel. Der Dobermann und ich hatten einen Riesenspaß, obwohl dieser als solcher für alle Außenstehenden sehr schwer erkennbar war. Zähnefletschend, knurrend und mich immer und immer wieder anspringend zeigte mein »gefährlicher« Dobermann, was er mit mir zusammen aus der Filmhund-Zauberkiste holen kann. Ich verkaufte ihm die Situation als aufregendes Spiel, das er mit großem Eifer und fünfzig Kilo schwerem Einsatz bewältigte. Bietet sich mir die Möglichkeit, selbst als Double für den Schauspieler einzuspringen, kann ich dem Tier, sozusagen aus erster Hand, die Signale geben und ihm direkt zeigen, was ich von ihm erwarte. Erfolg ist dadurch vorprogrammiert und vor allen Dingen klappt's gleich bei der ersten Klappe.

In der Tatort-Folge »Sechs zum Essen« zeigt der beliebte Kollege von Batic und Leitmayr, Kommissar Carlo Menzinger alias Michael Fitz, dass er gern zu zweit wäre, denn er versucht sein Glück auf einer Veranstaltung für Singles, wenn auch vergeblich. Er wird zum Nebenbuhler für einen anderen Bewerber um eine junge, hübsche Frau. Nur leider wird der andere, zwar überraschend für alle Beteiligten, jedoch mit voller Absicht überfahren. Nun müssen die beiden Hauptkommissare ran, obwohl sie selbst Singles sind und sich dieser Problematik ungern stellen. In der Wohnung einer verdächtigen, allein lebenden jungen Dame erwartet sie mein Elvis! Ein riesiger, weißer Pyrenäenberghund, der ohne Unterbrechung sabbert. Elvis hatte die Aufgabe, alle Besucher der Wohnung mit seiner Anwesenheit zu beglücken und zu bedrängen. Die beiden verfolgten Hauptkommissare versuchen immer wieder, dem Hund zu entkommen oder ihn auszusperren. Doch jedes Mal gab das Drehbuch vor, dass es ihnen entweder nicht gelingen sollte oder der Hund auf verschlungenen Pfaden den Weg zurück in die Wohnung findet. Eine lästige Angelegenheit, diesem weißen Riesen immer wieder zu begegnen, von den weißen Sabberfäden ganz zu schweigen.

Bevor es am Set ernst wurde, habe ich Elvis den Weg von der Eingangstür bis zum Hintereingang gezeigt, um ihm klarzumachen, dass er auch über diesen Weg in die Wohnung kommt.

Danach sollte Elvis an der geschlossenen Eingangstür außen mit dem Kommando »Bleib« absitzen. Ich bin geschwind durch den Hintereingang in die Wohnung gerannt, um ihn von dort aus zu rufen. Mein schlauer Riese hat sofort kombiniert, hat sich über den Hintereingang Zutritt zur Wohnung verschafft und wurde dafür natürlich von mir belohnt. Es wurde ernst, die Kamera lief, die Klappe war gefallen und das »Bitte« des Regisseurs war der Startschuss für die Schauspieler. Der Rundlauf von Elvis konnte beginnen. Mit dem trainierten Zeichen richtete ich meinen Finger auf die Kommissare und sagte »lieben«. Sofort schmuste Elvis, was die Hundezunge hergab. Die abgeleckten Kommissare nahmen den Hund am Halsband und führten ihn vor die Haustür. Von dort aus rannte der sabbernde Elvis zur Hintertür, kam in die Wohnung, um durch meinen Fingerzeig auf die Schauspieler erneut kundzutun: »Ich liebe euch alle so sehr!« Bis er wieder vor die Eingangstür gesetzt wurde. Viele Male rannte Elvis dieselbe Strecke, bis die Szene endlich im Kasten war, sehr zur Freude der »geliebten« Hauptdarsteller.

Der zweite Hund in dieser Tatort-Episode wurde von Pelzchen gespielt. Wie immer mit Bravour mimte die kleine, graue Hündin eine wild kläffende Nervensäge, während sich die beiden Kommissare auf einer Parkbank sitzend ein wenig Ruhe verschaffen wollten. Nichts da, der kleine bellende Köter ließ keine Sekunde der Ruhe aufkommen, obwohl sich Batic und Leitmayr um den liebeskranken Kollegen Carlo kümmern wollten, der auf der Suche nach seinem Glück hoffnungslos vom Pech verfolgt wurde.

»Tatorte« bieten wirklich jede Menge tierische Spannung. Ein Herz für eine alte Dame bewies Hauptkommissar Batic in der Folge »Häschen in der Grube«. Er versorgte die Katze dieser Dame, die der Drehbuchautor kurzerhand ins Krankenhaus geschickt hatte. Nun entwischte der Kater aus der Wohnung und die beiden Kommissare starteten in einer aufwendigen Nacht-und-Nebel-Aktion die Suche nach der heißgeliebten Katze. Aus schlechtem Gewissen kaufte Batic einen in rosa Plüsch gehüllten Kratzbaum und weitere überflüssige Accessoires, die keine Katze wirklich braucht. Mein Abessinierkater Bonobo war einmal mehr der wunderschöne Ausreißer.

In der Folge »Im freien Fall« war es meiner Abessinierdame Lieschen Müller vorbehalten, das Revier der Münchner Kommissare ein ganz klein wenig durcheinanderzubringen. Es war ihr ein großes Vergnügen, die Heimsuchung im Polizeibüro zu spielen. Allerdings ist so ein Einsatz nicht mit jeder Katze möglich. Um ein wohlgeordnetes Chaos, wie es das Drehbuch verlangt, zu spielen, bedarf es folgender Zutaten: eine spielfreudige und verfressene Katze sowie viele Meter Nylonfaden, die von der Kamera unbemerkt das festgeknotete zerknüllte Papier, Kugelschreiber und Büroklammern zum Leben erwecken. Die Katze fegt natürlich wie wild hinter diesen beweglichen Büroutensilien her, ohne darauf zu achten, was ihr auf ihrer Jagd alles zum Opfer fällt, da wird keine Rücksicht auf volle Kaffeetassen, sortierte Polizeiberichte oder Telefonkabel genommen. Die Sandwiches mit Hühnchenbrust in offenen Schubladen werden selbstverständlich gern als Happen zwischendurch mitgenommen. Auf solche Drehbuchseiten des Münchner »Tatorts« freue ich mich alle Jahre wieder.

Heiße Spur ins Tierreich

Wer dieser Spur folgt, wird nicht auf Mörder, Diebe oder Kommissare stoßen, sondern auf ein paar letztlich ganz einfache Gesetze, die uns das Leben enorm erleichtern können. Es gibt ein paar grundlegende Regeln in unserem Leben und dem der Tiere. Während es in der Tierwelt ums nackte Überleben geht und nur das Gesetz der Natur gilt, haben wir Menschen

das Zusammenleben untereinander kultiviert – und dennoch wirken im Grunde die gleichen oder zumindest sehr ähnliche Gesetze. Wir Menschen haben den Tieren gegenüber den großen Vorteil, uns zumindest immer wieder vornehmen zu können, dass wir bewusst entscheiden, welches Verhalten wir wählen. Auch wenn es dann oft nicht klappt und wir in die Bahnen alter Muster schlittern – wir rauchen weiter, wir bewegen uns zu wenig, wir fahren wegen Kleinigkeiten aus der Haut –, können wir es immer wieder probieren, und irgendwann klappt es. Es gibt Möglichkeiten, es immer rascher, immer sicherer, immer besser »klappen« zu lassen. Sich für ein gelungenes und obendrein möglichst entspanntes Leben nämlich Eigenheiten der Tiere zum Vorbild zu nehmen, das ist mein Erfolgsrezept. Ein paar der wesentlichen Zutaten erfahren Sie auf den folgenden Seiten, die ganz im Zeichen tierischer Instinkte stehen. Die Erfolgsmischung für Ihr eigenes Leben können Sie sich daraus selbst zusammenstellen und immer wieder neu erproben.

Druck erzeugt Gegendruck

Diese grundlegende Erkenntnis verdanke ich vor allem der Arbeit mit Schwergewichten. Plakativer als beim Umgang mit Kühen kann man diese logische Regel nicht demonstriert bekommen. Meine körperlichen Grenzen werden mir beim physischen Wettkampf mit einem gehörnten Vierbeiner so deutlich, dass sich jeder sportliche Ehrgeiz von selbst verbietet. Das gibt mir die Chance, zu begreifen, dass ich völlig anders vorgehen sollte: Nehme ich den Druck aus der Situation, umgehe ich die körperlichen Qualitäten der Kuh, gegen die ich den Kürzeren ziehen würde. Schon ist Raum für eine Lösung. Ich reduziere mich auf die Disziplin, in der ich in dieser Situation überlegen bin: die der strategischen Denkweise.

Fanta ist nicht nur zum Trinken da

Fanta ist eine Reitkuh. Nahezu perfekt ist sie, meine kleine Hinterwäldlerin, sie ist zugeritten und versteht tatsächlich, was man ihr über die Zügel vermittelt. Nun sollte sie für die Filmproduktion »Die Dorfhelferin« genau das spielen, was sie ist: eine Kuh, auf der man reiten kann. Zusammen mit Simone Thomalla und Marco Girnth fanden die Dreharbeiten zwischen Miesbach und dem Schliersee statt, ein oberbayerisches Kitschpostkartenidyll. So stand also Fanta in dieser Idylle, mitten im Filmset, auf dem für sie vorbereiteten Parcours. Hauptdarsteller Marco saß ihr im wahrsten Sinne des Wortes im Nacken, direkt hinter ihren sehr ansehnlichen Hörnern. Er hielt die Zügel in einer Hand, da er leidenschaftlicher Westernreiter ist, hatte er damit keine Probleme. Auch das Reiten ohne Sattel war für ihn keine Premiere, allerdings hatte er es bisher nicht auf einer Kuh probiert. Aber Fanta mag es, Menschen auf ihrem Rücken in der Gegend herumzutransportieren, sie versteht die Zügelhilfen rechts, links, zurück, Stopp und Geh – also, was kann schiefgehen, dachte ich. Laut Drehbuch sollte Fanta mit Marco auf ihrem Rücken mehr oder weniger elegant durch einen Slalom aus verschiedenen Hindernissen tänzeln, über einen dreißig Zentimeter hohen Ochser springen und zum guten Schluss noch durch ein Zelt aus Zweigen schreiten.

Alles und alle waren bereit, abgesehen von Fanta, die in diesem Moment eine einsame Entscheidung nicht zu unseren Gunsten traf. Einige Weiden weiter stand nämlich ein Bulle, die gute Fanta entschied sich also, diesem Bullen unaufhörliche, laut zu vernehmende Grüße und Rufe zu übermitteln, offenbar stand ihr eher der Sinn danach, sich mit diesem Kerl zu vergnügen, als die gestellte Aufgabe der Regie – von mir vertraglich zugesagt – zu erfüllen. Es war ihr schlichtweg egal, ob sie mich

zum Lügner machte, sie setzte keinen Fuß vor den anderen, sie stand einfach da und brüllte diesem Bullen zu.

Was nun? Ihre fünfhundert Kilo Lebendgewicht in Richtung Parcours zu drücken oder sie gar zu ziehen wäre völlig sinnlos. Wie sonst aber könnte ich in diesen Momenten meiner Blamage Fanta motivieren, sich auf ihre durchaus sehenswerten Fähigkeiten zu besinnen und endlich ihre Aufgabe zu erledigen? Welcher Druck ist größer, der meiner reizenden Fanta oder meiner mit immerhin männlichen fünfundachtzig Kilo? Mit Leichtigkeit zieht mich eine Kuh allein durch einen Schritt in die entgegengesetzte Richtung oder über den sprichwörtlichen Tisch, während ich nur ein müdes Lächeln bei ihr erzeugen würde, wenn ich mich körperlich mit ihr messen wollte. Druck erzeugt Gegendruck, das hatten mir vor allem Kühe schon oft bewiesen.

Also raus mit dem Druck, rein mit der Motivation. Eine leckere Mohrrübe, ein duftender Apfel oder ein knackiger Zwieback wird die Gute wohl zum Nachdenken bringen, sich doch noch in meine Richtung zu bewegen. Dazu noch ein liebevolles Kraulen zwischen den Hörnern, ein lobendes Wort und schon sollte sie wieder laufen. Aber nicht an diesem Tag, Fantas Hormone spielten verrückt, es war Hopfen und Malz verloren. Schauspieler Marco saß wie bestellt und nicht abgeholt auf seinem schnittigen Reittier und nichts ging vorwärts, nicht einmal rückwärts, es ging gar nichts. Einige leise ausgesprochene Zwischenrufe mit dem Text »Blöde Kuh« waren aus dem Filmteam am Set zu hören. Blöd war sie ja nicht, meine heißgeliebte Fanta, aber das wussten nur sie und ich und möglicherweise der benachbarte Bulle. Für uns drei eine klare Sache der Hormone.

Aber ich wäre nicht Christoph Kappel, hätte ich nicht ein zweites Ass im Ärmel, sprich eine zweite Kuh in meinem Tiertransporter. Ich zauberte also das Double und die Gesellschafterin von Fanta aus dem Hänger und somit ein Lächeln auf das bis dahin versteinerte Gesicht des Regisseurs. Bluna war von diesem spontanen Einsatz hellauf begeistert, und diese charmante, kleine Kuh lässt nichts zu wünschen übrig an Beweglichkeit, Zierlichkeit und Schönheit. Sie ist mein Sonnenschein und sicher eine der lauffreudigsten Kühe, die je an mir vorbeigaloppiert sind. Ein schauspielerisches Talent ist Bluna ebenfalls nicht abzusprechen, allerdings ist sie keine ausgebildete Reitkuh. Stellen Sie sich den anhänglichsten Hund vor, den Sie kennen, und dann multiplizieren Sie diese Eigenschaft mit der Gefräßigkeit des verfressensten Individuums, das Ihnen je untergekommen ist, und schon heißt das Ergebnis: meine unglaublich liebenswerte Bluna.

Da Bluna erst drei Jahre alt ist und sich noch in der Ausbildung zur Reitkuh befindet, waren nun Marcos Reitkünste umso mehr gefragt. Wie von der Tarantel gestochen schoss Bluna durch den Parcours, während sie sich zwischendurch darin übte, Bocksprünge zu vollführen, um das »Ding« auf ihrem Rücken loszuwerden. Dabei gelang es ihr immer wieder, mit allen vieren in die Luft zu springen, was aus Marco einen Rodeoreiter machte. Einmal mehr wurde das Drehbuch spontan umgeschrieben und die lustige kleine Kuh trug maßgeblich dazu bei, dass diese Szene jeden Zuschauer zum Lachen bringen musste. Marcos Aufgabe war es nun nicht mehr, ansehnlich durch den Parcours zu kommen, sondern sich so lange wie möglich, egal wie, auf der Kuh zu halten. Ein Bild für Götter, das von Regie und Kamera dankend angenommen wurde.

Am Ende der Szene hat die Kuh laut Drehbuch »die Nase voll« und rennt aus heiterem Himmel samt Reiter in den Stall. Jetzt sollte Bluna das niedrige Stalltor passieren. Ein Stuntman kam zum Einsatz, der diese nicht ganz ungefährliche Szene übernahm. Marco hätte zweifellos mit seiner Fähigkeit als Reiter auch die Stuntszenen übernehmen können, das wiederum hätte

die Versicherung des Schauspielers nicht genehmigt. Stuntman und Bluna haben sich auf Anhieb verstanden und ihren Job genial abgeliefert. Der tapfere Stuntman hat sich gefühlte dreißig Mal von der Kuh abstreifen lassen und fiel stets auf dem kürzesten Weg direkt in den Matsch. Bluna galoppierte wie am Schnürchen immer wieder in Richtung Stalltür und ignorierte bei jeder Wiederholung erneut, dass sie ihren Reiter verlor, denn sie wurde wieder und wieder mit einer großen Hand voll Melasse von mir höchstpersönlich im Stall in Empfang genommen. Diese geraspelten Zuckerrübenstücke sind Blunas absolute Lieblingsspeise.

Täter und Opfer

Ist Ihnen bewusst, wie oft Sie unabsichtlich Druck ausüben oder selbst davon manipuliert werden? Das findet in einem Zusammenleben mit anderen, ob Mensch oder Tier, kontinuierlich statt. Zwar variiert die Intensität, aber der Zustand begleitet uns mehr oder weniger durchs ganze Leben. Viele Menschen wundern sich, dass ihnen Zuneigung und Wohlgesonnenheit entgegengebracht werden. Anderen widerfährt Ablehnung oder Aggression. Die wenigsten würden die Ursache dafür zuerst bei sich selbst suchen, aber maßgeblich für die Sympathie oder Antipathie, die uns entgegenschlägt, ist unser eigenes Verhalten. Eine Reaktion löst eine Gegenreaktion aus. Wir kennen alle die Momente, in denen wir uns unter Druck gesetzt fühlen. Manchmal ist es subtil, ein anderes Mal sehr offen, mal physisch, mal psychisch. Unter Druck reagieren wir instinktiv mit Gegendruck. Unser ganzes Leben wird tagaus, tagein davon bestimmt. Denn entweder üben wir gerade Druck aus oder sind diesem ausgesetzt. Wir sind der Verfolger oder der Verfolgte, der Täter oder das Opfer, der Jäger oder der Gejagte, der Gute oder der Böse, und natürlich wechseln wir die Rollen. Dieses unbemerkte Spiel ist der wesentliche Grund für Belastungen, Stress und Streit.

Um aus diesem Teufelskreis wieder herauszufinden, gibt es eine zwar unspektakuläre, aber durchaus wirkungsvolle Strategie, die ich mir nicht nur beim Umgang mit Kühen angeeignet habe: Statt auf Druck mit Gegendruck zu reagieren, gebe ich nach. Das ist nicht das Gleiche wie aufgeben. Ich lasse zu, dass sich die Lage entspannt, und führe damit die Wende zum Lösungsprozess herbei. Führen und Nachgeben, mal ich, mal der andere. So entsteht mit der Zeit eine Art Tanz, der alle Beteiligten zufriedenstellt, am Ende sogar glücklich macht. Wer gerade führt und wer gerade nachgibt, ist dann nicht mehr so wichtig.

Blinde Kuh

Kühe, die weder trainiert sind noch auf Intelligenz gezüchtet wurden, sondern ausschließlich der Milchgewinnung dienen, haben selbstverständlich dieselben Verhaltensstrategien wie ihre Verwandten, die für mich beim Film im Einsatz sind. Auch wenn die Tiere von ihren Besitzern, meist Bauern, gehegt und gepflegt werden, da sie wichtiges Kapital bedeuten, werden sie in der Regel nicht leinenführig gemacht, da der beschäftigte Landwirt diesem Detail keine Bedeutung zumisst. Milchkühe sind durch den täglichen Umgang mit dem Menschen beim Melken verhältnismäßig zahm und umgänglich, solange alles in der gewohnten Reihenfolge stattfindet. Auch Ochsen, die früher für die Feldarbeit eingesetzt wurden, waren den Umgang mit Menschen gewohnt. Hingegen haben die Rinder, die heutzutage für die Fleischgewinnung gezüchtet und gemästet werden, den größten Teil ihres Lebens keinen Kontakt zu Menschen und daher eine ursprüngliche Scheu. Entstehen jedoch Situationen im Leben dieser Tiere, die ein Führen notwendig machen, wie ein Umzug von Stall zu Stall,

das sogenannte Umstallen, eine tierärztliche oder allgemeine Behandlung oder der letzte Weg in den Schlachthof, dann kann zwangsläufig nur mit Druck gearbeitet werden, der automatisch Gegendruck provoziert.

Dennoch kann man mit etwas Verständnis und gutem Willen dafür sorgen, dass dieser Kreislauf unterbrochen wird. Das wurde mir sehr deutlich, als ich meinem Nachbarn zum ersten Mal half, seine Kühe einzeln aus dem Stall zu holen, damit ihnen die Klauen gepflegt werden konnten. Maniküre und Pediküre für Kühe. Da die Tiere nicht gewohnt sind, am Strick geführt zu werden, wurden ihnen die Augen verbunden. Schnelle Bewegungen und ungewohnte Aktionen und Dinge lösen bei Rindern eine Art Alarm aus. Dabei ist die Alarmanlage das Gehirn und der Sensor dafür die Augen. Natürlich ist das Tier mit verbundenen Augen daher ruhig, weil es nicht sieht, was man mit ihm vorhat. Dasselbe Prinzip sind Scheuklappen für das Pferd, die bewirken, dass das Fluchttier nicht alle Umwelteinflüsse wahrnimmt. So kann es durch dichten Verkehr dirigiert werden, ohne hektisch zu werden.

Kühe unterscheiden sich als Fluchttier übrigens deutlich vom Pferd. Während das Pferd sofort davonprescht, stellt sich die Kuh einer gewissen Gefahr und damit dem Gegner. Das könnten Sie vielleicht schon einmal unfreiwillig erlebt haben, wenn Sie gern Gelb tragen. Sind Sie ab und an in einem gelben Regenmantel, gelben Gummistiefeln oder einer Postmeistermütze auf dem Kopf in der Natur unterwegs? Ich darf Sie damit vertraut machen, dass für Kühe die Farbe Gelb den höchsten Kontrast in der Wahrnehmung darstellt, sie könnten deshalb möglicherweise schnell mal zu einem Angriff übergehen.

Im Stall des Nachbarn nun verfolgte ich die heutzutage übliche Vorgehensweise der Klauenpflege, die alle sechs Monate erforderlich ist, mit großem Interesse und körperlichem Einsatz. So schnell konnte ich nicht schauen, wie ich von einer der vierbeinigen Damen der Rasse Bayerisches Fleckvieh plötzlich an die Stallwand gedrückt wurde. Siebenhundert Kilo pressten sich auf mich und ich hörte ein erschöpftes Knacken einer meiner Rippen, die sich dem Thema Gegendruck freiwillig ergab. Die anschließenden Schmerzen machten mich nachdenklich. Was sagte mir diese Methode »Blinde Kuh zur Maniküre«?

Ich kam schließlich zu dem Schluss, dass dem Tier, wenn es schon mit verbundenen Augen gehen soll, ein kontinuierliches Tonsignal helfen könnte. Damit wäre der Druck vermindert, und die »blinde Kuh« würde so auf den Gegendruck verzichten und kooperieren. Prinzip Fußgängerampel für Blinde, diese sendet Tonsignale aus, um dem Blinden Gehen oder Stehen anzuzeigen. Wieder im Stall sandte ich nun ein stetiges »Komm, komm, komm, komm komm, komm, komm…« an die Tiere aus und diese nahmen meine Hilfestellung an. Kein Gezerre und Gedrücke mehr, die Kühe tappten vorsichtig meinen Rufen hinterher.

Der Klauenschneider erklärte mir, dass er in seiner vierzigjährigen Berufszeit bereits mehr als zehn Rippenbrüche hatte und diese ja kein Beinbruch seien. Ich frage mich, aus welchem Grund er dann nicht seine Strategie in all den Jahren geändert hat und immer noch den aus Verunsicherung unkooperativen Tieren mit einem Stromschlag auf die Sprünge hilft. Auf diesen Druck bekommt er natürlich postwendend die Antwort. Der oftmals sehr rohe Umgang mit landwirtschaftlichen Nutztieren führt dazu, dass die Angst auf Platz eins der schlechten Erfahrungen steht. Da Kühe einen ruhigen und ausgeglichenen Umgang lieben, sind Schlagen, Knüppeln, Treten und der Einsatz von Elektroschocks der wahre Terror für sie. Solche Mittel sind alte Muster, die wir Menschen ungeprüft von der vorherigen Generation übernommen haben. Man sollte sie schon längst ad acta gelegt haben.

Grenzverletzung an der Distanzzone

Weniger kraftvollen Gegendruck kann ein Hund ausüben, der, wenn er Pech hat und ein Zwerg seiner Zunft ist, uns Menschen körperlich nichts entgegenzusetzen hat. Dadurch wird seine Verweigerung gegen den menschlichen Druck nicht wirklich ins Gewicht fallen. Wir kennen alle das Bild, wenn Herrchen seinen Hund an der Leine hinter sich herzerrt. Der kleine Hund produziert Gegendruck, selten wird dieser vom Menschen reflektiert, da er keine gravierenden Konsequenzen hat. Dennoch ist eine Spannung da. Oft genügt es schon, die Leine durchhängen zu lassen, um den Druck aus der Situation zu nehmen – und siehe da: Der Gegendruck hebt sich auf und der Hund läuft brav mit. Wenn der Hund sein Herrchen an der Leine hinter sich herzerrt, ist die Rollenverteilung genau umgekehrt. Der Hund macht Druck und Herrchen reagiert automatisch mit Gegendruck, indem er versucht, den Hund zurückzuziehen. Wichtig ist, dem Hund erst das ABC beizubringen und ihn dann zum Lesen aufzufordern. Das ABC ist in diesem Fall das Kommando »Fuß«. Ist das sicher abrufbar, kann man entspannt miteinander spazieren gehen, mit durchhängender Leine. Ein anderes klassisches Beispiel: Sie rufen Ihren Hund unter Zeitdruck zu sich und haben dabei, ohne es zu wissen, einen Druck in Ihrer Stimme, den Sie sonst nicht ausüben. Der Hund nimmt diesen ungewohnten Druck sofort wahr und wird ganz sicher nicht zu Ihnen kommen. Erst wenn Sie den Druck herausnehmen, ein paar Meter in die entgegengesetzte Richtung laufen, sich von einer Frontalstellung zum Hund in eine Profilstellung drehen, vielleicht sogar in die Knie gehen und auch Ihrer Stimme Entspannung gönnen, lösen Sie die Situation auf. Sie geben nach und stellen Ihrem Tier Raum zur Verfügung, freiwillig Ihrer Aufforderung nachzukommen. Um diese Dinge zu wissen macht den Alltag deutlich leichter.

Das Gesetz des Drucks gilt auch für Geflügel, das aufgrund seiner verhältnismäßig geringen Intelligenz nicht wirklich anspruchsvoll trainiert werden kann, sondern hauptsächlich über die Prägung delegiert wird. Es reagiert wunderbar auf die Körpersprache. Allein den Arm auszubreiten bedeutet Druck im übertragenen Sinne: Es wird in das Empfinden für die körperliche Distanz eingegriffen. Die gefiederten Zweibeiner weichen zurück, um die Sicherheitsdistanz zu bewahren, und können damit gezielt in den Stall getrieben werden. Sollten Sie schon einmal mit einem Anhänger am Auto rückwärts eingeparkt haben, wissen Sie, dass Sie rechts herum lenken müssen, damit der Anhänger links herum fährt. Genau auf die gleiche Art und Weise reagiert Geflügel. Gehen Sie links, läuft das Geflügel rechts, breiten Sie Ihren rechten Arm aus, reagieren die Tiere mit einem Richtungswechsel nach links. Auf diese einfache Weise lässt sich eine Schar Hühner, Enten oder Gänse problemlos dirigieren.

Um Menschen zu dirigieren, sollte man schon Orchesterchef sein. Doch ein diplomatisches Miteinander im Alltag führt jeden von uns in der Regel häufiger und vor allem leichter zum Ziel, als wenn wir mit dem Kopf durch die Wand zu rennen versuchen. Diplomatische Verhandlungen zwischen Nationen sind allemal erfolgreicher als die wildesten Kriege, Diplomatie in Beziehungen zukunftsorientierter als Trennungen, und auch bei der Tiererziehung ist diplomatisches Geschick der richtige Weg zum Erfolg.

Druck lässt sich nicht vermeiden, er gehört zum Leben. Begegnen Sie Druck am besten, bevor er unangenehm werden könnte, indem Sie aktiv die Interaktion steuern. Manchmal durch Nachgeben und Rechtgeben, manchmal durch Vorgeben und sogar Vorpreschen. Wenn Ihnen bewusst ist, dass Sie immer wieder Druck ausüben, nur um nicht selbst unter Druck zu geraten, werden Sie bald neue Strategien probieren. Da wir

ein Teil der Natur sind, gelten auch für uns die Gesetze der Natur, die letztlich so einfach anzuwenden sind.

Loslassen ist Festhalten

Dieses Naturgesetz ist eng verwandt mit dem vom Druck, der Gegendruck erzeugt. Lassen Sie mich das zunächst am Beispiel Pferd verdeutlichen. Stolze Pferdebesitzer stellen die »Macken« ihrer neu erworbenen, scheckheftgepflegten Vierbeiner erst durch eigene Erfahrungen fest. Ein abgestumpfter »Gaul« ist oft bereits durch verschiedene harte und unnachgiebige Hände gegangen, die das Tier sicher nicht sensibler gemacht haben. Eiserne Härte führt nie zum Erfolg, schon dreimal nicht beim Fluchttier Pferd.

So macht das Pferd nun dem nächsten Besitzer das Leben schwer, da es keine Alternative hat, es wurde ihm bisher nichts anderes beigebracht, als auf Druck mit Gegendruck zu reagieren. Das allerletzte Mittel eines Fluchttieres ist der Angriff. Aber auch ein Davonlaufen setzt uns gewaltig unter Druck, denn nun sind wir aufgefordert, das Tier wieder einzufangen. Eine Lawine von Druck und Gegendruck nimmt ihren Lauf. Ein Fluchttier überlebt in der freien Wildbahn, weil es flieht. Der Name ist Programm. Ein häufiger Umgebungswechsel ist für ein Pferd eine Überlebensstrategie und tatsächlich nicht als unangenehm einzustufen, da er ein instinktives Verhalten ist. Von Stall zu Stall ist es befördert worden, immer wieder weiterverkauft, keiner hat über die Macken gesprochen, nur um das Tier wieder ohne Verlust loszuwerden. Jetzt haben Sie ihn am Hals, den störrischen Vierbeiner, sitzen auf und stellen fest, dass das Pferd so gar nichts mit Ihnen zu tun haben will, im Gegenteil, es macht es Ihnen auf jede erdenkliche Weise schwer, solange Sie auf ihm sitzen. Die ablehnende Haltung des Tieres Ihnen gegenüber ist nicht zu übersehen. Sie reagieren, indem Sie sich durchsetzen, also mit Druck, das Pferd zahlt es Ihnen zurück mit Gegendruck, möglicherweise versucht es sogar Sie abzuwerfen.

Das Spiel kann beginnen

Nichts da! So weit lassen wir es nicht kommen, schon vorher wird die neue Errungenschaft Augen machen, weil Sie nämlich die Taktik ändern: Sie sitzen gar nicht auf, Sie offerieren dem Tier anstelle eines Befehls eine Option, nämlich die, sich aus freien Stücken entscheiden zu können. Sie lassen es los und durchbrechen damit eingefahrene Strukturen. Indem Sie nicht auf dem Tier sitzen, sondern auf gleicher Augenhöhe, von Angesicht zu Angesicht in die schönen Pferdeaugen blicken, können Sie seine Angstsignale erkennen. Pferde lassen sich schnell in Angst versetzen und sind deshalb immer bereit zu fliehen. Die schlechten Erfahrungen, die das Tier bereits sammeln musste, haben das noch verstärkt. Ihre Aufgabe ist es nun, die Angst des Tieres auszuschalten und sein Interesse einzuschalten. Das gelingt Ihnen, indem Sie auf sein Verhalten eingehen. Wie wäre es, Ihr Pferd auf der Weide zu besuchen und sich, ohne Kontakt mit ihm aufzunehmen, ein Stündchen in die Sonne zu legen? Vorausgesetzt, Petrus meint es gut mit Ihnen, machen Sie das so lange, bis Ihr Pferd unaufgefordert zu Ihnen kommt. Das Interesse ist geweckt, die Angst ist ausgeschaltet. So hat das Tier die Chance, Vertrauen zu Ihnen aufzubauen. Der für sein Wohl zuständige Mensch ist nicht länger Gegner, sondern wird zum Partner. Haben Sie erst einmal das Vertrauen Ihres Pferdes gewonnen, wird es mit Ihnen durch dick und dünn gehen. Sie können getrost und gelassen mit der Ausbildung beginnen, denn der Teamgeist ist wachgeküsst. Das Spiel kann beginnen! Nur wer davonlaufen darf, kann auch wieder zurückkommen.

Das gilt für Pferde ebenso wie für Menschen. Sie laufen Ihrem Kind hinterher, aber das Kind lässt sich nicht fangen. Sie laufen Ihrem Hund hinterher, aber der macht genau dasselbe wie das Kind. Auch Ihre Katze rennt davon, wenn Sie sie fangen möchten. Der Partner, der Kunde, die Freunde, keiner will gefangen werden. Sobald Sie aber aufhören, Ihrem Kind, Ihrem Hund, Ihrer Katze, Ihrem Partner, Kunden oder Freund hinterherzurennen, sondern unbeirrt Ihren Weg fortsetzen, werden Sie Respekt ernten oder noch besser: auf Ihrem Weg begleitet werden. Die anderen sind plötzlich bei Ihnen, sie sind da und das gern.

Sie kennen es aus Liebesbeziehungen, aber auch von Aufgaben, die Ihnen gestellt werden, und von Verantwortung, die Sie tragen. Je mehr man sich in ein Thema verbeißt, desto sicherer fängt man sich den Tunnelblick ein. Man sieht vor lauter Bäumen den Wald nicht mehr, man hält krampfhaft das fest, was vielleicht gar nicht bleiben möchte. Manchmal bedeutet Verantwortung abzugeben, sie wirklich zu übernehmen. In den Beziehungen zu meinen Tieren wurde mir das immer wieder deutlich. Kein Mensch kann ein ganzes Leben lang auf ein anderes Lebewesen aufpassen, ohne dass beide dadurch in einen Konflikt miteinander geraten. Den Zeitpunkt, an dem man abwägen sollte, den Beschützten loszulassen, erkennt man selbst nur sehr schwer. Meist merken wir erst, wenn er Hals über Kopf das Weite sucht, dass der Zeitpunkt zum Loslassen überschritten war. Das Haltbarkeitsdatum der Festhaltetaktik ist schwer erkennbar und manches Mal schmerzhaft erfühlbar.

Fuchs sucht Familienanschluss

An einem sonnigen Frühlingstag übergab mir eine Jägerin einen jungen Fuchs. Sie hatte die überfahrene Mutter des Kleinen am Straßenrand gefunden und sich die Mühe gemacht, den Fuchsbau zu finden, in dem vermutlich die Jungtiere mit hungrigen Mägen auf ihre Mutter warteten. Füchse sind für Jäger eher Störenfriede im Revier. Sie dezimieren den Wildbestand, die Rehkitze, Hasen und Kaninchen, Fasane, Wildenten und Gänse. Im Frühjahr plündern sie die Gelege der brütenden Vögel. Für Jäger keine Freude, und viele haben dem Fuchs regelrecht den Kampf angesagt. Schon aus diesem Grund ist besagte Frau eine ungewöhnliche Jägerin, sie hat ihr Revier und die althergebrachten Traditionen ihres Vaters übernommen und verwaltet sie mit viel Tierliebe und großem Verantwortungsgefühl. Ihre Vermutung stimmte: Ein kleines Füchslein saß allein im Bau, es hatte bereits die Augen offen und war daher nicht mehr mit allen Konsequenzen auf Menschen zu prägen. Wenn Jungtiere einmal ihre Mutter und Geschwister gesehen haben, ist es »um sie geschehen«. Sie sind für immer auf das Aussehen und Verhalten ihrer Artgenossen geprägt. Da kann ich als Mensch so lange mit Hühnchenfleisch locken, bis ich es dem mittlerweile knurrenden Magen zuliebe selbst verspeise, nie mehr wird mir das uneingeschränkte Vertrauen dieses Tieres zuteil werden. Auch wenn Fox, wie ich die kleine pfiffige Fähe nannte, mit meinem aktuellen Wurf Hunde aufwuchs und jede Menge Spielkameraden hatte, war ihr Drang davonzulaufen, wann immer es möglich war, groß. Was sollte ich tun? Mit der Hoffnung und zum Glück schon jeder Menge Erfahrung in der Tasche, dass das Fuchsmädchen wieder zurückkommen würde, ließ ich die kleine Jägerin Reineke laufen. Und siehe da, pünktlich zur nächsten Fütterung stand sie wieder vor der Tür! Das ist es, was ich mit Loslassen meine. Dieses Loslassen ist nicht gleichbedeutend mit einem Verlust oder damit, jemanden oder etwas einfach fallenzulassen. Den kleinen Fuchs habe ich laufen lassen, weil es seine Natur ist, die Freiheit zu suchen. Immer und immer wieder, jeden Abend kam er zu seinem frei gewählten Zuhause zurück. Er tut es bis heute.

Aus Beispielen wie diesen habe ich persönlich auch sehr viel für meinen Umgang mit anderen Menschen und in Beziehungen gelernt. Eigentlich liegt es ja auf der Hand: Dort wo geklammert, gefordert und festgehalten wird, wollen wir nicht bleiben. Wir spüren den Druck, die ständig in der Luft liegenden Forderungen schnüren uns den Hals zu. Und irgendwann suchen wir das Weite. Sind wir jedoch frei, um immer wieder neu selbst zu entscheiden, wie tief wir uns in das Miteinander einbringen können und wollen, dann ist die Wahrscheinlichkeit sehr viel größer, dass die Beziehung funktioniert, dass wir bleiben, und das gern. So etwas erlebte ich auch mit einem Hund, der ein schweres Schicksal hinter sich hatte.

Nummer 41 will leben

Ich konnte nicht anders, ich musste einfach in dieses staatliche Tierheim in Lissabon, während ich für Filmaufnahmen in Portugal war. Wenn ich Tiere wie dort eingesperrt, an kurzen Ketten angebunden und ihrer Freiheit beraubt sehe, könnte ich selbst zum Tier werden, und mein Gewissen bezüglich Recht und Ordnung kommt ins Wanken. Überall auf der Welt besuche ich Tierheime, aber hier stieß ich an meine emotionalen Grenzen. Die Unterbringung ließ keine Grausamkeit aus. Im Todestrakt, wo die armen Kreaturen saßen und nicht wussten, warum wir Menschen auf eine derartig gnadenlose Weise mit ihnen umgehen, entdeckte ich ein zusammengekauertes, verklebtes Fellbündel, in seinen eigenen Exkrementen liegend, das offensichtlich längst mit seinem Leben abgeschlossen hatte. Der Gefangene hing an einer Kette, die an einer Mauer befestigt war. Darauf konnte man die laufende Nummer ablesen, in diesem Fall die 41. Die Augen des Hundes öffneten sich für einen Moment, und unsere Blicke trafen sich. Dann schloss das Tier seine Augen wieder und ergab sich weiterhin in sein

Schicksal. Für mich war diese Sekunde ein magischer Moment. Diese braunen, traurigen, so unendlich müden Hundeaugen gingen mir nicht mehr aus dem Kopf. Während ich das aufschreibe, kann ich den Gestank dieser Tierverwahrungsanstalt erneut fast körperlich wahrnehmen, den scharfen Geruch, der sich nicht nur in meine Atemwege brannte, sondern auch in mein Gehirn. Wie viele dieser Tiere haben sich wohl dafür entschieden, dem Menschen nie wieder Vertrauen entgegenzubringen? Welche Konsequenz löst dieser Zwangsaufenthalt bei Tieren aus und wie lange benötigen sie, so sie überhaupt jemals lebendig hier herauskommen, um wieder zur Besinnung zu kommen?

Keiner der Verantwortlichen war der englischen Sprache mächtig und mit meinen spärlichen Bröckchen Portugiesisch konnte ich zu einer vernünftigen Konversation nicht wirklich viel beitragen. So bediente ich mich der Körpersprache, die leider keine internationale Anerkennung findet, obwohl sie doch so wunderbar funktioniert. Ich bat auf diese Weise um Unterstützung und Hilfe für Nummer 41.

Die Hunde waren alle mit einer derart kurzen Kette an die Mauer fixiert, dass sie sich wohl hinlegen konnten, jedoch der Kopf nicht abgelegt werden konnte, ohne dass sie Gefahr liefen, sich zu erdrosseln. Gern hätte ich Kontakt zum Hund 41 aufgenommen, draußen, ohne das ständige Bellen und Winseln der armen anderen Tiere. Der Pfleger erklärte mir mit Händen, Füßen und Zähnen, dass er den Hund nicht herausführen könnte, er würde beißen. Leider musste ich an diesem Tag unverrichteter Dinge die Stätte des Elends verlassen.

Ich wusste, dass das Tier drei Tage später vergast werden sollte, und setzte mich noch während meiner Rückreise nach Deutschland mit einer portugiesischen Kollegin in Verbindung. Diese Frau ist ein Engel und hat den Namen eines Engels: Ana Christina Madeira Guerra Goncaelves. Sie »reser-

vierte« Nummer 41 und rettete ihn mit diesem Anruf vor dem Tod. Der portugiesische Engel übernahm die ganze Logistik, und so konnte ich den Hund eine Woche später aus der »Todeszelle« abholen. Wieder flog ich nach Lissabon, wo mein Engel mich am Flughafen abholte und mit mir an einem sonnigen Samstagmorgen um neun, bestückt mit einer geräumigen Transportbox, vor den Toren des Tierheimes in Lissabon stand, um das Kapitel »Tod für Nummer 41« um Jahre zu verschieben.

Nach einer maßlos übertriebenen Personenkontrolle, die fast einer Leibesvisitation gleichkam, warteten wir in dem großen Raum der angeketteten Todeskandidaten. Ein Hund hatte sich während der Nacht erwürgt und hing leblos an seiner Kette, Nummer 193 hatte sich selbst erlöst. Sobald der Pfleger sich meinem Sorgenkind Nummer 41 näherte, knurrte es und fletschte die Zähne. Kurzfristig wurde ich unsicher, ob mein Instinkt mir vielleicht einen Streich gespielt hatte und der von mir als sanft eingestufte Hund doch eine bissige »Bestie« war. Dann erinnerte ich mich an unseren Blickkontakt und sah erneut in seine sanften, braunen Augen. Es waren »gute Augen«, und ich war mir sicher, dass dieser Hund in keiner Weise aggressiv ist, sondern aus seinen Erfahrungen mit den Pflegern diese Grundhaltung zeigte. Ich nahm das mitgebrachte Halsband, fasste mir ein Herz, legte es dem Hund um den Hals und befreite ihn von der todbringenden kurzen Kette, die ihn zur Nummer 41 gemacht hatte. Das Tier zeigte keinerlei Aggression und verließ mit uns die zurückgebliebenen 198 Todeskandidaten, die sich die Seele aus dem Leib bellten. Von Nummer 1 bis Nummer 200 waren die in der Mauer eingelassenen Ketten beschriftet und besetzt. Ich konnte nicht anders, ich nahm noch eine weitere dieser armen Kreaturen mit auf den Weg nach Deutschland. Dank Ana Christina hat auch das funktioniert.

Eine Welle von Hilfsbereitschaft trug mich und die Hunde
nach München. Abgesehen von meinem Engel begann die weitere Hilfe mit der Unterbringung der Hunde einschließlich
mir in der Villa einer Freundin in Cascais, einem der schönsten Plätze an der Küste vor den Toren Lissabons. Kein Hotel dieser Welt hätte diese beiden stinkenden Hunde über die
Schwelle gelassen, egal wie viele Sterne sich das Haus zu-
schreibt. Die Hilfe ging weiter am Flughafen, ich bekam die
Erlaubnis, den zweiten Hund ohne Anmeldung mit auf den
gebuchten Flug zu nehmen. Am Lufthansa-Schalter erhielt ich
ein Upgrade. Eine tierfreundliche Mitarbeiterin gab mir einen
Sitz in der First Class, und so machte ich sofort meine müden
Augen zu und erst bei der Landung wieder auf. Auch ein Tiertrainer braucht seinen Schönheitsschlaf. In München erwartete
uns die beste Tierärztin der Welt, meine Freundin Dr. Silja We-
ber, um einen Gesundheitscheck durchzuführen. Beide Rüden
waren kerngesund. Emil und TinTin, so hatte ich sie mittlerweile genannt, konnten endlich ihr neues Leben beginnen.

Bis Tiere nach den Erlebnissen in einem solchen Tierheim wieder zu sich kommen und Vertrauen aufbauen können, wird
mindestens die Zeit verstreichen, die sie in dieser Not ver-
bracht haben. Und hier kommt die goldene Regel zum Tragen:
Loslassen ist Festhalten. Integriert im Rudel meiner Hunde
konnte ich die beiden Portugiesen auf offenem Feld, ohne Ab-
grenzung, in einem übersichtlichen Gelände frei laufen lassen.
Voraussetzung dafür war, dass der Hund mit mir Blickkontakt
aufnahm, wenn ich ihn ansprach, und nicht hyperaktiv orientierungslos umhersprang. Spürt ein Tier die Führungsqualität
des Menschen, schließt es sich ihm gern an und verschwen-
det keinen Gedanken ans Weglaufen, auch wenn es alle Möglichkeiten dafür hätte. Durch das Loslassen durchbreche ich
die Spirale von Druck und Gegendruck. Immer wieder bin ich
fasziniert von den Gesetzen der Natur. Ein Loslassen beinhal-

tet nie automatisch das Davonrennen, während das Festhalten immer das Weglaufen mit sich bringt. Und das Wunderbare: Es lässt sich auf Beziehungen unter Menschen, auf den Umgang mit Projekten und Zielen, persönlichen Eigenheiten und so weiter ausweiten. Probieren Sie es aus! Loslassen ist Festhalten.

Fokussiert aufs Wesentliche

An einem Wasserloch in der Serengeti geht es in trockenen Phasen nicht mehr darum, welches Tier am meisten Wasser bekommt. Es ist nur noch wichtig, ob es überhaupt welches erwischt. Trotz lauernder Gefahren ist das Bedürfnis zu trinken größer als die Angst vor Feinden, die am selben Wasserloch nur zu gern lauern. Auf das Trinken richtet sich in diesem Moment der wesentliche Fokus. Jeder, der schon einmal richtig, und ich meine wirklich so richtig Durst hatte, kann die Bereitschaft einer Impala-Antilope nachvollziehen, sich der Gefahr am Wasserloch auszusetzen. Sie wird das Stillen des Durstes im schlimmsten Fall mit dem Leben bezahlen. Doch mit dem Verdursten wäre der Tod sicher. Der Fokus ist klar.
Ob Tier- oder Menschenwelt – ohne den Fokus aufs Wesentliche würde kein Wesen überleben. Jeden Tag sind wir fokussiert darauf, uns Nahrung zu beschaffen, unseren Durst zu stillen und unseren warmen Platz zum Schlafen zu sichern. Sich darüber hinaus bewusst immer wieder zu fokussieren, das Wesentliche zu erkennen und gezielt darauf hinzuarbeiten, das können wir von den Tieren sehr gut lernen. Bei ihnen beobachte ich oft schmunzelnd, wie sehr sie sich auf eine – für sie allerdings wesentliche – Kleinigkeit fokussieren können. Bei Junior, Darsteller des vierbeinigen Helden in »Hanni & Nanni«, waren es Bananen.

Hanni & Nanni und das Geheimnis
des schwarzen Hengstes

Jana und Sophia Münster sind Hanni und Nanni. Die hübschen blonden Zwillinge haben dafür gleich den Talent-Bambi kassiert. Zweimal zweieinhalb Kilo vergoldete Bronze wurden im November 2010 an die Hauptdarstellerinnen des Kinofilms »Hanni & Nanni« überreicht.

Wie viele Mädchen haben wohl Enid Blytons Bücher über die Abenteuer der Zwillingsschwestern verschlungen? Auch meine Schwester hat sie alle gelesen und unsere ganze Familie mit ihrem Wunsch, ins Internat zu gehen, terrorisiert. Alle Geschichten der ständig zu Streichen aufgelegten Zwillinge musste ich mir anhören. Wie konnte ich damals ahnen, dass mich Jahrzehnte später ein Anruf der UFA genau zu diesem Thema erreichen würde. Die Pferderolle des Brasil sollte besetzt werden. Nach dem Studium des Drehbuchs und der genauen Vorstellungen der Regisseurin kam für die anspruchsvollen Pferdeszenen nur einer in Frage: ein sportlicher, muskulöser Tausendsassa namens Junior. Regaleweise Trophäen und Schleifen hat der schwarzhaarige Schöne in seinem vierzehnjährigen Leben schon nach Hause getragen. Genau so einen Showman mit Turniererfahrung brauchte ich für diesen Film.

Schwarze Pferde haben es mit unserer menschlichen Wahrnehmung leichter als die »so gefährlichen« schwarzen Hunde. Ob Fury, Black Beauty oder der berühmte Schwarze Hengst, alle werden mit Adjektiven wie edel, schön, mutig, klug, schnell, rassig verbunden. Ein schwarzer Hengst mit glänzendem Fell und wehender Mähne ist der Traum eines jeden Mädchens – und damit sind wir schon mitten im Schloss Faber-Castell, in das wir diese kluge, mutige, rassige Schönheit auf seinen vier wertvollen Beinen erst einmal bringen mussten. Das Schloss der Dynastie der Buntstifte in Stein bei Nürnberg war der

Schauplatz für das Internat Lindenhof, in dem Hanni und Nanni so einiges lernen sollten und einiges andere durcheinanderbringen würden. Zuerst einmal musste unser Filmpferd lernen, wie man Treppen hochsteigt, ein Fenster schließt und auf vier gestiefelten Beinen im Schloss umherwandert.

Das Vertrauen eines Pferdes zu gewinnen, ist eine ungemein hohe Auszeichnung für den Menschen, denn damit übergibt es seine Sicherheit in unsere Hände. Die Natur hat diese wunderschönen Tiere zum Flüchten ausgestattet. Sobald auch nur das geringste Anzeichen von Gefahr in der Luft liegt, zeigen Pferde ihre wahren Qualitäten und werden unglaublich schnell. Junior sollte in diesem Fall aber nicht schnell werden. Das Drehbuch sah vor, dass er in aller Gemütsruhe durch das Schloss gehen sollte, und das mit Schuhen an allen vier Hufen, er sollte Fenster öffnen und schließen, Türen aufdrücken, Lehrer im Badezimmer erschrecken, Plastikblumen verspeisen, in unglaublich engen Gewächshäusern entspannt mit vierzig Filmleuten Karotten aus Körben holen und dabei stets freundlich lächeln. Ich erwähne es lieber noch einmal: Wir sprechen von einem Fluchttier!

Wie bringen wir unser Fluchttier in das Bleistiftschloss, das zudem noch mit einem wertvollen Marmorboden aus dem 19. Jahrhundert ausgestattet ist? Nicht dass dieser Boden nur wertvoll ist, er ist auch, wie das gesamte alte Schloss, als Denkmal geschützt und sicherlich nicht pflegeleicht. Seit 1846 wird dieser Boden gehegt und gepflegt und von unzähligen fleißigen Händen spiegelblank gewienert. Dies zum Arbeitsplatz unseres Filmpferdes. Pferde halten sich gewöhnlich nicht auf spiegelglatten Flächen auf, da sie diese erst gar nicht betreten. Doch über diesen Boden sollten nun Hanni und Nanni Brasil in einer Nacht-und-Nebel-Aktion führen, im Schloss verstecken und somit vor dem sicheren Verkauf retten.

Für die Aufnahmen, in denen die Hufe des Pferdes nicht zu

sehen sind, wurde der Marmorboden mit großen rutschfesten Matten ausgelegt. Nicht nur diese Gefahr war gebannt, auch der Lärm, den vier Pferdehufe auf Marmor verursachen, wurde so eingedämmt. Hunderte zusammengerollte Matten wurden in einem Raum des Schlosses deponiert und vor Juniors Auftritt ausgelegt. Wie eine Straße lagen die Matten vom Eingang weg durch Gänge, Treppenhäuser und Hallen bis zu den eigentlichen Drehorten für die Pferdeszenen. Sicherlich waren in Nürnberg und Umgebung graue Schmutzmatten ausverkauft. Es gibt Hufschuhe für Pferde, damit sie auf glattem Untergrund nicht wegrutschen. Für Auftritte in Fernsehstudios werden Pferde immer damit ausgestattet. Kameras sind teuer und Pferde auch. Ein kurzer Ausrutscher des Pferdes kann schon zu einem langen Auftritt des Pferde-Physiotherapeuten führen. Hufschuhe sind aus Kunststoff und haben unten eingearbeitete Noppen, sie sehen aus wie Schneeschuhe für zehenlose Eskimos. Juniors Hufe steckten nun in solchen Schuhen, falls er unvorhergesehen von der Schmutzmattenstraße abkommen sollte. Auch bei einem außergewöhnlichen Pferd wie Junior, der seinen Menschen uneingeschränktes Vertrauen entgegenbringt, kann es durchaus vorkommen, dass ihn irgendetwas oder irgendjemand erschreckt. Auf solche Situationen muss ich vorbereitet sein, indem ich Sicherheitsvorkehrungen für den schlimmsten Fall treffe. Der wäre die Flucht des Fluchttieres auf dem wertvollen Boden, ein Desaster für den Marmor und die Schlossbesitzer. Ein Schaden, der durch meine Versicherung abgedeckt ist. Aber der Schaden, der an Juniors Einstellung und seinem Vertrauen mir gegenüber entstehen würde, ist mit Geld nicht aufzuwiegen.

Nun hat Enid Blyton entschieden, dass das Pferd Brasil Gummistiefel über den Hufen trägt, um die nächtliche Flucht ins Schloss so leise wie möglich zu gestalten. Schriftstellerische Freiheit, die das Drehbuch zu unseren Gunsten, ausnahms-

weise, umgeschrieben hat. Aus den Gummistiefeln wurden letztlich Schuhsäcke. In Pferdehufgröße fertigte die Requisite Schuhsäcke an, die ich mit Krawatten festband, sodass rote Schleifen die Pferdebeine zierten. Nun stand Brasil gestiefelt und gespornt nach der Wanderung über die Schmutzmattenstraße in einem der Säle des Schlosses, am ausgewählten Drehort. Unter den Schuhsäcken haben wir noch eine vom Schuster angefertigte Schuhsohle installiert, um so der Rutschgefahr zu entgehen.

Wochenlang hatte ich das Pferd auf diese Szene vorbereitet. Und doch geschah etwas Unvorhergesehenes. Trotz aller Vorsichtsmaßnahmen war das Material der Schuhsäcke den Pferdehufen nicht gewachsen und einen kurzen Moment ist das vierhundert Kilo schwere Tier ausgerutscht. Da Junior ein Athlet ist, hat er seinen durchtrainierten Körper im Griff und fand das Gleichgewicht sofort wieder. Meine große Angst galt nun, nein, nicht dem wertvollen Marmor, der war mir in diesem Moment einfach nur egal, sondern dem wertvollen Pferd und der Gefahr, dass Junior durch diese Aktion die Umgebung negativ besetzt und ohne gewerkschaftliche Zustimmung oder Absprache mit mir die Arbeit verweigert. Aber dank des vertrauensvollen Wesens dieses Pferdes und der entscheidenden Tatsache, dass er noch nie von seinem Menschen enttäuscht wurde, hat er einfach weitergemacht, mit keiner Wimper gezuckt und mit neuen Schuhsäcken seine Aufgabe ganz selbstverständlich und gelassen absolviert. Gewohnheitsbedürftig sah er aus, der schwarze Muskelprotz mit den vier roten Schleifen an den Beinen. Leider haben die Hufe von Brasil auf dem polierten, antiken Steinboden im hochherrschaftlichen Schloss doch einige eklatante Spuren hinterlassen. Ich hoffe, dass fleißige Hände und ein paar Wundermittel mittlerweile Abhilfe geschaffen haben.

Ausgerechnet an diesem Pferde-Drehtag war ein Pressetermin

angesetzt, die Szene mit Junior und den Zwillingen war ein Teil davon. Mit großem Interesse und großer Aufmerksamkeit verfolgten die Presseleute diese spannende Einstellung. Sie waren genauso beeindruckt wie das Team, dass Junior sich nicht beirren ließ von seinem kleinen Rutschmanöver, diese Szene professionell meisterte und sich von den Zwillingen brav über den spiegelglatten Boden führen ließ. Die bei allen Mädchen bekannte und beliebte Pferdezeitschrift »Wendy« widmete ihm als Dankeschön eine ganze Seite und ein Interview. Okay, um ehrlich zu sein, musste ich die Antworten geben, Junior spricht nicht mit der Presse!

Wendy-Star Junior

Sobald Junior, ausgerüstet mit professionellen Transportgamaschen, aus seinem Pferdehänger stieg, wurde er von den vielen Mädels, die die Mitschülerinnen der Zwillinge darstellten, belagert. Um dem vierbeinigen Filmstar seinen Aufenthalt so angenehm wie möglich zu gestalten, wurde für ihn ein sechs mal sechs Meter großer Platz, gleich in der Nähe des Sets, eingezäunt. Hier konnte er in den Drehpausen regenerieren, grasen und seine Bewunderer empfangen.

Auch Heino Ferch und Anja Kling, die mit ihren eigenen Kindern am Set waren, schauten bei Junior öfter auf eine Karotte und ein Hallo vorbei. Selbst Angestellte des angrenzenden Verwaltungsgebäudes von Faber-Castell wollten das Filmpferd kennenlernen. Nicht alle Tage treibt sich ein Pferd auf ihrem Firmengelände herum. Junior zeigte sich stolz von seiner Schokoladenseite, glänzend im Sonnenlicht genoss er durchaus die bewundernden Blicke seiner Fangemeinde.

Suzanne von Borsody, die die strenge Mathematiklehrerin Mägerlein darstellte, besuchte Junior sehr gern und outete sich als Pferdeliebhaberin und frühere Reiterin. Ihre sonore

Stimme lädt ein, ihr stundenlang zuzuhören, aber dazu war leider keine Zeit, ich musste mich um eine andere Dame kümmern, die Französischlehrerin des Internats nämlich. Der Tag, an dem Katharina Thalbach und Junior sich kennenlernen sollten, war da. Treffpunkt Badewanne hieß es für Junior. Darin saß nämlich Mademoiselle, die Französischlehrerin des Lindenhofs, entspannt summte sie ein französisches Liedchen in ihrem Schaumbad. Auf ihrem Kopf trug sie eine lustige Badehaube mit großen bunten Plastikblumen. In diesen Plastikblumen war das Lockmittel für Junior versteckt: köstliches Bananenmus, das ich vorbereitet hatte. Verborgen vor der Kamera war die schmucke Badehaube damit präpariert. Zuerst war vorgesehen, dass das Pferd aus dem Badewasser trinkt und am Schaum schleckt. Jedoch war die von Junior bevorzugte Zuckerwatte für den Kameramann nicht die Lösung, da der Badeschaum dadurch, nun ja, wie Zuckerwatte aussah und nicht wie Schaum. Also kleine Änderung: die Badehaube.

Das Pferd wurde vor Drehbeginn mit den Räumlichkeiten vertraut gemacht. Da Junior sich in den Räumen von da ab sicher fühlte, war seine Wahrnehmung in dieser Szene auf den Bananenduft konzentriert, dem er zielstrebig nachging. So näherte sich der freche Brasil der Wanne und fing an, in den Plastikblumen nach der duftenden Köstlichkeit zu forschen, die ihm von draußen schon in die Nase gestiegen war. Sein weiches Pferdemaul zupfte und mampfte, bis die Schauspielerin in einem einstudierten Schrei vor dem Pferd erschrak. Dieser Schrei war das Startzeichen für Junior, vor der zappelnden, kreischenden und spritzenden, mit Badeschaum überzogenen Mademoiselle aus dem Badezimmer zu flüchten.

Doch Junior war fokussiert: auf sein Bananenmus. Weder die lustige Katharina noch das spritzende Badewasser hätten ihn aus dem Badezimmer vertrieben. Auf dem Korridor draußen stand ich daher mit einer geschälten Banane und rief ihn zu mir – genau in dem Moment, als Katharina vor Junior erschrak. Dieses Pferd war in einem seiner früheren Leben sicher ein Hund, es trabte auf den Ruf seines Namens sofort zu mir. Durch den Impuls von Katharina kannte Junior ganz schnell das Zeichen seines Abganges. Wir haben seinen Heißhunger auf Bananen schamlos ausgenutzt.

Das Badezimmer war nicht wirklich ein Badezimmer. Eine freistehende Badewanne wurde in der Mitte eines Raumes platziert, dazu ein vierzigköpfiges Filmteam, das komplett anwesend sein musste, um die Szene optimal in den Kasten zu bekommen, die Kameraausrüstung, ein Arsenal an Scheinwerfern und ein ausgewachsener Hengst. Einzig die Schauspielerin benötigte keinen zusätzlichen Platz, sie saß in ihrem Schaumbad. Da weder eine Wasserleitung noch ein Abfluss vorhanden waren, musste das Wasser mit Kübeln in die Wanne befördert werden, und genauso kam es auch wieder hinaus. Der Teufel im Detail wurde dieses Mal an die Abteilung Ausstattung vergeben. Ein ständiges Kommen und Gehen an Wasserkübel schleppenden Sklaven sorgte dafür, dass Katharina Thalbach immer in warmem Wasser saß. Diesen Anspruch hatte sie zu Recht, da sie immerhin mehrere Stunden in der Wanne verbrachte.

Warum aber konnte Brasil all diesen Unfug im Lindenhof eigentlich anstellen? Er sperrte die Zwillinge aus, indem er ein Fenster schloss, und wanderte dann neugierig und unternehmungslustig im Internat umher, so stand es jedenfalls im Drehbuch. Was tun? Wie in aller Welt bringe ich einem Pferd bei, ein Fenster zu schließen? Zudem funktionierte dieses alte Fenster mit kleinen Flügelmechanismen, was das Vorbereitungstraining nicht einfacher machte.

Um mir in gewohnter Umgebung einen Eindruck zu verschaffen, was man – in diesem Fall, was Pferd – mit erwähnter Verriegelungstechnik anstellt, habe ich ein kleines Fenster

mit genau diesem Mechanismus an einen kleinen Kasten bauen lassen, den ich mit verschiedenen Leckereien füllte. Als ich Junior zeigte, was in dem Kasten verborgen ist, stellte er seinen Fokus klar ein: Er wollte nichts lieber, als an diese Köstlichkeiten zu gelangen. Mit seinem sensiblen Maul und seinen butterweichen Lippen spielte er so lange an der Verriegelung herum, bis sich endlich in einem lang ersehnten Moment zufällig das Fenster öffnete und Junior mit funkelnden Augen und großem Appetit den Inhalt der Box leerfraß – die positive Bestätigung für das Tier direkt in dem Moment, in dem es die Aufgabe bewältigt hat.

In den nächsten Tagen lernte Junior das Feintuning beim Bedienen der Verriegelung, und bald konnte er in Sekundenschnelle das Fenster öffnen. Wer ein Fenster öffnen kann, kann es auch schließen. Der verführerische Inhalt wurde nicht mehr in die Box gefüllt, sondern jetzt wurde Junior jedes Mal bestätigt, wenn er bei offenem Fenster mit seinem Maul am Verschluss herumspielte und dabei versehentlich, aber zuverlässig das Fenster zudrückte. Genau das bestätigte ich mit einem Lob und einem kleinen Stück Banane.

Nach diesen Dreharbeiten mussten erst einmal alle leicht zu bedienenden Schließmechanismen in Juniors Box und seinem Paddock durch Sicherheitsverriegelungen ersetzt werden, denn seine Lust war wachgeküsst, alles zu öffnen, was ihm vor das Maul kam. Noch heute nimmt Junior keine Rücksicht auf bunte Blumen in Töpfen, die auf Fensterbänken stehen, um an den Schließmechanismus zu kommen. Die Vermieterin seines Einzimmer-Appartements mit Toilette und Veranda (= Stallbox mit Paddock) weiß ein Lied davon zu singen. Ich dagegen bin stolz auf Junior, ein toller Kerl!

Und noch eine Szene auf engstem Raum gab es für ihn: Brasil musste auf Anweisung der gutherzigen Direktorin des Internats umziehen, vom Schloss ins Gewächshaus. Die Zwillinge hatten Frau Theobald alias Hannelore Elsner nämlich gebeichtet, dass sie das Pferd im Schloss versteckt halten. Nach wie vor sprechen wir von einem Fluchttier, deshalb musste Junior das wirklich enge Gewächshaus zuerst in Ruhe kennenlernen. Bevor die Kamera und alle Scheinwerfer an diesem Set aufgebaut wurden, habe ich ihm immer wieder gezeigt, dass nichts passiert, wenn er durch die enge Gasse, in der er sich nicht einmal umdrehen konnte, läuft. Als dann das ganze Filmequipment aufgebaut war, musste er erkennen, dass Kameras nicht beißen, Scheinwerfer keine schrecklichen Monster sind und dass all die Menschen am Drehort ruhig stehen bleiben. Hätten wir das nicht trainiert, wäre die natürliche Wahrnehmung des Pferdes ausschließlich auf »Gefahr« geschaltet und Junior hätte das enge Gewächshaus vor Angst erst gar nicht betreten oder drinnen ein großes Chaos angerichtet. Filmausrüstung ist teuer und meine Versicherungsprämie ebenfalls. Aber nicht mit Junior! Er nahm wohl alles wahr, Menschen, Blumen, Kameras und die sonstigen Filmutensilien, ging aber gelassen daran vorbei und stellte sich wie selbstverständlich in die Ecke, die Frau Theobald für ihn bestimmt hatte. Warum? Nun, der Fokus: Körbe voller Karotten erwarteten Junior dort.

Am Ende des letzten Drehtages erhielt Junior nach seiner letzten Szene vom Team und seinen Schauspielerkollegen Applaus. Eine schöne Geste, die Schauspielern und manchmal eben auch Filmtieren zuteil wird, wenn sie »abgedreht« sind. Abgedreht bedeutet, die letzte Szene dieser Figur ist im Kasten. Junior war längst auf seiner kleinen Koppel und mampfte Heu, während ich es mir mit ein paar Häppchen vom Catering und einem winzigen Schluck französischen Champagners mit den Damen Elsner und Borsody gut gehen ließ.

Rosenkrieg

Zugegeben, ein Tier macht sich mit seiner oft leicht durch-schaubaren Fokussierung manipulierbar. Das schadet ihm aber nicht unbedingt, denn es verliert nie den Blick auf das für ihn Wesentliche und bleibt sich treu. Nicht weil es so tugend-haft ist, sondern weil es eine Überlebensstrategie ist, die dem Tier diese Sicht instinktiv gewährt. Und wir Menschen? Wie oft hören wir von Zwistigkeiten unter Nachbarn, Eheleuten oder Liebenden, die nach jahrelangem Kleinkrieg nicht mehr wissen, worum es in diesem Dauerstreit eigentlich geht. Ein Nebenkriegsschauplatz jagt den nächsten und am Ende muss nicht selten ein Gericht entscheiden. Wo haben wir in solchen und anderen Situationen unseren Fokus? Auf dem einmal fest-gesteckten Ziel? Oder lassen wir uns durch emotionale Neben-schauplätze vom Wesentlichen ablenken?

Den Fokus auf dem Wesentlichen zu haben bedeutet nicht im-mer, einen geradlinigen Weg zu gehen. Soll unser Beziehungs-streit in einem Rosenkrieg enden, weil wir uns wie Kinder im Sandkasten gegenseitig mit Plastikschäufelchen auf den Kopf schlagen, um unser Recht zu behaupten? Oder behalten wir das Wesentliche im Visier: glücklich zu sein, eine liebevolle Be-ziehung zu führen? Trotz emotionaler Hürden in Beziehun-gen, im Beruflichen, bei Vertragsverhandlungen oder sonstigen strittigen Angelegenheiten den Fokus und die Fairness nie aus den Augen zu verlieren, das beschert Ihnen Erfolgserlebnisse auf der ganzen Ebene.

Leben im Hier und Jetzt

Mit jedem neuen Tag kann ich bei den Tieren beobachten, dass sie im Hier und Jetzt leben. Kein Grübeln, was sein könnte. Kein Hadern mit dem, was war. Eine bemerkenswerte Fähigkeit und eine erstrebenswerte Grundeinstellung, die es wert ist, dass man sie sich zu Eigen macht und mit einem gesunden Urvertrauen in den nächsten Tag startet. Eng mit der Natur verbunden, ja als ein Teil der Natur leben die Tiere immer nur den aktuellen Tag, es geht ihnen nicht um Besitz und Wohlstand. Tiere zerbrechen sich nicht den Kopf, welche Herausforderungen der nächste Tag für sie bereithält. Auch wenn unsere Grundvoraussetzungen nicht eins zu eins vergleichbar sind, haben auch wir viele Möglichkeiten, es uns im Alltag leichter zu machen.

Und täglich grüßt das Murmeltier

Immer wieder fällt der weise Spruch, man solle leben, als wäre jeder Tag der letzte. Dann lebt man im Hier und Jetzt. Prüfen Sie einmal, inwieweit Ihnen das in den letzten vierundzwanzig Stunden gelungen ist. Nicht so ganz? Und ist es überhaupt möglich? Sinnvoll?

Das Eichhörnchen, ein bezauberndes Geschöpf der Tierwelt, müsste von Sorgenfalten gezeichnet sein. Getrieben von der Vorsorge für den bevorstehenden Winter, muss es den ganzen Sommer lang Nüsse und andere Nahrung verstecken und verbuddeln. Die Sorge, im Sommer genug zu verstecken, wird im Winter von der Sorge, die Verstecke in der verschneiten Landschaft wiederzufinden, abgelöst. Das emsige Eichhörnchen lebt definitiv nicht, als ob jeder Tag der letzte wäre. Aufgrund seiner Umgebung kann unser einheimisches Eichhörnchen

nicht unbeschwert mit der instinktiven Zukunftsplanung umgehen. Sorgenfalten hat es dennoch nicht.

Oder nehmen wir eine Ente, die nach wochenlangem Nestbau und der Zeit der Paarungsbereitschaft ihre Eier gelegt hat und das Nest bebrütet. Meinen Sie, sie freut sich darauf, dass die flaumigen Entenküken achtundzwanzig Tage später schlüpfen werden? Die Ente achtet instinktiv darauf, dass jedes Ei dieselbe Zuwendung bekommt, dass während eines jeden Tages der Brutzeit die optimalen Bedingungen des Geleges gewährleistet sind, aber sie hat keinen Plan, wie lange es noch dauern wird, bis es endlich so weit ist. Sie lebt im Moment.

Genau das lohnt sich auch für uns. Die Balance zu finden zwischen sinnvoller Vorsorge und Leben in der Gegenwart. Auch den Tieren gelingt es nicht immer – einfach weil wir ihre Welt so stark verändern, dass die Instinkte oft gar nicht nachkommen. Plötzlich findet sich dann inmitten der Großstadt, an einer stark befahrenen Straßenkreuzung, eine Entenfamilie wieder. Jahr für Jahr schon ziehe ich kleine Wildenten groß, die von einer Entenmutter auf einem Balkon im fünfzehnten Stock inmitten Münchens ausgebrütet werden. Durch das Leben im Hier und Jetzt realisiert die Entenmama erst, nachdem die kleinen Entchen sich mühsam aus dem Ei gepellt haben, dass der Weg ans Wasser versperrt ist.

Eine solche Leichtigkeit macht sich daher nicht immer bezahlt. Doch wie oft schauen wir auf die Zukunft wie die Maus auf die Schlange? Was könnte nicht alles Schlimmes passieren? Natürlich könnte es das. Es muss aber nicht, und wenn, können wir zum gegebenen Zeitpunkt angemessen reagieren. Ein simples Beispiel ist das folgende: Die ganze Nation sitzt gebannt vor dem Fernsehschirm, wenn die Wettervorhersage kommt. Nennen Sie mir einen plausiblen Grund, weshalb Sie das unbedingt einen, zwei oder mehrere Tage im Voraus erfahren wollen! Vielleicht wollen Sie zum Skifahren, zum Baden oder einen

Ausflug machen? Und warum wollen Sie es aus den Nachrichten erfahren? Sie könnten ja auch einfach aus dem Fenster schauen und mit einem Blick die Wetterlage erfassen. So hat es jahrtausendelang funktioniert, auch zu Zeiten, in denen die Menschen viel stärker von den Einflüssen der Natur abhängig waren als wir heute.

Vielleicht haben wir nicht mehr das Vertrauen in uns selbst, spontan richtig zu entscheiden, und versuchen aus diesem Grund, alles lange im Voraus zu erfahren. Dann, so meinen wir, hätten wir genügend Zeit, nötige Vorkehrungen zu treffen. Ich bin mir sicher, dass uns hier ein großes Stück Gelassenheit helfen würde. Von den Tieren inspiriert und ermutigt habe ich mir die weise Fähigkeit, im Hier und Jetzt zu leben, immer mehr zu Eigen gemacht. Natürlich übe auch ich, und es gelingt mal hervorragend und mal weniger gut. Doch in den meisten Fragen des Lebens verlasse ich mich heute auf meine instinktive Reaktion. Ein Riesengewinn, denn vieles erkenne ich mittlerweile längst, bevor ich es rational erfasst habe. So vergeude ich meine Zeit nicht damit, über eine Situation nachzudenken und mir dabei den Fokus verwässern zu lassen.

Auch wenn wir in unserem Alltag natürlich andere Anforderungen zu erfüllen haben als eine Ente oder ein Eichhörnchen – wir müssen nicht ständig das Für und Wider abwägen, um eine Entscheidung zu treffen. Je mehr Erfahrung wir damit gesammelt haben, alles entspannt auf uns zukommen zu lassen und dann aus dem Bauch heraus zu entscheiden, umso mehr Vertrauen gewinnen wir wieder in diese ganz natürliche Fähigkeit.

Authentizität schont die Batterien

Gehen wir einmal davon aus, dass einem Tier hundert Prozent Energie am Tag zur Verfügung stehen. Kann es diesen Vorrat frei einteilen, werden erst die Grundbedürfnisse befriedigt:

Jagen, Fressen, Schlafen. Danach wird den territorialen Bedürfnissen Beachtung geschenkt, es werden Kämpfe ausge-
fochten, Machtdemonstrationen unternommen, und sofort ist
die Fortpflanzung das nächste Thema, das Prozente fordert.
Am Ende des Tages ist alles aufgebraucht und nach einer er-
holsamen Nacht gibt es wieder eine neue Tagesration Energie
zu verteilen.

Auch wir Menschen haben jeden Tag unsere persönlichen hundert Prozent Energie auf unserem Zähler und jede Menge Aufgaben, die es zu bewältigen gilt. Solange wir das wie die Tiere
machen und unserer Umgebung klar signalisieren, was wir
wollen, solange unser Handeln authentisch ist, kommen wir
mit unseren hundert Prozent sehr gut aus. Doch jede Unklar-
heit, jede Lüge, jeder Authentizitätsverlust kostet uns wertvolle Energie. Im Gegensatz zu den Tieren verschwenden wir
nachlässig unsere Energie durch Unklarheiten, Ziellosigkeit,
Zerstreuung und haben dadurch nicht mehr genug Energie zur
Verfügung, um unsere Aufgaben im täglichen Alltag zu bewältigen. Wir geraten in Konflikte und strudeln immer tiefer in
ein Ungleichgewicht von Soll und Haben. Mit jedem Tag ohne
ausreichend Energie fehlt uns mehr Klarheit, den Ausweg zu
erkennen. In der Tierwelt würde so ein Verhalten unbarmher-
zig mit dem Tod bestraft werden.

Nun sind wir keine Tiere und haben ein völlig anders gear-
tetes Leben zu bestreiten. Dennoch lohnt es, sich bei Tieren
abzuschauen, was uns auch im menschlichen Leben zu mehr
Authentizität und einem effizienteren Energieeinsatz führen
kann. Je weniger Energiefresser uns anzapfen können, desto
mehr Schwung und Klarheit hat unser Leben.

Runter von der Überholspur

Tiere helfen uns natürlich nicht nur im übertragenen Sinne, indem wir sie beobachten und uns von ihrem Verhalten inspirieren lassen können. Auch ganz direkt ist ihre Anwesenheit für uns wohltuend. Bekanntermaßen sind sie sehr gute Therapeuten. Traumatisierte oder behinderte Kinder entwickeln neue Impulse in der Therapie mit Delfinen, hyperaktive Kinder finden durch Tiere Gelassenheit und Halt im Leben, sie können ruhiger werden. Der Ausbildungsberuf Reittherapeut wird immer gefragter, denn Pferde sind in der Lage, ungeahnte Impulse für Verhaltensänderungen beim Menschen zu geben, die selbst schwer zugängliche Patienten ansprechen. Auch Menschen, die einen Schicksalsschlag in der Familie bewältigen müssen, die vielleicht eine Erfahrung, wie ich selbst sie mit dem Unfall meiner Schwester machen musste, zu verarbeiten haben, denen schenkt das Tier, ob vierbeinig, geflügelt oder schuppig, mit seiner Konstanz und Zuverlässigkeit neues Vertrauen. Es ebnet ihnen einen Weg, nach einer schweren Zeit wieder zu sich selbst zu finden.

Ich beobachte oft, wie Regisseure und Schauspieler, die unter hohem Leistungsdruck stehen, am Set Kontakt mit meinen Tieren aufnehmen und dadurch wieder auf den berühmten Boden der Tatsachen gelangen. Bei den Dreharbeiten zu »Das Tier in mir« habe ich hautnah erlebt, wie die prominenten Mitstreiter, die ständig unter Strom stehen, sich im Umgang mit den Tieren entspannen, wie sie der Kontakt zum Tier von der Überholspur ihres aufregenden Lebens, zumindest für die Dauer der Aufnahmen, auf die Standspur des Wesentlichen bringt.

Für mich bedeutet es im wahrsten Sinne des Wortes alles, wenn ich nach getaner Arbeit, nach der letzten Klappe eines aufregenden Drehtages, meine Tiere füttere, mich um sie kümmere

oder auf einer Lichtung draußen in der Natur sitze und plötzlich ein Reh vor mir entdecke. Das ist der Moment, in dem die Zeit für mich stehen bleibt.

Instinktiv goldrichtig

Teil der Natur zu sein, das hört sich für moderne Menschen oftmals recht abstrakt an. Weit haben wir uns im Zeitalter der Hochtechnologisierung von unseren Wurzeln entfernt. Wir haben uns erfolgreich an die Spitze der Nahrungskette gesetzt und unsere Macht so weit ausgebaut, dass das Überleben aller Tiere dieser Erde davon abhängig ist, ob sie sich an unsere Spielregeln halten, sich uns anpassen und untergeordnet den Lebensraum, das Wohnzimmer Erde mit uns teilen. Sind sie dazu nicht bereit oder fähig, kommen sie erst auf unsere »Rote Liste« der vom Aussterben bedrohten Tierarten und sterben dann über kurz oder lang aus. Ein aktuelles Opfer der Klimaerwärmung ist das große Raubtier Eisbär, dem der Boden unter den Tatzen wegschmilzt.

Es werden sich wieder neue Tierarten entwickeln, die den herrschenden Umständen besser angepasst sind. Wie damals bei den Dinosauriern, die vor einigen Millionen Jahren den Chefsessel auf unserem Planeten innehatten. Die Riesen konnten sich an die veränderten Bedingungen in der Kreidezeit nicht schnell genug anpassen und wurden von den Säugetieren abgelöst, die die Gunst der Stunde genutzt haben und sich erfolgreich entwickeln konnten. Vor allem der Mensch wurde zum Sieger, durch sein Gehirn, diesen großen, flexiblen und hochkomplexen Speicher, und sein stetiges Streben nach mehr. Ausgestattet mit einer sich unaufhaltsam entwickelnden Intelligenz gelangte er ganz nach oben, und da ist die Luft bekanntlich sehr dünn. Um sich dort zu halten, bedarf es eines ungleich größeren Einsatzes als auf dem Weg dorthin und einer Extraportion strategischen Denkens. Wir liegen vollkommen richtig, wenn wir aktiver denn je bemüht sind, unseren Lebensraum so gut es geht zu erhalten. Das bedarf sehr großer Anstrengungen, und nicht alle sind dazu bereit, sich hier wirklich so richtig einzubringen. Der Erfolg steht in den Sternen. Es ist heute notwendig, strategisch richtige Entscheidungen zu treffen, um uns, die Spezies Mensch, nicht ins Aus zu spielen, und nicht zuletzt auch, um unser Leben weiterhin lebenswert zu erhalten.

Instinkt sticht Technik

Mit den sensationellen Fähigkeiten, die wir dem Computer eingehaucht haben, wird er uns in vielen Bereichen überholen und bald mehr, als uns vielleicht lieb ist, besser machen als wir. Das aber ist kein Horrorszenario – wenn wir uns auf das besinnen, was uns stärker macht. Wir haben ein Talent, das wir diesem »Besserwisser« aus Blech und Drähten voraushaben: unseren Instinkt, das Wesentliche unseres Daseins, ein Urwissen, verankert in unserem Genmaterial. Genau darauf sollten wir uns konzentrieren, das ist unsere Überlebensstrategie. Und die lernen wir beim genauen Beobachten der Tiere wieder einzusetzen.

Immer wieder erstaunt es mich, wie selbstverständlich die Tiere beim Film ihre Umgebung wahrnehmen. Sie denken nicht, nein, sie hören, sie fühlen, sie riechen, sie sehen, sie haben Antennen, die wir Menschen schon lange eingefahren haben. Es wird Zeit, dass wir sie wieder einsetzen. Denn besitzen tun wir sie – natürlich! Wir essen nicht regelmäßig, nur weil wir als Säugling von unserer Mutter die Brust oder die Flasche bekommen haben. Wir haben nicht Sex, weil wir in der »Bravo« oder im »Playboy« darüber gelesen haben. Wir

suchen nicht den sozialen Kontakt zu unseren Mitmenschen, weil wir im Alter von drei Jahren in den Kindergarten gesteckt wurden. Diese und alle anderen Grundbedürfnisse entstehen durch einen automatischen Antrieb aus unserem Inneren – einen Naturtrieb. Genauso automatisch, wie wir atmen und blinzeln. Reflex und Instinkt.

Wenn wir instinktiv handeln, haben wir die Kontrolle durch den Verstand ausgeschaltet. Umgangssprachlich reden wir zum Beispiel davon, ein »sicheres Gefühl« zu haben – und das trifft den Nagel auf den Kopf. Wobei statt dem Kopf hier eher der Bauch gefragt ist. Wir werden wesentlich von unseren angeborenen Instinkten durchs Leben geleitet, auch wenn wir als Menschen bei allerlei Abzweigungen individuelle Entscheidungsmöglichkeiten haben. Der grobe Plan jedoch ist vorprogrammiert. Er ist vergleichbar mit unserem Schulsystem, das zu durchlaufen vorgegeben ist. Immer wieder haben wir jedoch die Möglichkeit, individuell einzugreifen: Wir können eine Klasse überspringen, eine wiederholen, Fremdsprachen abwählen oder dazunehmen, wir können uns für den naturwissenschaftlichen oder den wirtschaftlichen Zweig entscheiden. Durch die gesellschaftliche Erziehung unterdrückt der Mensch seine Instinkte. Oberflächlich betrachtet kann man sie in der Tat wegdrücken, aber verleugnen lassen sie sich nicht. Anstatt zu beißen, sperren wir eben unser Konto. Missachten wir unsere Instinkte, übergehen wir die Überlebensstrategien unserer Spezies und verleugnen damit unsere Wurzeln. Dabei täte es uns im Kleinen wie im Großen sehr gut, »das Tier in uns« wieder zum Leben zu erwecken. Instinktverhalten – auch für uns eine verlässliche Größe.

Die Wahrnehmung

Beim Thema Wahrnehmung geht es letztlich nicht nur um äußere Fähigkeiten, sondern um tiefer liegende Fragen: Sind wir mutig genug, mit dem, was wir sehen, sinnvoll umzugehen? Wie klar sind wir, wie bereit, unsere Umgebung, unsere Tiere, die Ereignisse, das Verhalten anderer und nicht zu vergessen uns selbst im Sinne des Wortes wahrzunehmen? Wir können Ist-Situationen genau auf die Art und Weise wahrnehmen, die uns am besten in den Kram passt, aber das muss nicht zwingend etwas mit der Realität zu tun haben.

Unser Handeln orientiert sich nicht daran, wie die Welt ist, sondern daran, wie wir sie sehen. Je präziser unsere Wahrnehmung, desto besser ist die Basis für ein erfolgreiches Handeln und eine instinktiv richtige Lebensweise. Eine unvollständige oder verzerrte Wahrnehmung führt fast zwangsläufig zu ungeeignetem Handeln. Gerade im Wahrnehmen von Gefahren und bedrohlichen Veränderungen in unserem Umfeld, ob sie nun zwischenmenschlicher oder urgewaltiger Natur sind, kann es entscheidend sein, ungefiltert das zu erfassen, was ist. Instinktiv goldrichtig.

Fest installiertes Frühwarnsystem

Ein heißer Sommertag, es ist windstill, kein Laut ist zu hören, nicht einmal die Vögel zwitschern, während Sie in der Sonne die Wäsche Stück für Stück auf die Leine hängen. Sie ahnen gar nicht, dass Sie in wenigen Momenten zuungunsten Ihrer Frisur genau diese Wäsche vor dem losbrechenden Gewitter retten werden und sich dabei denken: Wieso hab ich die überhaupt noch rausgehängt? Nun, weil Ihre Instinkte schliefen. Die Vögel hatten schon längst wahrgenommen, dass es bald vorbei ist mit dem strahlenden Sommertag, sie müssen nämlich Sorge

tragen, einen trockenen und sicheren Unterschlupf zu finden. Eine Früherkennung der Wetterlage finden wir heute nur noch bei Naturvölkern und in unseren Breitengraden bei den immer weniger werdenden Bauern, denen es sonst im wahrsten Sinne des Wortes die Ernte verhagelt oder das trockene Heu in unbrauchbare Bündel verwandelt. Es steht also fest: Wir Menschen können in einem gewissen Rahmen Naturereignisse vorhersagen. Wir sind mit denselben Instinkten ausgestattet wie die Tiere. Warum aber sind sie bei uns nicht geschärft, sondern dämmern ungenutzt vor sich hin? In unserer Komfortzone an der Spitze der Nahrungskette ist uns nicht mehr wirklich bewusst, dass jede Entscheidung, die wir treffen, unser komplettes Leben beeinflusst. Weichen, die wir stellen, Wege, die wir einschlagen, Türen, die wir für immer zuschlagen. Alles beeinflusst die nächsten Schritte. Würde bei uns der Kampf ums Überleben im Vordergrund stehen, hätten wir eine deutlich klarere Wahrnehmung des wirklich Wichtigen in unserem Leben.

Wenn man den Medien glauben darf, ist das wirklich Wichtige meist etwas, das sich tatsächlich weitab vom Instinktiven abspielt: Große Investmentbanken verabschieden sich, die Weltwirtschaft gerät einmal mehr ins Wanken, eine Inflation droht uns zu Papiermilliardären zu machen, ein ganzer Staat gerät in die Insolvenz … Konstant aber sind die Gesetze der Natur. Wie sehr sie uns bestimmen, wird uns in Zeiten wie diesen zunehmend bewusst. Ob wir nun wollen oder nicht, wir können Hochwasser, Erdbeben und Vulkanausbrüche nicht verhindern. Sie fordern viele Opfer – und das Leben geht weiter. Erstaunlich ist doch, dass solche Katastrophen immer auch einen Neuanfang möglich machen. Die Natur hat ihre Ordnung, die Fruchtbarkeit auf der Erde, die unglaubliche Vielfalt der Arten, all das geht bei diesen Katastrophen nie verloren. Das Natürliche regeneriert sich immer wieder auf scheinbar wundersame Weise.

Auf diesem Fundament steht auch unser Leben, wir teilen es mit den Tieren. Auch wenn wir Menschen das nicht immer klar vor Augen haben, das Wesentliche ist das Leben. Unser Leben, das Leben an sich. Die vielen, oft unwichtigen Nebenschauplätze unseres Alltags behindern nur unseren Blick darauf.

Um dieses Leben zu schützen, hat uns die Natur Instinkte mitgegeben. Nutzen können wir sie kaum noch. Oder wie war das im Dezember 2004 in Südostasien? Tsunamis und vergleichbaren Naturkatastrophen sind wir ausgeliefert, solange wir nicht genau hinsehen und aufmerksam beobachten. Es war Weihnachten, Touristen aus aller Welt befanden sich an den Stränden und genossen die Sonne, als am 26. Dezember eine der schlimmsten Tsunami-Katastrophen ihren Lauf nahm. Zunächst zog sich das Meer ungewohnt rasch zurück, die unterschiedlichsten Tiere, ob wild oder domestiziert, flüchteten sofort vom Ufer weg in die Berge. Schon einige Zeit vor Eintreffen der Tsunami-Welle wurden auffallend kreischende Vögel beobachtet, Elefanten weigerten sich, ihre normale Arbeit zu erledigen, und versuchten landeinwärts zu flüchten. Sie spürten instinktiv, dass bald eine Todeswelle heranrollen würde, der niemand entkommen konnte, sobald er in ihren Sog geriet. Nahezu kein Tier fiel diesem Tsunami zum Opfer, während etwa 230 000 Menschen bei dieser Naturkatastrophe den Tod fanden.

Auch zahlreiche indigene Völker, die auf den Inselgruppen im Indischen Ozean leben, haben diese Katastrophe interessanterweise unbeschadet überstanden. Ihre Inseln wurden besonders stark von der Flutwelle heimgesucht, da sie nahezu auf Meeresspiegelhöhe liegen. Die Ureinwohner aber konnten aufgrund ihrer traditionellen Naturverbundenheit das Warnsystem und das daraus resultierende Verhalten der Tiere wahrnehmen und richtig interpretieren. Sie flohen ebenfalls auf kleine Hügel im Landesinneren.

Ist hingegen der Mensch für eine Katastrophe verantwortlich, haben auch die Tiere keine Chance. Ölkonzerne bohren in der Tiefsee, ohne einen Plan für den Fall zu haben, dass die Bohrinsel explodiert. Wie sollten Pelikane, die zauberhaften Meeresschildkröten, die Seeschwalben, Möwen und die unendlich vielen Fische das erahnen? Sie empfangen kein SOS-Signal der Natur, das ihnen verrät, dass der Countdown läuft, dass die Koffer gepackt und eingecheckt sein sollten. Sie sitzen ohne Vorwarnung in der Falle, kein Windhauch hat ihnen erzählt, dass sich von einer Sekunde zur anderen Tonnen von Öl in ihr Zuhause ergießen. Instinkt kann dennoch auch hier ansetzen: und zwar unserer. In dem Maße, in dem wir uns wieder mit der Natur in uns anfreunden, werden wir auch dafür Sorge tragen, die Natur um uns her zu achten und wahrzunehmen. Nicht, weil das so romantisch ist. Sondern als ein Gebot der Natur, dem wir instinktiv folgen, um unser Weiterleben zu sichern.

Ein Leben unter Tempolimit

Während der Zeit, in der ich dieses Buch schrieb, waren meine Tiere diejenigen, die mich durch diesen hoch spannenden, aber auch unglaublich aufreibenden Prozess getragen haben. Sie haben mich zur Erkenntnis gelotst, mein ganzes Wissen, das ich von Kindesbeinen an sammeln konnte und immer instinktiv angewandt habe, in mein Bewusstsein zu führen. Es wurde von einem Bauchgefühl in eine rationale Erkenntnis gewandelt. Deshalb hatte ich in der Vergangenheit in Interviews und Fernsehsendungen auf jede Frage eine sichere Antwort. Auch wenn ich mich als Autodidakt bezeichne, weiß ich doch genau, dass die Tiere meine Lehrmeister sind. Denn sie bleiben sich immer treu. Ihnen habe ich alles zu verdanken, meine Liebe zum Leben, meine Bereitschaft, Konflikte auszutragen, meine Umgebung kristallklar wahrzunehmen, und nicht zuletzt die ungebändigte Lust, Vertrauen zu schenken. Mein Handeln ist meist fokussiert und ich lebe sehr gern in der Gegenwart. Auch heute noch, viele Jahre nach dem tragischen Unfall meiner Schwester, sind das Wichtigste in meinem Leben die Tiere. Sie gehören zu meiner Familie, sie sind und bleiben meine Familie, und sie sind der Inhalt meines Lebens und meines Berufes.

Wir Menschen können und wir wollen nicht ohne Tiere leben und werden es nie tun. Als Tierliebhaber nicht, aber auch nicht als Konsumenten von Tierprodukten. Für unser Leben und für ein Miteinander in der Zukunft sollten wir nun neue Wege einschlagen. Der angemessene Platz für die Wildtiere, Haustiere und Nutztiere in unserer Gesellschaft muss ihren wahren Bedürfnissen angepasst werden, die wir nur auf der Ebene der Tiere erkennen können. Während wir ein Gefühl dafür entwickeln, welche ursprünglichen Fähigkeiten, die wir mit den Tieren gemeinsam haben, in uns stecken, werden wir wieder zu einem Teil der Natur.

Die Zeit, die Sie sich nehmen, Tiere und ihre Lebensräume wahrzunehmen und aufmerksam zu beobachten, bringt Sie auch ein Stück weg vom hektischen Alltag. In diesen ruhigen Momenten machen Sie Ferien, jeden Tag ein kleines Stück Urlaub. Jede Jahreszeit lädt Sie zum Verweilen in das Naturbeobachtungshotel, das sogar minutenweise »Zimmer« zu vermieten hat. Im Frühling, wenn alles zu blühen beginnt, wird eine große Anzahl an Eigenheimen in Hecken, unter Dächern und auf Bäumen gebaut. Beobachten Sie die fleißigen Nestbauer, wie emsig sie damit beschäftigt sind, die Stube für die künftigen Söhne und Töchter vorzubereiten. Der Eichelhäher ist sicher oft Gast in Ihrem Garten oder im nahen Park, dieser bunte Rabenvogel füttert auch, wie manch andere Vogelart, ein aus dem Nest gefallenes Küken auf dem Boden. Im Sommer leuchten Ihnen Glühwürmchen heim. Kennen Sie schönere Muster als die der Schmetterlinge? Es gibt 180 000 bekannte Arten. Überall, auf Schritt und Tritt, haben Sie die Möglichkeit, die Lebewesen in Ihrer direkten Umgebung zu treffen und sie kennenzulernen. Verabreden Sie sich doch morgen Mittag mit den Krähen auf einer Parkbank, und glauben Sie mir, diese Vögel sind klüger als so mancher Kollege, der Sie am Vormittag ärgern wird. Hören Sie den Vögeln zu, wie sie den Tag begrüßen, schauen Sie genau hin, selbst in einer hektischen Großstadt kann man unter einem Baum sitzen und den Ameisen bei ihren fleißigen Märschen zusehen. Wenn im Herbst die Tage wieder kürzer werden, flitzt ein Marder über die Straße und sucht sich einen warmen Platz in einem gerade abgestellten Auto, das hoffentlich nicht Ihres ist. Die Zugvögel verabschieden sich und treten ihre lange Reise in den Süden an. Junge Igel versuchen, vielleicht mit Ihrer Hilfe, sich schnell noch ihren Winterspeck anzufuttern, um über die kalten Monate zu kommen – und schon ist er da, der grimmige Winter. Mit klirrender Kälte, Schnee und Eis zwingt er selbst Enten und Schwäne aus dem Wasser, damit sie nicht festfrieren.

Wieder ist ein Jahr vergangen und vielleicht ist es Ihnen gelungen, sich im Alltag ab und an umzuschauen und die Schönheit und Vielfalt zu bemerken. Machen Sie doch einfach langsamer und leben Sie Ihr eigenes, Ihr ganz persönliches Tempo! Die Zeit ist ein vergänglicher Geselle und läuft im Laufe eines Lebens immer schneller davon. Nehmen Sie wahr, was die Natur uns jeden Tag, jede Stunde, jede Minute, jede Sekunde schenkt. Genießen Sie es, herzlich verbunden mit den Tieren. Willkommen im Leben!

Epilog: Fredy im Ziel

Der schnelle Fredy hatte auf seine acht Wiederholungen vom Anfang dieses Buches die neunte folgen lassen – diesmal klappte alles und die Szene war perfekt. So hatten wir Zeit, unser eingespieltes Regenerationsprogramm abzuspulen: Lob, Futter und Schlaf standen für Fredy auf dem Programm, bevor er wieder vor die Kamera trat und durch seine letzte Szene im Abschlussbild das Ziel erreichte. Letzte Klappe, fertig, Fredy! Im Kinofilm »Hundeleben« spielte Fredy seine erste Hauptrolle. Als Tierheimhund saß er da mit großen Augen und noch größeren Erwartungen in seinem Zwinger und ließ sich von einem jungen Ehepaar »adoptieren«. Fredy rettete nicht nur deren Ehe, sondern auch einen Waisenjungen, der später Teil der kleinen Familie wurde. Auch entführen lassen musste er sich noch. Er meisterte diese große Rolle, in der er in fast jeder Szene mit von der Partie ist, bravourös, spielte sich in alle Herzen und war der begehrte Mittelpunkt der Filmpremiere in Zürich. Danke, Fredy!

Danksagung

Danke möchte ich mit diesem Buch sagen, danke für das Glück, das mir mit den Tieren zuteil wird, danke für all meine tierischen Wegbegleiter, die wunderbaren gefiederten Freunde und die großartigen pelzigen Familienmitglieder. Nichts wünsche ich mir mehr, als dass all die herrlichen Geschöpfe, die uns Menschen begleiten oder begegnen, von uns auch im wahrsten Sinn des Tieres verstanden werden. Ich wünsche mir, dass ich Ihnen mit meinen Erfahrungen dazu verhelfen kann, dieses Verständnis für die von uns meist abhängigen Kreaturen zu entwickeln. Dass es weniger Missverständnisse gibt und die Bereitschaft wächst, auf die Individualität der so unterschiedlichen Tiere einzugehen. Das wünsche ich mir genauso wie die Erfüllung der Hoffnung, letzten Endes den Tieren zu helfen. Vielleicht kann ich ein ganz kleines Stück dazu beitragen, dass es für uns Menschen und die zukünftigen Generationen erstrebenswert ist, ein instinktives Vertrauen zu Tieren zu empfinden.

Mein Dank gilt auch vielen Menschen, denen ich auf meinem Weg des Lernens begegnet bin, die mich inspiriert, herausgefordert und mir Vertrauen geschenkt haben, darunter insbesondere Mitarbeitern und Teams der Filmbranche, Regisseuren und Schauspielern, die sich auf mich und die Filmtiere einlassen. Vor allem möchte ich einer Frau danken, die mir so unermüdlich und tatkräftig zur Seite stand, als es darum ging, dieses Buch zu realisieren. In meinem aufregenden Leben hat sie Raum geschafft, mein Gedächtnis aktiviert und mich motiviert, all die Erlebnisse vom Set niederzuschreiben: Gisi Lindeman.